丁洁雯 著

宁波文化研究工程

大运河（江浙地区）视野下的
宁波会馆遗产研究

ZHEJIANG UNIVERSITY PRESS

浙江大学出版社

·杭州·

图书在版编目（CIP）数据

大运河（江浙地区）视野下的宁波会馆遗产研究 /
丁洁雯著. -- 杭州 ： 浙江大学出版社，2024.3
ISBN 978-7-308-24318-6

Ⅰ．①大… Ⅱ．①丁… Ⅲ．①会馆公所－文化遗址－
研究－宁波 Ⅳ．①TU-87

中国国家版本馆CIP数据核字(2023)第202684号

大运河（江浙地区）视野下的宁波会馆遗产研究
DAYUNHE (JIANGZHE DIQU) SHIYE XIA DE NINGBO HUIGUAN YICHAN YANJIU

丁洁雯　著

策划编辑	吴伟伟
责任编辑	陈　翾
责任校对	丁沛岚
封面设计	米　兰
出版发行	浙江大学出版社
	（杭州市天目山路148号　　邮政编码　310007）
	（网址：http://www.zjupress.com）
排　　版	杭州林智广告有限公司
印　　刷	杭州钱江彩色印务有限公司
开　　本	710mm×1000mm　1/16
印　　张	16
字　　数	270千
版 印 次	2024年3月第1版　2024年3月第1次印刷
书　　号	ISBN 978-7-308-24318-6
定　　价	78.00元

序

对大运河会馆遗产的宝贵探索

中国大运河在2500多年的延续演化中，孕育和发展出大量文化事象，"会馆文化"便是其中之一。当然，会馆的存在非限于大运河一线，这方面的研究成果众多，但大运河沿线的会馆文化无疑是其中最精彩的篇章之一。比如，资料显示，主要诞生和成熟于明清时期的会馆形态，首先就是在明代永乐年间出现于京杭大运河沿线重要城市——北京，嘉靖年之后才逐步遍及全国，到民国时期，仅北京一地，就有会馆550多所，如果加上大运河沿线其他城市、城镇的大量会馆，可以认为明清至民国时期，大运河一线应该拥有中国数量最多的会馆。为此，在全面观照中国会馆历史及其遗产状态的背景下，对大运河会馆遗产开展专门研究无疑具有独特的意义。为此，可以认为，洁雯所著《大运河（江浙地区）视野下的宁波会馆遗产研究》一书，正是对中国大运河会馆遗产的宝贵探索。

会馆，从字面上理解，"会"者，乃会合、聚会、会商之意；"馆"者，乃馆舍、客馆、驿馆之意。会馆主要存在于中国明清至民国时期，综合何炳棣、王日根等先生的观点，它是一种由民间自发性组织建设的机构及场所，从"文化"视角而论，包含了科举、教育、工商、移民、互助、祭祀等内涵，具有异域同乡性、功能复合性、类型多样性、社会独特性等特点，尤其是明代中叶以后，其作为同乡、同业的商务性机构的功能越发突出，成为我们认识中国古代封建专制社会晚期到近代民国时期民间商业社会形态及其相关历史的重要"窗口"。这应该也是今天我们强调一定要重视会馆遗产保护、利用的重要原因。回顾历史，早在先秦时期，在由官方主导的长途官道上设置客馆的制度已经产生，《周礼·地官司徒·封人均人》说："遗人掌邦之委积，以待施惠……郊里之委积，以待宾客；野鄙委积，以待羁旅；……凡国野之道……五十里有市，市有候馆，候馆有积。"这里的"候馆"应是指官方接待宾客、羁旅而设立的专门房舍。此后一直到唐宋乃至明清时期，都有在官道或在京城设立驿馆或待宾馆舍之制，只不过其称呼和组织方式有所差异，如秦汉时代称"置""亭""驿""郡邸"，唐代称"驿馆""客舍"等，而洁雯在本书中所论之"会馆"，则并不是由官方所立与管理，而是由民间创建和运营，这是它最重要的特征之一。

据何炳棣、陈宝良等先生的研究，真正意义上的建于异地的同乡性会馆大概在明代永乐年间首先在首都北京出现，其功能主要在于服务于同乡来京参加科举考试的士子。明嘉靖晚期开始，会馆的数量逐渐增多，并向商务性方向发展，尤其是明晚期开始，商务性会馆大量出现，这是当时商品经济兴起的重要标志，京杭大运河沿线的不少会馆之起源就可以追溯到这一时期。从这段历史我们可以看到，"会"与"馆"二字结合，实际产生了一种新型的"社会化场所"，或带有一定意义的民间性"公共空间"。在这里，我们当然非常关注的是中国历史上"公共空间"设施出现的时间、社会组织形态和文明意义。从历史资料观察，最初的民间性公共空间可能是宗教性及教育性设施，如坛场、乡校、佛寺、道观、孔庙、书院、祠堂等，它们是在古代官方严格控制社会资源的背景下，民间培育公共文化力量的重要场所和动力。明代永乐年间，民间"会馆"作为公共空间的设施出现，既延续了古代教育性公共空间的传统，但是又带有新的时代特点，比如它建立在异乡而非本土，但又是由同乡或同业所建、所用，带有新的诉求、新的动力、新的功能等特点。这样一种特点，在明清乃至民国时期一直延续，并能够与时俱进，使得会馆的教育性、经济性、宗教性、慈善性、文化性、情感性、政治性等功能或集于一身，抑或歧出分立，如相继出现了新的科举会馆、商业会馆、教育会馆、移民会馆、手工业会馆等类型。会馆组织和设施的名称也日益复杂，除称××会馆外，后缀还有堂、宫、殿、庙、会、阁、祀、会所、书院、公司、公会等，展现了会馆作为民间公共性空间及设施从明清到民国数百年间的文化传承性、生存适应性、功能演化性和结构创新性，从而在当代拥有了特别的历史、科学、文化、艺术等方面的遗产价值。

　　既然会馆具备如此丰厚的意义，对其开展历史学和文化遗产学的研究自然就成为重要的学术领域之一，尤其是京杭大运河沿线，作为会馆分布最密集的区域，理应得到学界的重视。而就工商类会馆而言，大运河江浙段的会馆更是能代表大运河工商类会馆的主要内涵和特征。对其开展研究，至少具有三方面的意义：一是可以更好地揭示中国大运河的会馆历史文化内涵和价值；二是在当代大运河文化带和大运河国家文化公园建设中，包含重大多元价值的大运河会馆遗产的保护、利用应当得到高度重视并纳入相关建设工作内容中；三是中国大运河作为"世界遗产"，在大运河面向世界时，讲清楚大运河会馆的产生原因、独特创造、涉及人物、主要类型、功能地位、建筑形态、文化内涵、现代价值等，无疑有利于开展全球比较视野下的遗产文化交流与分享。

　　然而，我们看到，对大运河（江浙地区）的会馆遗产的研究并未受到太多的关注。基于此，在浙江省宁波市文化遗产管理研究院工作的洁雯以此为选题开展专门研究，就有了特殊的意义。洁雯在2013年考入南京大学历史学院，成为攻读文化遗产学方向的博士生。2016年，她提出以大运河会馆遗产作为她的博士论文选题，作为她的指导老师，当时我根据她的学术积累和学术兴趣，支持她开展大运河会馆遗产的专门研究。此后，她在大运河沿线特别是江浙沿运10多座重要城市开展了会馆遗产田野调查，同时阅读相关地方志等历史文献、碑刻资料、相关会馆的"四有"档案资料、前人的研究论著等，最终于2019年11月完成了论文的撰写，并于2020年2月通过教育部有关部门盲审，同年7月通过博士论文答辩。她在博士期间的努力，为她今后的学术工作奠定了良好的基础。据我所知，2020年之后，她又结合自己的工作实践，发表了多篇包括大运河会馆遗产研究在内的学术成果，并先后承担国家社科基金艺术学项目、江苏高校哲学社会科学研究课题项目等。这次出版的《大运河（江浙地区）视野下的宁波会馆遗产研究》也是她承担的宁波市社科院（市社科联）2021年文化研究工程项目的主要成果。该书以八章的内容，逻辑性地阐释了以宁波大运河会馆遗产为核心的有关内容，包括中国大运河与会馆遗产的关系、大运河（江浙地区）会馆出现的原因和动力及发展演变脉络、大运河（江浙地区）会馆遗产的空间分布结构与文化内涵及其价值体系等。其中，论述的重点当然是地处大运河与海洋交汇处的宁波市的会馆遗产，包括著名的庆安会馆以及安澜会馆、钱业会馆，书中对它们的历史、文化、特征、价值、保护、利用、发展等一系列遗产学问题开展了全面探讨。相信该书的出版，能为中国大运河文化尤其是大运河会馆遗产的深入挖掘、研究、保护、传承、利用等工作提供重要的理论与实践参考。

是为序！

贺云翔

2024年2月15日

于南京大学文化与自然遗产研究所

目　录

绪 论

　　会馆遗产是一种出现年代较晚、类型较新的文化遗产，其研究相对多数其他类型的文化遗产来说起步较晚，国内学术界对其内涵、价值、意义的认知仍处于不断加强和深化的过程之中。作为明清以来凝聚了中华文化内在精神、管理流动人群的民间社会组织，会馆以其"祀神、合乐、义举、公约"的基本功能，在社会变迁的过程中，发挥着重要的社会管理作用。会馆不仅把传统的地缘关系与现实的行业纽带融为一体，在经济发展中发挥了重要功能，同时还凝聚着地域文化精髓，是地域文化展示和弘扬的特殊场所，充分展示出社会变迁以及官绅、商人等其他各阶层在社会变迁过程中的调适和转变，意味着在传统行政体系之外民众的自立、自治与有序社会秩序的建立，从而在推进中国社会由传统走向现代的过程中发挥着积极的作用。[①] 客观而言，会馆遗产在遗产类型上具有明显的独特性。就物质形态的遗产而言，会馆建筑是一种满足特定社会需求的城镇公共建筑，融官式建筑手法与民居庭院组合于一体，通过山门、戏楼、正殿、后殿、附属建筑等固定单体的组合，营造其独特的社会功能和公共空间；就非物质形态的遗产而言，在会馆遗产中普遍存在的砖雕、石雕、木雕承载着地域特色工艺的精华，福建商人崇奉天后圣母、江西商人奉祀许真君、山陕商人笃信关公等民间信俗，都以会馆为重要传播场地；昆曲、京剧、宁波走书等表演艺术也都曾在对应地域的会馆戏台上留下深刻烙印。会馆遗产的丰富性和独特性及其内涵的复杂性，使相关研究充满挑战，研究者需掌握历史学、社会学、经济学、民俗学、文化遗产学等诸多领域的知识。

---

① 王日根：《会馆史话》，社会科学文献出版社，2015年，第1页。

　　笔者专程考察过国内不同区域的会馆遗产，到访过已列为国家一级博物馆的四川自贡盐业会馆（西秦会馆），也目睹了浙江杭州金衢严处同乡会馆曾作为危房面临拆除的窘境。作为我国文化遗产中的一项重要遗产类型，会馆遗产尚未得到足够的重视，保护利用总体情况堪忧，不少会馆遗产因经费短缺，无法展开正常的维护和修整；因学术研究匮乏，文化内涵未能完整呈现；因管理、利用不力，或被闲置或遭破坏。可以说，会馆遗产的研究、保护和利用，亟须社会各界的关注。当前状况若不扭转，不少会馆遗产将就此销声匿迹。历史上，宁波地区曾是会馆繁盛之地，目前也尚有5处会馆遗产，作为宁波市文化遗产资源的重要组成，对其进行脉络梳理、价值分析、保护利用模式探讨意义重大。

　　与此同时，会馆广泛分布于大运河沿岸，与运河有着密切关联。大运河流经江浙两省的13个城市：江苏省徐州市、宿迁市、淮安市、扬州市、镇江市、常州市、无锡市、苏州市，浙江省嘉兴市、湖州市、杭州市、宁波市、绍兴市。同位于江南地域，又同受大运河的影响，以大运河（江浙地区）视野展开研究，更能发现会馆遗产这一文化事象的发展脉络、共性表征和个性特点。

　　本书的研究对象是文化遗产范围内的"会馆遗产"。这里先介绍文化遗产的概念。1972年，联合国教科文组织发布《保护世界文化和自然遗产公约》，指出物质形态的文化遗产包括文物、建筑群、遗址三个方面。①文物：从历史、艺术或科学角度看，具有突出的普遍价值的建筑物、碑雕和碑画，具有考古性质的成分或构造物、铭文、窟洞以及景观的联合体。②建筑群：从历史、艺术或科学角度看，在建筑式样、布局或与周边环境景色结合方面，具有突出的普遍价值的单体或连接的建筑群。③遗址：从历史、审美、人种学或人类学角度看，具有突出的普遍价值的人造工程或自然与人联合工程以及考古地址等地方。①2003年，联合国教科文组织发布《保护非物质文化遗产公约》，正式提出"非物质文化遗产"的概念。由此，文化遗产的概念和内涵得到进一步的完善。2008年，国务院发布《关于加强文化遗产保护的通知》，国内一直以来使用的"文物"一词首次在红头文件的标题中被"文化遗产"取代。囊括物质文化遗产和非物质文化遗产两部分内容的"文化遗产"概念与内涵的建构，对于推动我

---

① 联合国教科文组织世界遗产中心、国际古迹遗址理事会、国际文物保护与修复研究中心、中国国家文物局主编：《国际文化遗产保护文件选编》，文物出版社，2007年，第70页。

国文化遗产事业的发展具有重要的指导作用。[1]

国内关于"会馆"概念的界定，自20世纪20年代开始逐步形成两种意见：一种是将会馆视为工商业者的行会，另一种是将会馆视为同乡组织。笔者较为认同的是王日根先生在《中国会馆史》中对会馆的基本界定：作为民间自发性社会组织，会馆提取传统道德观、价值观为精神指导，通过乡土纽带，在相互定期与不定期的聚会、娱乐及彼此的互律中，力图建立起一种和谐稳定，能以不变应政治、经济、文化发展之万变的社会秩序，在商品经济与道德建设、社会变迁与秩序稳定中不断调和、平衡发展。[2]何炳棣先生也较全面地归纳出会馆的基本类型，即试馆、工商会馆和移民会馆[3]，拓宽了研究视野。本书认定的会馆，是在明以后才开始出现的，明中叶是其发展的初始阶段，从明中叶到清道光年间是会馆的兴盛期。清咸丰到同治年间，会馆步入衰微蜕变阶段。会馆是明清时期中国社会政治、经济、文化变迁的特定产物，从同籍在京之人聚集之所的单一功能，逐渐演化发展，形成祀神、合乐、义举、公约四项基本功能。从文化遗产学的视角来看，与会馆遗产相关的档案资料、民间信俗、建筑遗存、非物质文化遗产等都可以列为研究的对象。

本书主体内容共分为八章。

第一章从与遗产研究相关的会馆史研究、大运河（江浙地区）会馆遗产研究、宁波会馆遗产研究等方面梳理前人研究成果。在此基础上，以文化遗产学的研究视角展开对大运河（江浙地区）视野下宁波会馆遗产的探讨。

第二章聚焦大运河（江浙地区）会馆出现的原因和动力，从运河本体、政治、经济、社会四个视角展开研究。从运河本体的视角来看，明清时期运河对大运河（江浙地区）城市影响极大，发达的水陆网络和便捷的交通条件逐步形成；从政治视角来看，明清政府的恤商导向、士商观念的转变和社会阶层的流动都推动着沿运商人团体的兴起，市场运作的失衡与商业政策的缺失也促成了会馆的创建；从经济视角来看，大运河（江浙地区）城市特色经济区域的兴起和市场网络的形成，吸引大批商人跨地域从事涉远贸易，推动了沿运地域商帮

① 贺云翱：《文化遗产学初论》，《南京大学学报（哲学·人文科学·社会科学）》2007年第3期。
② 王日根：《中国会馆史》，东方出版中心，2007年，第1页。
③ 何炳棣：《中国会馆史论》，中华书局，2017年。

的形成及会馆的兴起；从社会视角来看，大运河（江浙地区）历史上多次移民迁入形成兼容并包的社会氛围，人口增长与流动人口激增引发土客矛盾，双重因素加速了作为民间自治社会组织的会馆的诞生。

第三章对大运河（江浙地区）会馆发展演变的历史脉络进行了梳理。大运河（江浙地区）会馆的历史发展脉络有其自身的阶段性、规律性和特征性。首先，笔者所掌握的文献资料显示，大运河（江浙地区）会馆于明末开始出现，在清康熙到道光年间发展至繁盛，清咸丰到同治年间突然转衰，其后步入衰微蜕变阶段。其次，具体分析宁波地区大运河与海上丝绸之路交汇的独特性，在此基础上梳理宁波会馆遗产发展演变的历史脉络。

第四章主要分析大运河（江浙地区）会馆遗产的空间分布与现状。立足于田野调查资料，概述大运河（江浙地区）城市中会馆遗产的分布特点以及现存的49处会馆遗产（其中包括宁波现存的5处会馆遗产）的基本情况。

第五章主要对大运河（江浙地区）会馆遗产的文化结构与内涵进行分析，进而分析梳理宁波会馆遗产的文化结构与内涵。会馆遗产是一种具有多功能、由多个空间构成的综合性建筑，是明清时期社会政治、经济结构变迁的产物，同时又不断与地域社会融合适应，以有效执行其社会整合与管理的功能。本章首先从建筑布局、空间艺术、单体建筑、功能呈现等方面阐释会馆遗产的建筑结构即物质文化的内涵，并对会馆遗产的个体差异与文化源流关系做了历史性的探讨；然后从人员构成、机构设置和经营运作三方面来分析会馆遗产的管理结构即制度文化内涵；最后通过对神灵设置和祭祀功用的探讨来呈现会馆遗产的精神文化内涵。

第六章从大运河（江浙地区）视野下分析探索会馆遗产的价值，以此深入挖掘宁波会馆遗产的多重价值。作为明清以来凝聚着中华传统文化内在精神、承担着管理流动人群重要使命、协调着土客矛盾与官商关系的民间自治组织，会馆遗产具有独特的历史价值、文化价值、社会价值和情感价值。本章主要基于运河兴衰的历史见证、基层自治的民间组织遗存来阐释会馆遗产的历史价值；基于会馆遗产的文化创造和非遗文化的延续来分析会馆遗产的文化价值；基于会馆遗产与旅游经济的发展和相关文化产业的勃兴来揭示会馆遗产的经济价值；基于会馆遗产对于地域商帮的历史延续以及由其深厚历史文化带动产生的地域认同和民族自信来解读会馆遗产的情感价值。

第七章以庆安会馆、安澜会馆、钱业会馆为典型代表，对宁波的会馆遗产进行案例分析与梳理。综合呈现宁波运河文化与海丝文化的庆安会馆，是宁波商业船帮发展兴盛的见证；安澜会馆是宁波妈祖信俗的传承阵地，也是宁波海洋文化的重要见证；宁波钱庄业首创的过账制度，其辉煌历史在钱业会馆得以记录和弘扬。

第八章对宁波会馆遗产的保护与利用进行分析研究。作为我国文化遗产体系中的一个重要遗产类型，会馆遗产尚未得到足够重视，其保护与利用可谓举步维艰。本章旨在通过对大运河（江浙地区）会馆遗产保护与利用原则的解读、保护与利用现状的调查及现存问题的归纳，探索宁波会馆遗产的可持续发展模式。

第一章
中国大运河与会馆遗产

第一节　历史学视角下的中国会馆研究

一、与遗产相关的中国会馆史研究

19世纪80年代，在争夺国内市场的角逐中，中国商人与外国商人的竞争异常激烈。其时，中国商人借助会馆凝聚商业力量来抢夺和巩固自己的市场份额，而此现象引起了在中国的欧美人士的广泛关注和浓厚兴趣，他们开始展开对北京及其他地区工商会馆的调查，这可谓国内外对中国会馆展开研究的开端。在接下来的一个多世纪，国内外学者对中国会馆史开展了分层次、多角度的研究，取得了丰硕成果。下文对会馆史研究中与会馆遗产相关的研究进行回顾，其内容可分三大主题。

（一）会馆概念界定

1.会馆与行会的关系

19世纪末，美国人麦高恩（Daniel J. MacGowan）以及原籍美国、后入英国籍的马士（Hosea B. Morse）认为中国北京以及其他地区的会馆、公所实质上就是行会，这与欧洲的"基尔特"（guild）非常相似，因此提出中国的会馆、公所在英文中对应的应是"guild"一词。①20世纪20年代，日本学者和田清发文对此提出异议。其后，日本学者加藤繁多次发文，认为"行"作为唐宋以来的制度，相当于欧美的中国研究者论及的"基尔特"，而会馆与工商业行会存在显著差别。和田清基于行商、坐贾以及商业发展与会馆的关系，对会馆的概念和

---

① 彭泽益主编：《中国工商行会史料集（上、下）》，中华书局，1995年。

内涵展开深入探讨。① 其研究为后来的研究者拓宽了思路。20世纪50年代，随着对中国社会性质研究的深入，国内一批马克思主义史学家在论述资本主义萌芽的论文中，较多地将会馆视为欧洲资本主义前期的商业基尔特者，认为会馆在明清时期的快速发展正是中国社会向资本主义过渡的重要前提。代表性研究如李文治《中国近代农业史资料》②、彭泽益《中国近代手工业史资料（1840—1949）》③。这对国内会馆史的研究也产生了持续、深远的影响，比如李华④、洪焕椿⑤、雷大受⑥、顾廷培⑦、贺海⑧等的研究，都将会馆视为工商业者的行会。美籍华人学者何炳棣于1966年出版了《中国会馆史论》，提出会馆作为同乡人士在京师或其他异乡城市共同创建的场所，其宗旨在于同乡聚会和业务推进。最早的会馆出现于明永乐年间的北京，由旅京官僚团体创建。由此会馆隶属于行会的成规得以突破。在对会馆形成原因的分析中，该书将会馆分为试馆、工商会馆和移民会馆三种类型。⑨ 何炳棣的研究打破了会馆研究的思维定式，给史学工作者以很大启发。1982年，吕作燮发表《明清时期的会馆并非工商业行会》⑩，承袭何炳棣的看法，认为会馆多为地域性质同乡组织或行帮组织。1984年，吕作燮又发表《明清时期苏州的会馆和公所》⑪，指出会馆形成的根本原因在于我国封建经济、政治、文化传统所积淀的深刻的地域观念，因此会馆最基本的特点应在于其地域性。而不同地域的商帮偏重不同的行业导致会馆呈现行业性，是地域性因素作用的结果，而非行业性因素。

关于会馆与"行"的关系的研究，实则是学者对会馆起源的研究探索，也是会馆研究的根基。厦门大学教授王日根在《中国会馆史》中对众多研究者的观点进行了论述辨析，认为中国的会馆不可等同于基尔特，而自唐宋起"行"的发展，对于商人地位的提升、商业贸易的发展产生了推动作用，也促成了会

---

① 转引自王日根：《中国会馆史》，东方出版中心，2007年，第14—15页。
② 李文治编：《中国近代农业史资料》，生活·读书·新知三联书店，1958年。
③ 彭泽益：《中国近代手工业史资料（1840—1949）》，生活·读书·新知三联书店，1957年。
④ 李华：《明清以来北京的工商业行会》，《历史研究（宁波）》1978年第4期。
⑤ 洪焕椿：《论明清苏州地区会馆的性质及其作用：苏州工商业碑刻资料剖析之一》，《中国史研究》1980年第2期。
⑥ 雷大受：《漫谈北京的会馆》，《学习与研究》1981年第5期。
⑦ 顾廷培：《上海最早的会馆——商船会馆》，《中国财贸报》1981年5月16日。
⑧ 贺海：《北京的工商业会馆》，《北京日报》1981年11月27日。
⑨ 何炳棣：《中国会馆史论》，中华书局，2017年。
⑩ 吕作燮：《明清时期的会馆并非工商业行会》，《中国史研究》1982年第2期。
⑪ 吕作燮：《明清时期苏州的会馆和公所》，《中国社会经济史研究》1984年第2期。

馆的诞生。本书认同这一观点。

2. 会馆与公所之辨

1925年是国内会馆研究具有划时代意义的年份，郑鸿笙发表国内在会馆研究方面的开山之作《中国工商业公会及会馆、公所制度概论》[①]。该文阐释了会馆、公所之间的区别，将会馆视为同省或同府同县人旅居异地时，以地域为纽带而组建的馆舍，公所则是同一地域工商同业者组建的团体。文章进而从法人性质、成员组成等方面详细论述了二者之间的区别。胡如雷持不同观点，认为我国在明清之际出现的会馆就是类似西方行会的商业组织，其与公所、行、帮等组织可以直接画等号。[②]1984年，吕作燮在《明清时期苏州的会馆和公所》[③]一文中对会馆与公所进行了比较研究，认为公所与会馆的最大不同在于其突破了传统的地域界限，建立在同行同业的基础上。该文还从供奉神祇、主要职能、管理制度等方面进行了比较区分，其结论引起学界的激烈争论，也是对之前的片面研究的反驳。王日根认为，会馆较多讲究仪貌，公所则更多注重实效。有的公所会逐渐扩大规模演变成会馆，有的会馆内又分化出公所。[④]但是，对于会馆与公所之间是否有着如此明晰的界限，学界并未有定论，且各地的会馆与公所因地域情况不同也有差别。本书认为，会馆与公所之间，虽时常难以区分，但的确存在差别，因此本书的研究对象，暂仅限于会馆，未涉及公所。

3. 同乡与同业之争

会馆究竟是同业组织还是同乡组织？此即地缘性与业缘性之争，也是会馆研究的老议题。郭绪印在《老上海的同乡团体》一书中认为，会馆是为同乡商人服务的后勤组织和保障组织。[⑤]彭南生在《行会制度的近代命运》一书中认为，在鸦片战争后，由于现代因素的融合，会馆逐渐发展成为过渡性的同乡团体。[⑥]郭广岚等在《西秦会馆》中指出，作为同籍商人在异乡建立的牢固堡垒，会馆是行商生存、发展的保障。[⑦]王熹、杨帆在《会馆》一书中提出，会馆是

---

① 郑鸿笙：《中国工商业公会及会馆、公所制度概论》，《国闻周报》1925年第19期。
② 胡如雷：《中国封建社会形态研究》，生活·读书·新知三联书店，1982年，第271页。
③ 吕作燮：《明清时期苏州的会馆和公所》，《中国社会经济史研究》1984年第2期。
④ 王日根：《会馆史话》，社会科学文献出版社，2015年，第165页。
⑤ 郭绪印：《老上海的同乡团体》，文汇出版社，2003年。
⑥ 彭南生：《行会制度的近代命运》，人民出版社，2003年。
⑦ 郭广岚、宋良曦等：《西秦会馆》，重庆出版社，2006年。

以地缘文化为纽带，以利润分享为杠杆，以利权维护与风险共担为凝聚的社会自治性组织。①但也有学者持不同观点。日本学者寺田隆信认为，会馆作为商品经济发展的象征，同乡或同行并不是其非此即彼的选择，而是具有兼容性。②哈佛大学终身教授费正清认为，中国明清时期的会馆，是同乡或同行组成的互助组织，该组织是模仿官僚士大夫的体系建立的，主要目的在于团结同乡同业者的力量。③

此外，学者还注意到会馆与商会之间的关系。起初，学者强调二者的区别，否定它们之间的联系。如朱英明认为，会馆与商会同为商人社团，但有着显著差异。④丁长清提出，商会与会馆的差别在于，商会已成为商人组建的全国性组织，而非立足于地缘纽带。⑤随着研究的不断深入，学者在区分会馆与商会概念的基础上揭示了其与社会经济变迁的关联。范金民认为，商会成立之后并未取代会馆，而是通过会馆来发挥自身作用。⑥王日根则提出，作为社会变迁中出现的社会组织，会馆与商会之间存在差异，但也有共通之处。

综合前人的研究成果，本书认为，会馆是在中国明清社会秩序中演进出现的复杂综合体，它以乡土为纽带，以传统的价值观为指引，是团结、服务同乡、同业的民间团体，是维持秩序、协调商贸活动的经济组织。它在辅助政府管理流寓商民的同时，也为商民提供庇佑与争取权利，是明清社会经济变迁的重要见证。

（二）会馆功能研究

随着对会馆概念的持续探析，对会馆功能的研究也逐步深入，祀神、合乐、义举、公约是学界普遍认可的会馆的四大功能。王日根教授是近年来国内会馆研究的集大成者，除出版了前文提及的《乡土之链——明清会馆与社会变迁》《中国会馆史》等著作外，还陆续发表《明清会馆与社会整合》《论明清会馆神灵文化》《明清商人会馆的广告功能》《晚清民国会馆的信息汇聚与传播》等多

---

① 王熹、杨帆：《会馆》，北京出版社，2006年。
② 寺田隆信：《清代北京的山西商人》，见吴廷璆等编：《郑天挺纪念论文集》，中华书局，1990年，第561—582页。
③ 费正清：《剑桥中国晚清史：1800—1911年（上卷）》，中国社会科学出版社，1992年。
④ 朱英：《辛亥革命时期新式商人社团研究》，中国人民大学出版社，1991年。
⑤ 丁长清：《试析商人会馆、公所与商会的联系和区别》，《近代史研究》1996年第3期。
⑥ 范金民：《明清江南商业的发展》，南京大学出版社，1998年，第273、275页。

篇文章①，将会馆功能提升到更高的层面——在明清以来的社会结构性变迁中发挥深刻作用。其他学者关于会馆功能的研究也取得了不少成果。从会馆的经济功能来看，有宋伦、董戈的《论明清工商会馆的经济管理功能》②，李刚、宋伦的《论明清工商会馆在整合市场秩序中的作用——以山陕会馆为例》③，黄挺的《会馆祭祀活动与行业经营管理——以清代潮州的闽西商人为例》④，蔡云辉的《会馆与陕南城镇社会》⑤。从会馆的信俗功能来看，有宫宝利的《清代会馆、公所祭神内容考》⑥，该文以清代工商城镇碑刻资料为基础，对清代会馆、公所祀神功能展开研究。陈东有在《明清时期东南商人的神灵崇拜》中对不同地域商人的神灵崇拜进行了分析。⑦李刚、曹宇明在《明清工商会馆神灵崇拜多样化与世俗性透析——以山陕会馆为例》一文中提出，工商会馆的神灵崇拜由于市场的因素，呈现出世俗性，从侧面揭示了明清社会的历史特点。⑧汤锦程的《北京的会馆》一书，专章论述了会馆祭神敬祖的宗法制度。⑨从会馆的社会功能来看，方福祥等的《试论明清慈善组织与会馆公所的关联》⑩、陈丽华等的《会馆慈善事业述论》⑪、赵宇贤等的《论工商会馆对明清流动人口管理体制的创新——兼论会馆对我国当前流动人口管理的现实作用》⑫、王民的《北京闽中会馆的职能及其特点》⑬，从寓居、教育、政治、娱乐四个方面论述了会馆所承担的职能。崔新社、申玉玲的《关于襄樊会馆的社会功能与保护利用》⑭等文章从

---

① 参见：王日根：《明清会馆与社会整合》，《社会学研究》1994年第4期；王日根：《论明清会馆神灵文化》，《社会科学辑刊》1994年第4期；王日根：《明清商人会馆的广告功能》，《河北学刊》2009年第4期；王日根：《晚清民国会馆的信息汇聚与传播》，《史学月刊》2013年第8期。
② 宋伦、董戈：《论明清工商会馆的经济管理功能》，《西安工程科技学院院报》2007年第3期。
③ 李刚、宋伦：《论明清工商会馆在整合市场秩序中的作用——以山陕会馆为例》，《西北大学学报（哲学社会科学版）》2002年第4期。
④ 黄挺：《会馆祭祀活动与行业经营管理——以清代潮州的闽西商人为例》，《汕头大学学报（人文社会科学版）》2008年第2期。
⑤ 蔡云辉：《会馆与陕南城镇社会》，《宝鸡文理学院学报（社会科学版）》2003年第5期。
⑥ 宫宝利：《清代会馆、公所祭神内容考》，《天津师范大学学报（社会科学版）》1998年第3期。
⑦ 陈东有：《明清时期东南商人的神灵崇拜》，《中国文化研究》2000年第2期。
⑧ 李刚、赵宇贤：《明清工商会馆神灵崇拜多样化与世俗性透析——以山陕会馆为例》，《兰州商学院学报》2011年第4期。
⑨ 汤锦程：《北京的会馆》，中国轻工业出版社，1994年。
⑩ 方福祥、顾宪法：《试论明清慈善组织与会馆公所的关联》，《档案与史学》2003年第6期。
⑪ 陈丽华、罗彩云：《会馆慈善事业述论》，《株洲师范高等专科学校学报》2003年第1期。
⑫ 赵宇贤、李刚：《论工商会馆对明清流动人口管理体制的创新——兼论会馆对我国当前流动人口管理的现实作用》，《甘肃政法成人教育学院学报》2007年第2期。
⑬ 王民：《北京闽中会馆的职能及其特点》，《北京社会科学》1992年第1期。
⑭ 崔新社、申玉玲：《关于襄樊会馆的社会功能与保护利用》，《中国文物科学研究》2009年第2期。

经济、文化、社会等角度，对会馆的社会功能和文化内涵展开分析，为会馆研究的进一步拓宽奠定了学术基础。

（三）综合性著作和资料

20世纪50年代开始，会馆基础研究资料搜集工作得以有力展开，其中《明清以来北京工商会馆碑刻选编》①《江苏省明清以来碑刻资料选集》②《明清苏州工商业碑刻资料》③《上海碑刻资料选辑》④《明清佛山碑刻文献经济资料》⑤以及《中国工商行会史料集》⑥等在会馆史料辑录方面贡献尤著。2013年，由王日根等编纂的《中国会馆志资料集成》⑦是会馆资料整合的又一力作，对全国各地存留的会馆志、征信录的搜集整理，呈现会馆的倡始、运行、管理等细节，对于研究会馆兴衰的内在机理等颇有裨益。

在综合性研究方面，何炳棣于1996出版的《中国会馆史论》⑧，从会馆籍贯观念的形成、地理分布及其地域观念的逐渐消融等方面展开论述。同年，王日根的《乡土之链——明清会馆与社会变迁》⑨一书出版，系统地论述了会馆的发展、演变以及对社会经济的影响。该书被学界公认为代表明清会馆研究的最高水平。其后在《中国会馆史》⑩中，王日根从会馆的源起、内部组织机制、社会功能、文化内涵、历史地位等方面对会馆进行了系统完整的梳理和阐释。同类研究还有龚书铎主编的《中国社会通史（清前期卷）》⑪。另外值得一提的是中国会馆志编纂委员会编写的《中国会馆志》⑫。该书通过整理国内外多位学者的研究成果，对会馆的基本概念、发展脉络、功能发挥、未来发展等问题进行了全面思考。

概言之，一个世纪以来，学术界的会馆史研究最开始将重点放在对会馆的

---

① 李华：《明清以来北京工商会馆碑刻选编》，文物出版社，1980年。
② 江苏省博物馆编：《江苏省明清以来碑刻资料选集》，生活·读书·新知三联书店，1959年。
③ 苏州历史博物馆等编：《明清苏州工商业碑刻集》，江苏人民出版社，1981年。
④ 上海博物馆图书资料室编：《上海碑刻资料选辑》，上海人民出版社，1980年。
⑤ 广东省社会科学院历史研究所中国古代史研究室等编：《明清佛山碑刻文献经济资料》，广东人民出版社，1987年。
⑥ 彭泽益：《中国工商行会史料集》，中华书局，1995年。
⑦ 王日根、薛鹏志编纂：《中国会馆志资料集成》，厦门大学出版社，2013年。
⑧ 何炳棣：《中国会馆史论》，中华书局，1996年。
⑨ 王日根：《乡土之链——明清会馆与社会变迁》，天津人民出版社，1996年。
⑩ 王日根：《中国会馆史》，东方出版中心，2007年。
⑪ 龚书铎主编：《中国社会通史（清前期卷）》，山西教育出版社，1996年。
⑫ 中国会馆志编纂委员会编：《中国会馆志》，方志出版社，2002年。

源起及其内涵与外延的界定和探讨上，多致力于会馆与行会、公所、商帮等概念的阐释分析及比较研究。其后，逐步由"就会馆论会馆"转向将会馆组织放到整个社会大背景中展开研究，联系地、动态地考察会馆与社会经济的变迁。但由于文化视角的缺失，未能清晰揭示会馆作为社会现象的全貌；整体性的、系统性的研究较少，对会馆进行政治、经济、文化全方位考察的成果仍不多见，会馆与经济、文化、社会发展的内部关联和驱动规律的探讨仍显不足；研究成果的地域范围过于集中，重点关注北京、上海、苏州、广州等工商业发达城市的会馆，其后才逐渐从发达的大商埠转移到其他普通城镇以及边疆城镇会馆的研究上，且多数论著限定于某一城市，不利于有普遍意义结论的形成。

二、中国会馆遗产相关研究

（一）会馆建筑研究

1957年，刘致平在《中国建筑类型及结构》①一书中对会馆建筑的基本特征与属性进行了探讨；2002年出版的《宣南鸿雪图志》②，就北京宣武区会馆的建筑特点、类型区分、分布规律展开研究，并对该区域保存较好的会馆进行整体或局部测绘，是从建筑学领域研究会馆的重要著作；2003年出版的《中国建筑艺术全集》第11卷《会馆建筑·祠堂建筑》③，以会馆建筑艺术概论与各地会馆图版相结合的形式，介绍了会馆的建筑特色；2006年出版的《重庆湖广会馆：历史与修复研究》④，在阐述清代重庆以"湖广填四川"为代表的移民史的基础上，分析该区域会馆的成因及历史发展脉络，并对当今的会馆建筑修复的理念、原则、技术方法展开研究。研究会馆建筑的成果还有刘徐州的《趣谈中国戏楼》⑤，该书梳理了中国不同历史时期种类繁多的戏楼，在第六编重点介绍了会馆戏楼的由来及各地会馆的特色；刘文峰的《会馆戏楼考略》⑥对全国各地100多座会馆戏楼进行整理归纳，论述了会馆戏楼建筑和功能的演变。此外，以会

---

① 刘致平：《中国建筑类型及结构》，建筑工程出版社，1957年。
② 中国建筑科学研究院：《宣南鸿雪图志》，中国建筑工业出版社，2002年。
③ 中国建筑艺术全集编辑委员会编：《会馆建筑·祠堂建筑》，《中国建筑艺术全集》第11卷，中国建筑工业出版社，2003年。
④ 何智亚：《重庆湖广会馆：历史与修复研究》，重庆出版社，2006年。
⑤ 刘徐州：《趣谈中国戏楼》，百花文艺出版社，2004年。
⑥ 刘文峰：《会馆戏楼考略》，《戏曲研究》1995年第2期。

馆为主题的硕博士学位论文在建筑领域也有所偏重，如冯柯的《开封山陕甘会馆建筑（群）研究》①、马骁的《河南晋商会馆建筑研究》②、张笑楠《河南地区明清会馆建筑及其室内环境研究——兼论可持续的古建筑保护》③等，主要是从建筑艺术和保护利用角度对会馆进行研究。

（二）会馆遗产保护与利用研究

关于会馆遗产的保护与利用，近年来也得到学界的广泛关注，以下研究较具代表性。李烨的《会馆文化的资源开发》④将会馆文化概括为建筑、楹联、戏剧、饮食、革命历史、语言等六个方面，并初步探讨了开发会馆文化资源的重要意义。张德安的《论明清会馆文化在现代的传承与发展》⑤认为，明清会馆文化主要包括六个方面：精到的管理规制；唯美的建筑艺术；深厚的文学、绘画、书法底蕴；"扶危济困"的人文精神；丰富的社会文化事象；从馆塾式学堂教育向学校教育迈进。文中结合重庆湖广会馆的工作实践，对如何传承和利用会馆的文化资源进行了深入思考。肖永亮、李飒在《文化创意理念下的会馆产业发展战略》⑥一文中认为，会馆文化是具有浓郁地方特色和文化包容性的民间文化集合体，如何在文化创意产业理念的引导下顺应时代的发展，走上产业发展之路，亟须深入探讨。车文明的《中国现存会馆剧场调查》⑦对现存会馆剧场的布局、主要建筑构成、会馆戏曲活动等方面进行了较为系统的考察和分析。该书搜集整理的资料很有价值，立意也较为新颖。杨家栋的《谈会馆经济的属性及发展路径》⑧，从重新发挥会馆经济功能的角度来探讨会馆在新时代的发展，颇具新意。另外还有唐湘雨、姚顺东的《略论广州会馆保护与开发》⑨，卢娜的《浅析洛带古镇会馆资源的旅游开发》⑩，董德利的《以会馆经济促进扬州传统文

① 冯柯：《开封山陕甘会馆建筑（群）研究》，西安建筑科技大学2006年硕士学位论文。
② 马骁：《河南晋商会馆建筑研究》，河南大学2006年硕士学位论文。
③ 张笑楠：《河南地区明清会馆建筑及其室内环境研究——兼论可持续的古建筑保护》，南京林业大学2007年博士学位论文。
④ 李烨：《会馆文化的资源开发》，《上海城市管理职业技术学院学报》2002年第3期。
⑤ 张德安：《论明清会馆文化在现代的传承与发展》，《中国名城》2010年第5期。
⑥ 肖永亮、李飒：《文化创意理念下的会馆产业发展战略》，《中国名城》2011年第1期。
⑦ 车文明：《中国现存会馆剧场调查》，《中华戏曲》2008年第1期。
⑧ 杨家栋：《谈会馆经济的属性及发展路径》，《商业经济研究》2012年第31期。
⑨ 唐湘雨、姚顺东：《略论广州会馆保护与开发》，《广西地方志》2006年第5期。
⑩ 卢娜：《浅析洛带古镇会馆资源的旅游开发》，《重庆科技学院学报（社会科学版）》2010年第13期。

化产业转型升级》①等文章，就某一处或某一地会馆的现代利用进行了初步探讨。但是，会馆遗产的保护与利用研究涉及文化遗产学、社会学、经济学、心理学、传播学等学科，目前学界对该领域的研究尚欠深入。

（三）会馆遗产普及研究

在会馆遗产普及方面，仲富兰的《图说中国百年社会生活变迁（1840—1949）：市井·行旅·商贸》②，图文并茂地介绍了会馆历史与建筑；王贵祥的《老会馆》③，作为"古风：中国古代建筑艺术"丛书中的一本，对会馆的创建、类别、建筑布局、典型代表进行了介绍，配图百余张。此外还有各地会馆编写的宣传普及类读本，如《潞泽会馆与洛阳民俗文化》④《烟台福建会馆》⑤《关帝神工：开封山陕甘会馆》⑥《聊城山陕会馆》⑦《上海三山会馆》⑧《庆安会馆》⑨等，从民俗与历史的角度对相应会馆进行了深入浅出的介绍。

三、大运河（江浙地区）会馆遗产相关研究

大运河（江浙地区）早在中国封建社会的中后期就已经初步建立可观的城市群。明清两代，大运河（江浙地区）出现了9座较大的商业与手工业城市，其中沿运城市杭州、苏州发展成为纺织业及其交易中心，扬州、无锡、常州成为粮食集散地，湖州成为印刷及文具制作交易中心。水运畅通，商业经济繁荣，大运河（江浙地区）会馆的兴建和发展由此可见一斑。该区域会馆遗产具有分布集中、类型全面、代表性强等特点，对于中国的会馆遗产研究非常重要。目前学界将江浙视为整体区域，研究区域性会馆遗产的文章还比较少，主要有以下成果。

陈剑锋的《长江三角洲区域经济发展史研究》⑩探析了"长三角城市经济

---

① 董德利：《以会馆经济促进扬州传统文化产业转型升级》，《江苏政协》2011年第8期。
② 仲富兰：《图说中国百年社会生活变迁（1840—1949）：市井·行旅·商贸》，学林出版社，2001年。
③ 王贵祥：《老会馆》，人民美术出版社，2003年。
④ 洛阳市文物管理局、洛阳民俗博物馆编：《潞泽会馆与洛阳民俗文化》，中州古籍出版社，2005年。
⑤ 烟台市博物馆编：《烟台福建会馆》，山东省地图出版社，2007年。
⑥ 韩顺发：《关帝神工：开封山陕甘会馆》，河南大学出版社，2003年。
⑦ 陈清义、刘宜萍：《聊城山陕会馆》，华夏文化出版社，2003年。
⑧ 上海三山会馆管理处编：《上海三山会馆》，上海人民出版社，2011年。
⑨ 黄浙苏等：《庆安会馆》，中国文联出版社，2002年。
⑩ 陈剑锋：《长江三角洲区域经济发展史研究》，中国社会科学出版社，2008年。

圈"的形成全过程及其内在规律，其中第七章"明清时期长三角区域传统经济开发的成熟"讨论的长三角城市商业发展与会馆的出现所涉及的苏州、杭州、镇江、湖州等城市均为大运河（江浙地区）城市。冀春贤、王凤山的《明清地域商帮兴衰及借鉴研究——基于浙江三地商帮的比较》①，以明清时期为社会背景，从浙江地域内宁波帮、龙游帮等商帮兴起的视角，论及其建立的会馆。王志远的《长江文明之旅——长江流域的商帮会馆》②主要讨论以长江流域为共同地籍的商帮，其中涉及江浙两省会馆，但以梳理为主，并未深入探讨。

2014年，"京杭大运河遗产保护出版工程"大型丛书面世，由电子工业出版社出版。该丛书围绕大运河的历史、文化和保护三个核心内容展开，全面深入地介绍了中国运河历史、运河成果和运河文化。丛书分三卷，共12册，《京杭大运河沿线城市》《京杭大运河历史文化及发展》《京杭大运河突出普遍价值的认知与保护》等分册中均有大运河（江浙地区）城市发展沿革及会馆兴起的相关论述。这套丛书的研究视角是大运河，而会馆只是大运河沿线城市经济繁荣的见证，因此其对会馆的论述也是点到为止。

除此之外的研究多为城市个案研究。刘玉芝的《试论徐州山西会馆的建筑文物价值》③对徐州山西会馆的历史沿革、建筑构件和墙体构造进行了全面分析；程玲莉的《近代常州的会馆公所与商会》④对常州的会馆、公所、商会进行了初步梳理；沈旸、王卫清的《大运河兴衰与清代淮安的会馆建设》⑤探讨了淮安会馆的建设和发展与城市空间形态及功能布局的互动关系；左巧媛的《明清时期的苏州会馆研究》⑥以明清时期苏州工商业碑刻为资料，探讨苏州会馆在商人和政府中间发挥的纽带功能；黄彩霞的《从杭州商会的公益善举看社会的变迁——兼与在杭徽商会馆比较》⑦对杭州商会与在杭徽商会馆的公益善举进行了比较研究。

---

① 冀春贤、王凤山：《明清地域商帮兴衰及借鉴研究——基于浙江三地商帮的比较》，郑州大学出版社，2015年。
② 王志远：《长江文明之旅——长江流域的商帮会馆》，长江出版社，2015年。
③ 刘玉芝：《试论徐州山西会馆的建筑文物价值》，《江苏建筑》2008年第4期。
④ 程玲莉：《近代常州的会馆公所与商会》，《档案与建设》2003年第10期。
⑤ 沈旸、王卫清：《大运河兴衰与清代淮安的会馆建设》，《南方建筑》2006年第9期。
⑥ 左巧媛：《明清时期的苏州会馆研究》，东北师范大学2011年硕士学位论文。
⑦ 黄彩霞：《从杭州商会的公益善举看社会的变迁——兼与在杭徽商会馆比较》，《安徽师范大学学报（人文社会科学版）》2012年第5期。

四、宁波会馆遗产相关研究

近年来，宁波会馆遗产研究也在持续推进并取得了一系列成果。陈佩杭等的《以宁波庆安会馆维修工程为例探讨历史建筑保护技术与方法》①以庆安会馆为案例，探讨历史建筑保护技术与方法。黄定福的《宁波会馆文化形成的原因及特色初探》②对宁波会馆建筑进行了基础调研，并对宁波会馆文化的形成及实例特色作出分析。黄浙苏、丁洁雯的《论庆安会馆的当代利用》③立足于会馆的妈祖文化、商帮文化、雕刻文化资源，从科学有效开发与利用历史文化遗产的角度出发，以庆安会馆文化积淀的资源优势、文化传承的载体功能、文化沟通的纽带作用三方面为基点，探讨了会馆遗产如何在当代社会寻找发展的途径以获得新生。丁洁雯的《大运河（宁波段）与海上丝绸之路的重要衔接——论庆安会馆的起源、价值与保护对策》④从宁波地域特色出发，结合海丝文化与运河文化，论述了庆安会馆的遗产价值。丁洁雯的《文化遗产的价值判定、功能梳理与当代利用——以世界文化遗产点庆安会馆为例》⑤讨论了世界文化遗产宁波庆安会馆文化遗产价值的判定、原始功能的梳理以及如何与现代生活融合三个基本问题，对于探寻文化遗产在现代社会传承文脉、重获新生的有效途径有所启发。林浩等的《宁波会馆研究》⑥对宁波地区的会馆及宁波商人在外地建立的会馆进行初步梳理，并就相关会馆的史料进行编录。陈茹的《宁波帮碑记遗存研究（会馆组织篇）》⑦对与宁波商帮会馆相关的碑记分地域进行了整理，并结合碑记内容探析了宁波帮的发展轨迹与特点。

目前看来，对于宁波会馆遗产的研究主要存在以下几个问题：首先，基于文化遗产学视角的宁波会馆遗产专题研究，目前寥寥无几；其次，对于宁波地区会馆的研究成果集中于会馆史研究，对会馆遗产当下的社会、经济、文化价

① 陈佩杭、石坚韧、赵秀敏等：《以宁波庆安会馆维修工程为例探讨历史建筑保护技术与方法》，《高等建筑教育》2009年第5期。
② 黄定福：《宁波会馆文化形成的原因及特色初探》，《宁波经济（三江论坛）》2012年第10期。
③ 黄浙苏、丁洁雯：《论庆安会馆的当代利用》，《中国名城》2011年第6期。
④ 丁洁雯：《大运河（宁波段）与海上丝绸之路的重要衔接——论庆安会馆的起源、价值与保护对策》，《宁波大学学报（人文科学版）》2016年第4期。
⑤ 丁洁雯：《文化遗产的价值判定、功能梳理与当代利用——以世界文化遗产点庆安会馆为例》，《浙江工商职业技术学院学报》2022年第1期。
⑥ 林浩、黄浙苏、林士民：《宁波会馆研究》，浙江大学出版社，2019年。
⑦ 陈茹：《宁波帮碑记遗存研究（会馆组织篇）》，金城出版社，2022年。

值探讨不够；再次，将大运河与会馆遗产相结合的研究非常有限，尚未清晰阐释宁波会馆遗产与运河的密切关联，而其他关于运河的研究文章，多以运河研究为主体，会馆遗产相关研究成果只是一种补充材料；最后，研究方向较为单一，多针对某处会馆遗产，较少涉及宁波会馆遗产的保护与利用，且在区域性研究方面尚未形成影响力。如果我们要从文化遗产学的角度来研究会馆，势必要厘清会馆的前世今生，追溯历史，立足当下，放眼未来。对于会馆这一文化遗产的研究，应与文化遗产学、历史学、社会学、经济学、传播学等学科相结合，整体、系统地展开。从学界目前的研究成果来看，对于宁波会馆遗产的综合性专题研究仍亟待深入和加强。

第二节　文化遗产学：会馆遗产理论实践 与探索的崭新视角

在20世纪70年代之前，"文化遗产"概念尚未在国内普及，但人文学科与自然学科已对文化遗产若干范畴开始了理论与实践探索。随着文化遗产相关研究的逐步深入，其概念与内涵逐渐清晰。比如，贺云翱提出，文化遗产是指由先人创造并保留至今的一切文化遗存，是地区、民族乃至国家重要的文化资源和文化竞争力的构成要素，主要包括物质文化遗产、非物质文化遗产、文献遗产和文化景观类遗产等。[1]20世纪90年代，在国际领域，关于文化遗产的概念与内涵逐渐达成共识，对其保护与利用的原则及理念的探讨更加深入。国内研究也紧随其后，21世纪初，曹兵武、杨志刚、贺云翱、苑利、孙华、彭兆荣、徐嵩龄等学者提出应将文化遗产研究学科化、规范化，并对文化遗产学的学科体系、研究对象、研究理论与方法论等展开讨论。在文化遗产学独立理论体系的构建中，不少学者根据自身的研究实践，对文化遗产学研究的方法提出了自己的见解。比如，文化遗产学的研究对象应为文化遗产及其本体研究、价值诠释、保护、管理、经营与传播分享；文化遗产学应首先关注文化遗产本体及其关联环境与人类生活方式，并着重于文化遗产的价值阐释、保护利用等；文化

---

① 贺云翱：《文化遗产学初论》，《南京大学学报（哲学·人文科学·社会科学）》2007年第3期。

遗产研究包括三大领域——基础理论研究、文化遗产事象研究、文化遗产应用性研究。① 经过学者的梳理和研究，文化遗产学已逐步建立起科学合理的体系与方法论，初步形成了属于自身的学科架构。前人的会馆研究多集中在会馆史领域，而将会馆作为遗产形态进行研究的成果并不多见。其中文化遗产视角下的会馆研究，又偏重于建筑，忽略了会馆遗产的综合性和复杂性。事实上，文化遗产学虽立足于过去，却面向现在与未来。因此，应把会馆遗产视为一个完整的文化生命体，对其自身包含的多样性要素进行解构性分析，以深刻认识其空间分布、内涵价值、动力体系、利用方向，厘清其内在发展脉络和规律，如此才能为会馆遗产在当下和未来的新生奠定基础。笔者希望通过选取目前相对成熟的文化遗产学研究方法，在大运河（江浙地区）的大视野下对宁波会馆遗产展开研究，拓展文化遗产学理论体系。

第三节　大运河（江浙地区）视野下的会馆遗产

中国大运河始建于公元前486年，包括隋唐大运河、京杭大运河和浙东大运河三部分。大运河地跨北京、天津、河北、山东、江苏、浙江、河南和安徽8个省级行政区，通过将黄河、淮河、海河、长江、钱塘江五大水系衔接，在缩短河流水系之间距离的同时，弥补天然河道的欠缺。运河流域文明在交汇与碰撞中，达成了经济、文化的繁荣兴盛。大运河因漕粮运输、货物转运而形成内河运输带，因城镇兴起、商贸繁荣而形成城镇发展带，因地域文化的交汇、中外文化的传播而形成文化交流带。从隋代至清代，在历史的变迁中，大运河始终居于国家发展命脉的重要地位。绵延2500余年的大运河，至今仍发挥着重要的水利和交通功能。2014年6月22日，在第38届世界遗产大会上，中国大运河正式列入《世界遗产名录》，其中包括27段河道遗产，以及分布于31个遗产区的运河水工遗存、运河附属遗存、运河相关遗产等58处遗产。

自2017年起，大运河文化带建设被中共中央反复强调并得到推进。大运河文化带建设，要以"统筹保护好、传承好、利用好"为指导思路，立足于运河

---

① 王运良：《中国"文化遗产学"研究文献综述》，《东南文化》2011年第5期。

水工遗存、附属设施和相关遗存，将运河沿线的物质文化遗产和非物质文化遗产以及名城名镇名村等作为主要对象而推进的带状功能区域建设。其中，运河文化产业、文化事业、文化生态是重要载体。以此为契机，大运河沿线巨大的生态价值、文化价值、线状文化空间的联动分享价值、新型服务业的协同创造价值等，都将得到充分发挥。在大运河文化带建设的宏观背景下，探讨会馆遗产的保护与利用更具现实意义。

从会馆遗产赖以生存的城市环境来看，大运河与沿岸城市唇齿相依，运河文明与城市发展密切关联。奔流不息的大运河塑造了沿运城市开放的文化和多元的生活方式，将这些看似并无关联或是联系疏松的单体聚落衔接起来，组建成为具有明确层级关系及分工协同机制的城市共同体。①大运河文化带建设将通过对大运河漕运通道、贸易通道及人文交流纽带等功能的深入挖掘，一同推进沿运城市文化型城市群建设，以彰显城市文化特色、延续城市文脉。作为大运河文化带历史脉络中的重要篇章，沿运城市会馆遗产的存在与发展，是进一步推动大运河文化带建设的重要环节，因此其学术研究与远期规划势必要纳入大运河文化带建设的大工程而加以稳步推进。

从会馆遗产自身的生存和发展来看，作为历史上大运河商业发展的标志性设施之一，会馆在地理位置上依靠运河，沿河而建；在商贸发展上依赖运河，靠水运输，其命运与运河的兴衰密切相关。会馆曾经发挥过团结行业力量、促进商业发展、规范商业竞争、协调市场矛盾等重要功能，是明清时期大运河沿线商业经济发展的见证和推动力量。因此，保留至今的大运河沿线会馆遗产成为大运河文化带建设必有的内涵。而作为运河遗产的重要组成部分，会馆遗产的保护与利用若融入大运河文化带建设，又势必会为处于"弱势"状态的会馆遗产寻找到全新的发展与生存之路。这是会馆遗产保护、利用与发展的契机。在大运河（江浙地区）会馆的大视野下，以运河兴衰为切入口来探析会馆遗产的发展历程，以及运河与会馆遗产在当下与未来相互依存、相互辅助的发展状况，无疑可为宁波会馆遗产的合理保护、有效利用的理论研究和实践探索添砖加瓦。

---

① 刘士林：《中国大运河保护与可持续发展战略》，《中国名城》2015年第1期。

第二章

大运河（江浙地区）会馆
产生的动力系统

明中叶以后，商品经济发展迅速，社会生产力的发展推动了地区间经济区域的形成，并在经济交流中出现分工与协作。随着封建政府宽商恤商政策的出台，经商逐渐成为人们改变贫贱地位的重要途径之一。社会风俗的演变使商人的社会地位有所提高，他们主动通过捐纳、兴办社会公益事业等赢取社会认同，也通过代表自己阶层的知识分子的舆论体系来确立自己的社会形象。因而，明清商业便以商品种类繁多、经商人员来源广泛，成为商业经济区别于以前各朝的特征，而商人逐渐成为社会中拥有广泛影响的阶层，在政治、经济、文化思想等各个领域都彰显自己的存在，并尝试以自己的意愿去规划社会，寻求在其中的适当位置。修造会馆是明清商人的重要举措，也寄托了他们的信念追求。

关于我国会馆的源起和发展演变，王日根在《中国会馆史》中已有专门论述。虽有学者曾将会馆的渊源追溯到汉朝的邸舍，但学界普遍认为，明代以后出现的会馆与过去的郡邸、进奏院、朝集院并没有源流关系。在明清时期传统市场经济快速发展、人口流动频繁的大背景下，会馆作为整合、管理流动社会的民间自治组织应运而生。它既是明清社会变迁的产物，也推动了传统社会结构的更新。

第一节　大运河视角：水路网络与商业市镇的繁荣

明清时期，我国经济快速发展的地区主要有三处：一是南北大运河沿岸地区；二是江南地区；三是东南沿海地区。[①]大运河（江浙地区）的城市均位于

---

① 傅崇兰：《中国运河城市发展史》，四川人民出版社，1985年，第238页。

大运河沿岸，其中的苏州、杭州、扬州等就位于江南地区，而宁波位于东南沿海。可见，明清时期，大运河（江浙地区）城市多分布于经济快速发展的地区，从全国范围来看处于优势地位。

一、明清时期大运河的漕运功能与城市的兴起

我国西高东低地理形势的直接影响是，大部分河流呈东西走向，而河流的走向决定了水上交通的航线。为改变受到自然地理限制的水运条件，古人试图通过利用自然河流湖泊，开挖不同方向的运河，来拓展航线，弥补原有水上交通状况的不足。在水路运输占主导地位的时代，沟通南北的水运干线有助于国家借助中央集权征收全国范围的粮食和财富并加以转运。中国大运河在此背景下的开凿，经历了由短到长、由局部到整体，不断延续、不断完善的过程。

明清时期，大运河经过挑挖和疏浚，疏通通惠河、会通河，基本定型里运河路线等，真正成为南北物资和文化交流的大动脉、南北经济发展的生命线。大运河承担的漕运肩负着两个重任：一是根据军事和经济形势需要，从水路运输粮食及物资到急需的地区；二是从水路运输粮食和物资到京城，以确保国家政治中心的供给。其流经的今江苏、安徽、浙江、江西、河南、山东、湖南、湖北等省，在清代被称为"有漕八省"，明清时期，长江以南省份的漕粮征收数量远超过长江以北，以江南地区征收最重，"以今观之，浙东西又居江南十九，而苏、松、常、嘉、湖五府又居两浙十九也"[1]，而漕粮的运输就有赖于运河从江浙运往北部地区。随着制度的不断完善和运输规模的扩大，漕运逐渐在早期的政治功能之外增加了社会功能，为维护封建统治、社会稳定做出了重要贡献。

与此同时，运河沿线的城市也因漕运而繁荣。漕运带来的商品流通刺激了沿运城镇商业经济的发展和文化的交流，其畅通与否成为沿运城镇兴衰的决定性因素。唐宋以后，漕运额度日渐固定，因为漕船返回时可以携带其他物品，物资运输的种类日渐丰富，运河沿线及周边地区民众间自发的商贸交流活动日渐增多。清时，"凡漕船载米，毋得过五百石，正耗米外，例带土宜六十石。雍正七年，加增四十，共为百石。永着为例。旋准各船头工舵工人带土宜三石，

---

[1] 邱浚：《大学衍义补》卷二十四《制国用·经制之义下》，京华出版社，1999年，第236页。

水手每船带土宜二十石。嘉庆四年，定每船多带土宜二十四石"①。

伴随商贸额度与强度的逐步增加，一些位于漕运关节点的城镇聚落也逐步沿河发展壮大，比如北方的天津、德州、沧州、临清以及东南地区的淮安、扬州、苏州、杭州等均发展成为繁华的都市。大运河及其连通的自然河道沿线和沿海区域资源的开发与流通，使多种新的经济业态得以成长，大批的市镇得以壮大，农业、渔业得到开发，税收（榷资、盐税等）得到保障。

二、明清时期大运河（江浙地区）的发达水系与市镇的繁荣

在我国古代交通中，水运占据极为重要的地位，因其载重量大、行程远、所需人力相对较少，比起陆路运输在价格上更有优势。以19世纪末江南货运价格为例，陆路客运为每人每百里400文，陆路货运为每担每百里290文，而水路客运为每人每百里150文，水路货运为每担每百里7文。同等条件下，水路客运价格是陆路客运价格的38%，而水路货运价格连陆路货运价格的3%还不到。②在交通工具较为原始、运输不甚便捷的明清社会，交通便利的区位优势是各个利益集团发展贸易的首选条件。大运河开凿后，承担起漕运的重任，在国家政治中占有重要地位，同时也形成了独立的交通运输网络，促进了不同地区的经济、文化交流，尤其带动了沿运区域的商贸繁荣。可以说，大运河（江浙地区）商业发展的一大重要因素就在于水运，因其水道便利和低廉的运输价格，成为该区域商贸发展的巨大推力。沿运城市通过借助运河通捷的天然优势，融信息、商贸、资本、人流等诸多有利条件于一体，商业经济发展迅速。

水路交通的顺畅，客观上促进了各地的经济文化交流，也对位于交通线上的商业城镇的发展兴盛起到积极的推动作用。运河沿线设置诸多税关，商运繁忙。直至清中期，江浙地区与中国北部的经济联系基本靠运河维系。明代张萱在《西园闻见录》中指出，大运河上"吴舸越艘，燕商楚贾，珍奇重货，岁出而时至，谈笑自若，视为坦途"③。明代李鼎描述大运河上"燕赵、秦晋、齐梁、江淮之货，日夜商贩而南；蛮海、闽广、豫章、南楚、瓯越、新安之货，日夜

---

① 赵尔巽等：《清史稿》食货志三，中华书局，1977年，第3584页。

② 张海林：《苏州早期城市现代化研究》，南京大学出版社，1999年，第9页。

③ 张萱：《西园闻见录》卷三十七《漕运前》，哈佛燕京学社重印1627本抄本，1940年。

商贩而北"①。大运河（江浙地区）利用本地的资源优势发展丝、棉产业，进而利用便利的地理条件吸引四面八方的商人前来经商。比如浙江湖州府德清县所属唐栖镇，明初由于新开运河通杭州，正统年间（1436—1449）修筑塘岸以利漕饷转运，成为南北交通要道，"驰驿者舍临平由唐栖，而唐栖之人烟以聚，风气以开……别墅园亭，甲于两邑……官道所由，风帆梭织……水陆辐辏，商货鳞集，临河两岸市肆萃焉"②。在江苏，运河上如织航运与日盛货贸也造就了苏州、扬州及其他一大批市镇的繁华景象。明清时期，江浙以种棉植桑为主，江南粮食"大半取于江西、湖广之稻以足食者也，商贾从数千里传输"③。谚云："湖广熟，天下足。"江浙百姓，全赖湖广米粟。苏州"运河则自嘉兴而北经郡城，会胥江而西北入无锡县界。擅江湖之利，兼海陆之饶，转输供亿，天下资其财力，且其地形四达，水陆交通，浮江达淮，倚湖控海"④。苏州所在之江南历来是产粮重地，而粮食的漕运依托于苏州密布的水陆交通网络，这也使得苏州成为粮食储藏和转运的集散中心：所产粮食先运至苏州粮仓储存，再发运北上。如此，到清中叶时，苏州已成为全国粮食重要的聚集、储存和起运地。伴随着农业、丝织业的发达，加之漕运带来的便利和商贸机会，苏州"当四达之冲，闽商洋贾，燕齐楚晋百货之所聚，则杂处寰阓者，半行旅也"⑤。

以内河为港口货物的集疏而形成的转运贸易逐渐活跃。"宁波港沿海贸易，北至关东、河北、山东，中自江苏，且溯长江深入四川兼走湘、鄂，南到台、温、闽、广，都是船只直接往来，而且相当频繁；与省内的杭、嘉、绍、定海、象山等地，或自海上或自内河，货物集疏，更是往来不断。"⑥

综上所述，在江浙地区，农民多种植水稻、棉桑，而商人充分利用当地水利之便，在获取销售到其他地区可获得更大利益的农产品的同时，又在销售地购进人们日常生活与生产的必备物品，再将商品销往可获取更大利润的地区，实现货币增值和经济利益最大化。

① 李鼎：《李长卿集》卷二。
② 《光绪唐栖志》卷一。
③ 吴应箕：《楼山堂集》卷十二《江南平物价议》，续修四库全书本，第1388册。
④ 《同治苏州府志》卷二《形势》。
⑤ 《乾隆吴县志》卷八《市镇》。
⑥ 郑绍昌主编：《宁波港史》，人民交通出版社，1989年，第111页。

第二节　政治视角：政府商业政策的变化与缺失

"重农抑商"作为贯穿整个封建王朝的一条经济政策主线，也即重视农业、轻视或抑制商业发展，其主要做法有三种：利用官办商业控制主要产业，并抵制私营商业的发展；政府垄断重要商品的买卖；以苛捐重税减少商业利润。明清时期，统治者对商人的政策发生转变，由全面抑制转为一定程度的抚商恤商。中国社会传统的"士农工商"社会等级分层也发生转变，社会阶层流动频繁。

一、明清政府的抚商恤商倾向推动商品经济的发展

明清会馆作为商人团体创建的产物，其立足社会与长期生存，离不开统治阶级的认同与支持。而对会馆的许可与支持是以认同商人及商业的社会价值为前提的。随着明清时期商品经济的发展，士、农、工群体中从商者众多，传统农业社会中稳固的"士农工商"四民格局开始打破，统治阶级亦出现恤商宽商倾向。比如，明初统治者为维护边境稳定，通过"开中法"的实施，将部分食盐专卖权分割给商人，以招募商人运输军粮。又如，清康熙至乾隆年间，政府对商人实施部分保护政策，初步整顿和治理牙行、税收制度以及吏治等。康熙强调"商人为四民之一，富民亦国家所庇，藏富于民，不在计此铢两"[1]。"不可专以税额为事，若立意取盈，商贾不至，与禁止何异？"[2]雍正"念商贾贸易之人，往来关津，宜加恩恤，故将关差归并巡抚兼管，以巡抚为封疆大吏，必能仰承德意，加惠商旅也"[3]。乾隆时"国家设立关隘，原以查察奸宄，利益商民"[4]。统治者重农抑商意识的调整和改变，为商人团体的兴起、商业经济的发展提供了相对宽松的空间，为会馆的创建奠定了思想和舆论基础。

朝廷的宽商政策，在大运河（江浙地区）得以较好实施。乾隆七年（1742），苏州长洲颁立《长洲县革除腌腊商货浮费碑》，碑文有云："凡腌鸡鱼肉虾米等物交易，价银九七足色，漕平九七足兑，买客外用，每两一分，出店脚费在内。

---

① 中国第一历史档案馆整理：《康熙起居注》，中华书局，1984年，第741页。
② 《圣祖仁皇帝实录》卷二○七，《清实录》第六册，中华书局，1986年，第105页。
③ 《世宗实皇帝实录》卷十七，《清实录》第七册，中华书局，1986年，第295页。
④ 《高宗纯皇帝实录》卷五十，《清实录》第九册，中华书局，1986年，第843页。

该商内用每两一分，脚栈在内。此外浮费，概行革除。"①在积极贯彻朝廷宽商政策的同时，江浙地方官府也重视对工商业经营活动的规定与管理。由于市场竞争激烈，违法违规行为泛滥，若任其发展，将导致工商业发展混乱，对社会稳定造成影响。嘉庆十八年（1813），苏州府元和、长洲、吴县联合颁布"枣贴牙户概行领用会馆烙引官斛"的政令，"嗣后务遵历定章程，凡枣客载货到苏，许有枣贴官牙，领用会馆烙印官斛，公平出入。毋许妄用私秤，欺骗病商。如有私牙白拉，违禁挽越，一经查出，或被告发，定提究处"②。为制止大商户对小商户的欺凌，苏州常熟县官府于康熙十二年（1673）发布禁令，规定"如有势取行户，不发价值，若累小民者，即行参处"③。道光十一年（1831）刻立的《长洲县永禁滋扰圆妙观搭建摊肆碑》，对当地官府管理、规范市场活动的举措有所记载："倘有地匪借端滋扰阻工，乘机窃取木料，许该地方禀解本县，以凭查究。"④大运河（江浙地区）官府秉持清廷推行的相对宽松的商业政策，注重营造适合工商业快速发展的社会环境，对当地工商业经济发展起到了一定的保障作用，也为行商开展商贸活动和创建会馆提供了前提条件。

二、士商观念转变和社会阶层流动推进商人团体兴起

明中叶以后，随着商品经济的发展，部分经商者因利而富，在提升社会生活水平、拉动社会消费的同时，凭借财富优势跃居社会生活的上层，而部分官僚和士人群体陷入窘迫，"满路尊商贾，愁穷独缙绅"⑤。丰厚的利润驱使士、农、工阶层投身商界。"农、儒、童、妇亦皆能贾。"⑥在大运河（江浙地区），"昔日逐末之人尚少，今去农而改业为工商者，三倍于前矣"⑦。"杭（州）之置货便于福（州），而宁（波）之下海便于漳（州）。以数十金之货，得数百金而归；以百余金之船，卖千金而返。此风一倡，闻腥逐膻，将通浙之人，弃农而学商，

---

① 苏州历史博物馆等编：《明清苏州工商业碑刻集》，江苏人民出版社，1981年，第247页。
② 《枣贴牙户概行领用会馆烙引官斛》，见苏州历史博物馆等编：《明清苏州工商业碑刻集》，江苏人民出版社，1981年，第251—252页。
③ 苏州历史博物馆等编：《明清苏州工商业碑刻集》，江苏人民出版社，1981年，第382页。
④ 王国平、唐力行编：《明清以来苏州社会史碑刻集》，苏州大学出版社，1998年，第637页。
⑤ 孙枝蔚：《溉堂后集》卷四《过仪真县有感》，清康熙刻本。
⑥ 王文禄：《策枢》卷四，《丛书集成初编》本。
⑦ 何良俊：《四友斋丛说》卷十三。

弃故都而入海。"①南浔镇上，明代隆庆、万历之后"贫士多奔走衣食"②；苏州城里"士大夫家多以纺织求利"③。其时吴下有谚云："盖穷人仰不足以事，俯不足以育，救死不赡，奚暇治礼仪哉！此故势所不能也。"④在商品经济的侵蚀下，士大夫阶层已难安于财富匮乏的现状，不得不弃守仕尊商贱的传统观念。顾炎武称："农事之获，利倍而劳最，愚懦之民为之；工之获，利二而劳多，雕巧之民为之；商贾之获，利三而劳轻，心计之民为之。"⑤而黄宗羲明确提出"工商皆本"的主张："士儒不察，以工商为末，妄议抑之。夫工固圣王之所欲求，商又使其原出于途者。盖皆本也。"⑥江南文史大家顾炎武、归庄、钱谦益、徐乾学、钱大昕等，或为徽商、或为宁波商、或为福建商及其家属等撰写过充斥着褒美之辞的寿文、墓表墓志、家传类文字。⑦尤其在江浙地区，"其俗尊商贾，贱文士，豪侈喜夸，争通货利"⑧。

随着士大夫阶层对商人观念的转变，明清社会"弃儒就商"的趋势也日益显著。明初开始，中国人口开始大幅增长，但科举考试中进士、举人的名额并未相应增加，因此竞争日益激烈。与此同时，随着商品经济的活跃，清代时，读书费用大增，贫苦的士子若没有经济支持，基本难以为继，"夫养者非贾不饶，学者非饶不给，君其力贾以为养，而资叔力学以显亲，俱济也"⑨。唯有获取商业利润的滋养，业儒才有继续维持的经济保障。因此，在商业经济与城市化的发展中，很多士子放弃科举而经商，士子穷而弃儒，商子富而业儒。此时的士儒，超脱传统儒家道德中立身处世的社会价值标准，在社会观念、行为方式等诸多方面发生转变。在商业大潮的推动下，功利与务实成为社会价值的新标准。士商的观念转变，不仅让社会和士人重新看待商人的地位，也深刻影响了社会阶层的流动。

可见，在最高统治者的倡导下，在商业经济发展的大势下，广大缙绅阶层

① 王在晋：《越镌》卷二十一《通番》。
② 《民国南浔志》卷三十三《风俗》。
③ 于慎行：《谷山笔麈》卷四《相鉴》。
④ 王有光：《吴下谚联》卷二《穷不读书富不教学》。
⑤ 顾炎武：《天下郡国利病书》卷十六《江南四》。
⑥ 黄宗羲：《明夷待访录》，中华书局，2011年，第161页。
⑦ 王日根、陈国灿：《江南城镇通史（清前期卷）》，上海人民出版社，2017年，第172页。
⑧ 沈云：《盛湖竹枝词》，1918年影印版。
⑨ 汪道昆：《太函集》卷四十二《明故程母汪孺人行状》，明万历刻本。

对商人及商业采取了认同的态度。明清士商观念的转变和社会流动现象对当时的社会文化产生了深刻影响，在此文化氛围中，商人团体的兴起和商人会馆的创建增添了精神动力和支持，这是各地商人会馆兴起的政治舆论基础。

三、明清市场运作的失衡推动会馆的创建

明清两朝正是传统社会向近代社会转型的重要阶段，经济形态、社会观念的新旧交替，让社会氛围也掀起波澜。在行商寓居的商业市镇，不平等竞争无处不在。虽然政府的经济政策相对以往各朝较为开明，但其目标实为维持社会稳定，并未制定明确的商业发展政策，商业市场一度处于放任自流的状态。与此同时，中国社会长期以来是自然经济占据主导地位，明清时期虽有商品经济的快速发展，但整个社会并未得到商品经济的充分"洗礼"，市场竞争行为扭曲。商人唯利是图，市场行为失范、市场运作失衡，商业纠纷层出不穷。在商业发达的苏州"市廛间，商贾填益，四方之人，等于土著"[1]。扬州客商的大量聚集，给坐商带来巨大的市场压力，双方的竞争趋向白热化，而不法商人与官员的勾结，牙行的盘剥勒索，更极大地挤占了合法商人的市场盈利空间。由于政府政策及管理的缺位，商人亟须通过制定行业规则来规范市场行为，维护市场秩序。

可以说，相对开明的商业政策和宽松的社会环境为商人崛起和商业发展提供了契机。而政府在商业政策上的"无为"和"放任"导致的市场失衡，为大运河（江浙地区）会馆的兴起和发展提供了前提。民间商人集团渴望团结群体的力量，获得主流社会的话语权，而实现其目标的重要载体就是会馆——既可有效调节社会秩序，又可适当化解各方矛盾。

第三节　经济视角：特色经济区域的兴起与市场网络的形成

明清时期，大运河（江浙地区）农业、手工业生产发达，商业亦日渐发展成为重要产业。虽然此时自然经济仍是主要经济结构，但随着生产技术的革新、

---

[1] 《康熙苏州府志》卷二十一《风俗》。

社会分工的深化，生产和销售活动开始分离，从而为商业活动的开展和商品经济的发展提供了条件。

一、商业性农业兴起与商品经济的发展

　　明清时期江浙地区的商业性农业发展为商品经济的发展奠定了基础。首先，江浙地区的农业生产非常发达。相关研究表明，江浙地区传统农业经济在唐代崛起，宋代大为发展，经元至明后期已趋向顶峰，直至太平天国运动，始终位于全国经济发展的前列。[1]明代苏州府漕粮约占全国漕粮的18%。除漕粮外，苏、松、常、杭、嘉、湖等五府还要上供质量上乘的白熟粳米，"六郡（指苏、松、常、杭、嘉、湖）所出，纯为粳稻，诚国家之基本，生民之命脉"[2]。而江浙地区也是商品性作物种植较早的地区，北宋元祐时已有记载："桑田翳日，木奴连云。织纫之功，苞苴之利，水浮陆转，无所不至。"[3]自明中期起，江浙一带逐渐成为全国最大和最重要的蚕桑丝绸生产基地与棉纺织业基地。栽桑和植棉是明清时期江浙地区农村的主要副业，苏州、杭州、嘉兴、湖州均为全国著名的蚕桑区。"杭嘉湖三府属地方，地窄人稠，民间多以育蚕为业，田地大半植桑。"[4]杭州的塘栖镇"出丝之多，甲于一邑，为生植大宗"[5]。苏州府的吴江、震泽都是蚕桑生产重地，震泽地区在明中期时"以蚕桑为务，地多植桑，凡女未及笄，即习育蚕。三、四月谓之蚕月，家家闭户，不相往来"[6]。乾隆时，吴江"丝绵日贵，治蚕利厚，植桑者益多……通计一邑，无虑数十万株云"[7]。根据范金民的研究和估算，江南蚕桑面积由明入清不断增加，假如以160万亩为明清之际江南桑地数，则明代后期以前远低于此数，而清代康熙以后远高于此数。[8]该区域蚕桑业的兴盛可见一斑。而苏州、绍兴、宁波等地盛产棉花，名闻国内。清乾隆年间，宁波"姚邑之北乡濒海，沿海百四十余里，皆植木棉。每至

---

① 范金民：《明清江南商业的发展》，南京大学出版社，1998年，第2页。
② 徐光启：《农政全书》卷三《农本》，岳麓书社，2002年。
③ 范成大著，陆振岳点校：《吴郡志》卷三十七《县记》引，江苏古籍出版社，1999年，第538页。
④ 《雍正朱批谕旨》卷二一一下"程元章奏折"，文海出版社，1965年。
⑤ 《光绪唐栖志》卷十八《事纪》，清光绪十五年刻本。
⑥ 王鏊：《震泽编》卷三《风俗》，明弘治十八年影印版。
⑦ 《乾隆吴江县志》卷五《物产》。
⑧ 范金民：《明清江南商业的发展》，南京大学出版社，1998年，第16页。

秋收，贾集如云，东通闽粤，西达吴楚，其息岁百万计。邑民资是以生者十之六七"[1]。范金民根据各地志书推算，清中期江南地区的棉田总数约为320万亩[2]，多出明代整整一倍，蔚为壮观。此外，还有烟草、茶树等经济作物的种植，乾隆五十年（1785）的嘉兴府有"伏烟、秋烟、顶烟、脚烟等名，每夏秋间远商来集，烟市极盛"[3]。明清时期，宁波的茶叶量大质优，其中太白茶、仙茗、十二雷均为名茶。[4]明清时期，江浙地区各类经济作物繁荣生产，本地产出供过于求，因此产生销往外地的需求，直接推动了商业贸易的发展。

其次，江浙地区专业副业商品生产兴盛。明清时期江浙地区商品生产盛况空前。[5]棉布的生产蔚为壮观：嘉兴地区"妇女勤机杼""比户勤纺织"[6]；常熟棉布"捆载舟输，行贾于齐鲁之境常什六"[7]；乾隆时，无锡所产棉布"坐贾收之，捆载而贸于淮、扬、高、宝等处，一岁所交易，不下数十百万"[8]。同时，江浙又是明清时期全国最重要的丝绸产地。苏州的花缎，杭州的宁绸，镇江的江绸，湖州的花、素绉和绸等，美名远扬。全祖望在《湖语》中对清中期宁波丝织业发展盛况有所描述："纺丝巷中，中宵兀兀。拟之蜀江，文君缣帛。"[9]万斯同在《西竹枝词》中描写道："独喜林村蚕事修，一村妇女几家休。织成广幅生丝绢，不数湖州濮院绸。"[10]当时宁波丝织业的盛况在地方志中也有记载："养蚕纺丝，向惟小溪、鄞江桥一带为盛，近日种桑者多，诸村妇女咸事蚕织。"[11]根据范金民的研究和估算，江浙一带丝织业"在兴盛的乾嘉年间，每年生产的商品性丝绸相当于绸类一千数百万匹，价值1500万两，较明代大为增加"[12]。此外还有草席编织、造纸、玉石器加工等手工业繁荣发展。据统计，明代苏州生产的商品达21类、210余种，而明清苏州的主要手工业行业就达30多个。

最后，江浙地区农业生产专门化程度高。比如蚕桑业中，种桑业和养蚕业

① 民国《余姚六仓志》卷十七《物产》。
② 范金民：《明清江南商业的发展》，南京大学出版社，1998年，第13页。
③ 《光绪桐乡县志》卷六《食货上》。
④ 乐承耀：《宁波经济史》，宁波出版社，2010年，第226页。
⑤ 范金民：《明清江南商业的发展》，南京大学出版社，1998年，第26页。
⑥ 《康熙嘉兴府志》卷十二《风俗》。
⑦ 《嘉靖常熟县志》卷四《食货志》。
⑧ 黄卬：《锡金识小录》卷一《备参上》。
⑨ 全祖望：《全祖望集汇校集注》（上册），上海古籍出版社2000年，第95页。
⑩ 《雍正宁波府志》卷三十五《艺文》。
⑪ 《光绪鄞县志》卷二《风俗志》。
⑫ 范金民：《明清江南商业的发展》，南京大学出版社，1998年，第32页。

开始分离。而种桑业中育苗和栽桑分离，养蚕业中育蚕种和饲蚕分离。由此，在桑蚕业这一个经济门类中，经过细密的分工，复杂的商业贸易网络得以形成。这在加强相关产业的内部联系的同时，极大促进了其共同发展。在此基础上建构发展的以杭州、嘉兴、湖州为主的蚕丝经济区和以松江、苏州等为主的棉织业区已成为农村专业化商品生产的典范。而各种农作物及日用品的充沛，为商业经济的发展提供了充足的商品，商品流通由此也迅速发展起来。

二、商业市镇的繁荣与市场网络的构建

明清时期，依赖于商业、手工业的发展和水陆交通的便捷，江南市镇发展迅速，繁荣兴盛。以盛泽为例，在明朝初年，其还只是普通村落，明嘉靖年间已是"居民百家"①，明末发展至"市上两岸绸丝牙行，约有千百余家"②，清康熙年间已是"居民万有余家"③。在社会经济发展的大背景下，随着外地行商的不断介入，传统的江浙市镇由内向封闭逐步转变为外向开放，演变成为城乡市场的广阔新空间。江浙地区的市镇此时已进入全面发展的新时期④，形成了密集的市镇网络，且规模不断扩大，经济运行质量不断提高。这推动了农业特色化、专业化、商品化、规模化发展。商业活动的频繁直接推动了城乡集市贸易的发展。明嘉靖、万历以后，宁波商品经济迅速发展。根据乐承耀的研究，明嘉靖三十八年（1559）宁波府的集市已达44个，比南宋时期增加了15个。为了便于贸易活动的开展，各集市错开日期，互相沟通，连成网络。宁波府的集市更是分为综合性集市、庙会集市和专业化集市三类，极大便利了生产者与消费者之间的物资交流。慈溪彭桥、逍林的棉纺织集市，慈溪新浦、象山石浦等地的水产集市，鄞县韩岭、下水等地的山货竹集市，慈溪、余姚等地短则2天、长则5天的各类庙会，商贾云集，南北百货竞销。⑤集市的繁荣是商品经济发达的表征，对宁波贸易的发展和商帮的形成起到了积极的推动作用。

18世纪末至19世纪初期，江浙地区的市场网络已经形成，经济发展，市镇

---

① 《嘉靖吴江县志》卷一。
② 冯梦龙编著，张明高校注：《醒世恒言》卷十八《施润泽滩阙遇友》，中华书局，2014年，第336页。
③ 《康熙吴江县志》卷一《市镇》。
④ 陈剑锋：《长江三角洲区域经济发展史研究》，中国社会科学出版社，2008年，第212页。
⑤ 乐承耀：《宁波经济史》，宁波出版社，2010年，第191—192页。

繁荣，人口汇集。这进一步促进了江浙各地的专业分工，推动了区域之间的商品交换，比如粮食产区和棉布丝绸产区之间的商品流通，棉布丝绸产区内部又有原材料与成品生产的区域分工和产品交流。江浙地区已逐渐发展为全国的市场中心，远程运输而来的大宗商品在此集中交易。其中以苏州为中心的区域市场（包括周边的松江、杭州、南京）最为重要，该区域汇集了当时最大的稻米、豆类、小麦、木材等商品市场和最大的丝织品市场、生丝市场、棉布市场，发挥着为江浙商业腹地提供商品批发和服务的重要功能。江浙地区作为商品交易的重要中转站，一方面接受其他经济区的粮食、豆饼等原材料的输入，另一方面将本地区的棉布、丝绸等手工业品源源不断地向其他区域输出。以湖丝为例，在江南市镇网络体系的支撑下，湖丝以高产优质打开了广阔市场，福建、陕西等地商人都前来购买丝绵，而杭州"绸绫纱缎罗绢乃杭城土产之物，商贾远来置货"①。随着市场专业化程度和劳动分工水平的逐渐提升，江浙地区内部通过乡村和市镇打通流通渠道，同时又与其他经济区域联系紧密，使市场结构保持动态平衡，从而为该地区的经济增长发挥了关键性作用。

三、跨地域涉远经营与地域商帮的形成

明清时期，远距离的大宗贩运贸易的兴起推动了大区域市场体系乃至国内市场体系的形成。小区域范围内部的商业活动和区域间相对独立的自给自足式的经济模式被打破，巨大的市场和商机呈现在商人面前。"从明后期起，民生用品代替奢侈品和土特产品，成为长距离贸易的主要内容。我国国内市场也从这时起，有了真正的扩大。"②

首先，跨地域性涉远经营直接推动了会馆的创建。明清时期，畅通的交通为商品流通和经济发展提供了保障，各地货物、资本流通频繁，关联紧密，专业化的经济区域开始形成，比如苏州、杭州成为丝棉纺织业中心，发展成为商品流通过程中的核心。专职以贩运为业的行业商帮在此大背景下逐渐形成，穿行于各地的市场之间。贩运贸易的发展一般以商人离开原籍为条件，有的远涉

---

① 康熙五十年《杭州府仁和县告示商牙机户并禁地棍扰害碑》，转引自陈学文：《中国封建晚期的商品经济》，湖南人民出版社，1989年，第120页。
② 吴承明：《论清代前期我国国内市场》，《历史研究》1983年第1期。

千里，有的附在邻省，也有的徙往他府。①但其发展的前提在于利用地区差价赚取厚利，因此长距离涉远贩运贸易得到了发展的大好机会。比如，遍布全国各地的徽商，"虽滇、黔、闽、粤、秦、燕、晋、豫，贸迁无不至焉，淮、浙、楚、汉又其尔焉者"②。浙江宁波商人"四出营生，商旅遍于天下，如杭（州）、绍（兴）、苏州、汉口、牛庄、胶州、闽、粤，贸易甚多，或岁一归，或数岁一归"③。山东胶州商人"商大者曰装商，江南、关东及各海口皆有行商"④。江浙地区商贸繁荣，水路畅通，众商云集，根据樊树志先生的研究，明清时期到江浙一带市镇购买棉纺织品的多为苏商、徽商、陕西商、闽粤商等。⑤而到南浔镇购买湖丝的客商，"一日贸易数万金"⑥，"湖丝极盛时，出洋十万包"⑦。在绫绸集散中心盛泽镇，"富商大贾数千里辇万金来买者，摩肩联袂，如一都会"⑧。这些商人多来自徽州、宁波、济宁等地，在江浙丝绸市镇的购买力不可小觑。一方面，明清时期的长距离贩运贸易，经营的商品多关乎国计民生，这是市场经济发育与成长的前提条件；另一方面，长距离贩运助推商人从城市市场转向农村市场，将偏僻的农村地区纳入商品流通体系，推进农村地区的经济发展。吴承明研究指出，贩运商人原属客商，到交易城市须投靠行商。明代大商帮兴起后，已发展至契眷在交易城市占籍；入清以后，就多在所到城市设立庄号，乃至批零兼营。⑨拥有巨额资金的客商，凭借自身经济实力与经营基础，纷纷力图建立在当地的营业据点，"徽杭大贾视为利之渊薮，开典顿米、贸丝开车者，骈臻辐辏"⑩，将其身份由行商转为坐贾。明代宁波商品经济发展迅猛，本地商贩队伍不断壮大，在区域商品流通中发挥重要作用。与此同时，各地客商纷纷前来。"宁、绍、温、台大贾……不远千里而求罗、绮、缯、布者，必走浙之东也。"⑪明《宁波府简要志》

① 中国会馆志编纂委员会编：《中国会馆志》，方志出版社，2002年，第156页。
② 《道光歙县志》卷一《风土》。
③ 《光绪慈溪县志》卷五十五《风俗》。
④ 《道光胶州志》卷十五《风俗》。
⑤ 樊树志：《江南市镇：传统的变革》，复旦大学出版社，2005年，第346页。
⑥ 周庆云：《南浔志》卷三十一《农桑》引温丰《南浔丝市行》，《中国地方志集成·乡镇专志辑》，上海书店，1992年，第345页。
⑦ 周庆云：《南浔志》卷四《河渠》引徐友珂《重浚三十六溇港议》，《中国地方志集成·乡镇专志辑》，上海书店，1992年，第52页。
⑧ 《乾隆吴江县志》卷五《物产》。
⑨ 吴承明：《中国资本主义与国内市场》，中国社会科学出版社，1985年，第249页。
⑩ 《光绪唐栖志》卷十八《风俗》。
⑪ 张翰：《松窗梦语》卷四《商贾记》，上海古籍出版社，1985年。

卷三记载，在黄墓、大隐二市，慈溪县西南三十里等处，都有酒店、饭店用于接待外地的客商。奉化南渡也曾设有酒馆，用于接待前来赶集的客商和乡民，其商贸活动的兴盛可见一斑。本地商业的兴旺与商人的出现，贩运商的落籍和转为坐贾均为会馆的创建与兴盛奠定了现实基础。比如在震泽镇，就创建了济宁会馆、徽宁会馆、山西会馆、宁绍会馆、济东会馆等。

　　同时，明清商品经济的前期发展直接推动了商人集团化经营形式的出现和商帮的形成。为求生存，处于社会末等地位的商人需依附政府获取认同与支持。在看到个体力量的有限性之后，商人群体认识到必须联合起来以取得与政府博弈的有利地位。我国民间商人自古就有"合伙"经商的传统。血缘、亲缘和乡缘关系是中国传统文化中的精神纽带，深刻影响着人们的行为方式和思维模式。由于长期较为稳定地居住在固定区域，同一地域的人们通常会形成经济与文化共同体，积淀深厚的血缘亲情意识和乡土亲情意识。随着社会经济的发展，出外经商成为人们谋求发展的重要出路。跨地域涉远经营固然带来丰厚利润，但商人为此必须背井离乡，亲情乡缘关系作为凝聚人心的天然纽带，成为商人在外抱团取暖的首要选择。同时，守望相助、同亲相恤的道德准则也推动着人们在宗法制的社会条件下，自发结伙经商。各地商人因循地域资源特点，在经营品种和方向上通常有较为稳定的选择，这也进一步促使地缘乡土关系在商人形成集团化经营的过程中发挥重要作用。徽商在外，"遇乡里之讼，不啻身尝之，醵金出死力，则又以众帮众，无非亦为已身地也。近江右人出外，亦多效之"[1]。"客商之携货远行者，咸以同乡或同业之关系，结成团体，俗称客帮。"[2] 江西等地商人也都纷纷效仿，成立帮派。明清时期，逐渐形成了徽商、晋商、陕商、粤商、闽商、洞庭商、江右商、宁波商、鲁商、苏商等活跃在全国各地的十大地域性集团化商帮。而商帮的形成与逐步稳定，进一步推动了会馆的创建和繁荣。

---

① 顾炎武撰，谭其骧、王文楚、朱惠荣等点校：《肇域志》第三册，上海古籍出版社，2004年，第83页。
② 徐珂：《清稗类钞》第五册《农商类·客帮》，中华书局，1984年，第2286页。

第四节　社会视角：多次移民迁入与流动人口激增

一、多次移民迁入孕育兼容并包的社会氛围

历史时期的多次移民促成了江浙地区社会氛围的包容开放。历史上，由于中原地区长期都是政治中心所在，是政权争夺和异族入侵的核心目标，经常沦为战场，陷于混乱，而江浙地区一直是移民迁入的重点区域。这类移民包括大批贵族、官吏、地主、文人以及为他们服务的艺人、工匠、商人、武士等。其中相当一部分具有较高的文化程度与经营管理能力，有的掌握了特殊才艺与行政管理经验，因此对南方及其他迁入地的政治、经济、文化、社会等方面都产生很大影响，最终也导致了经济、文化重心的南移。葛剑雄对我国历史上规模和影响最大的三次南迁进行了分析，指出永嘉之乱后的南迁中，以今地划分，接受移民最多的是江苏，集中于今南京、镇江、常州、扬州、淮阴等地。在靖康之乱后的南迁中，以今地划分，浙江是最重要的迁入地，包括文武官员、汴京移民。发展至南宋末年，杭州风俗已与昔日的东京无异，安置下来的不仅有各地流民，也有士大夫。宋高宗一度驻扬州，一时成为北方上层移民集中地。宋朝的宗室也散处江淮间。建康府（治今镇江）曾是高宗驻地，平江（今苏州）、常州交通便利，经济发达，都是移民最集中的地区。[①]经过长期以来的交融和发展，可以说江浙地区不仅拥有蓬勃发展的农业和商业经济基础，也具备兼容并包的社会氛围，汇聚了全国各地的文化，进而能极大地包容在这片土地上创建的会馆并给予其广阔的发展空间。

二、人口极速增长与流动催生基层社会组织会馆的创建

一般而言，人口增长与社会稳定发展有着密切关联。在没有战乱和暴政的情况下，比如新王朝建立之初，统治者通常推行休养生息政策，在安定生活和生产发展的条件下，人口就会出现较快的增长。发展至王朝的中期或鼎盛时期之时，就会出现人口繁荣的景象。明清两代正是如此。根据葛剑雄的研

---

① 葛剑雄：《亿兆斯民》，广东人民出版社，2014年，第554—561页。

究，明洪武二十六年（1393）人口约为7000万人，以年平均增长率5‰计，到万历二十八年（1600）应有1.97亿人。万历二十八年（1600）以后，总人口仍可能缓慢增长，因此明代的人口峰值已接近2亿人。又据何炳棣的研究，乾隆四十四年到五十九年（1779—1794）的官方人口数反映了人口的持续迅速增长，康熙三十九年（1700）为1.5亿人，到乾隆四十四年（1779）为2.75亿人，到乾隆五十九年（1794）已为3.13亿人。[1] 道光三十年（1850）达到4.3亿人。这是清代的人口峰值，同时也是中国封建王朝的人口最高纪录[2]（见表2.1）。

表2.1　清代1700—1850年的人口增长情况

年份	人口总数 / 亿人	比上一年度增长 /%
康熙三十九年（1700）	1.50	
乾隆四十四年（1779）	2.75	7.7
乾隆五十九年（1794）	3.13	8.7
道光二年（1822）	3.73	6.3
道光三十年（1850）	4.30	5.1

资料来源：葛剑雄：《亿兆斯民》，广东人民出版社，2014年，第554—561页。

同时，根据史料，浙江和江苏两省在明清时期始终是全国人口密度较高的省份（见表2.2），其中长江三角洲和浙北平原是两省人口最为集中的地区。

表2.2　清代1786—1851年人口密度排名前六直省

直省别	面积（平方千米）	平均数（人/千米^2）				
		1786—1791年	1812年	1830—1839年	1840—1850年	1851年
江苏	98820	322.88	382.95	424.62	440.02	448.32
浙江	97200	227.61	270.13	292.97	301.67	309.74
安徽	162324	179.60	210.49	228.90	231.07	231.83
山东	147744	155.48	196.01	211.42	219.76	225.16
河南	159408	132.98	144.52	148.59	149.48	150.11
湖北	181400	108.64	150.85	177.68	184.31	186.34

资料来源：梁方仲：《中国历代户口、田地、田赋统计》，上海人民出版社，1981年，第374页。

[1]　何炳棣：《1368—1953中国人口研究》，上海古籍出版社，1989年，第387页。
[2]　葛剑雄：《亿兆斯民》，广东人民出版社，2014年，第439—440页。

　　表2.2中的人口密度显示，江苏、浙江两省的人口数据遥遥领先。北京所在的直隶（包括北京、天津、河北）60年间人口密度几乎没有增加，始终在每平方千米70—80人的数字上徘徊，可知政治因素对人口分布的影响降低，经济因素开始占据主导地位影响人口的分布。

　　而在清嘉庆年间，从表中数据可见（见表2.3），人口密度最高者为江苏苏州，比排名第二的嘉兴高出33%。又根据梁方仲表格中的统计结果，人口密度最高的29个府州中，浙江占7处，江苏占5处，人口密集程度可见一斑。其中苏州、嘉兴、绍兴、宁波、镇江、杭州、湖州、常州均为大运河（江浙地区）城市。据《苏州市志》统计，至嘉庆十五年（1810），苏州府已突破300万人。10年后增至600万人，城内也有50万人以上，达到有史以来苏州人口的顶峰。①

表2.3　清嘉庆二十五年（1820）人口密度最高府州

（单位：人/千米²）

府州	所属省	人口密度	府州	所属省	人口密度
苏州	江苏	1073.21	成都	四川	507.80
嘉兴	浙江	719.26	杭州	浙江	506.32
松江	江苏	626.57	湖州	浙江	475.21
绍兴	浙江	579.55	常州	江苏	447.79
庐州	安徽	563.11	蒲州	山西	423.88
东昌	山东	537.69	太平	安徽	410.96
太仓	江苏	537.04	武昌	湖北	394.53
宁波	浙江	523.26	金华	浙江	369.48
镇江	江苏	522.54	沂州	山东	363.56

　　资料来源：梁方仲：《中国历代户口、田地、田赋统计》上海人民出版社，1981，第376—384页。

　　人口压力直接推动了农业结构的转变，加速了城市化进程，同时扩大了市场规模。人口规模的扩大，意味着对生活必需品需求量的增加。在我国幅员辽阔、南北经济发展不平衡的大背景下，自然条件恶劣的区域，难以满足当地民

① 苏州地方志编纂委员会：《苏州市志（全三册）》，江苏人民出版社，1995年。

众日益增长的生活消费需求。这迫使大量人口流向农业生产发达的区域，从事农业或商业活动。根据吴承明的研究，明清时期，盐、棉、麦等是国内市场上流通的主要商品，面广量大。为保障商品流通，满足民众生活需求，大量人力、物力被投入商品流转过程。众多商民在利润的驱使下，加入商品流通队伍，形成了商人区域流动的经商浪潮。其时的商贸大都会苏州，"当四达之冲，闽商洋贾，燕齐楚晋百货之所聚，则杂处阛阓者，半行旅也"①。清雍正时期，苏州阊门内外"客商辐辏，大半福建人民，几及万有余人"②。

流动性阶层所占比例大是明清社会变迁的另一重要特征。明清时期的移民风潮几乎席卷了农、工、士等各个阶层。求生、求利、求富既成为移居者的一般心理需求，也决定了明清移民活动的多向性与延续性。在移民集中的地区，官方行政机构的不完善或不作为，土客矛盾、客客矛盾等，都可能导致社会的动荡与不安。在明清时期商品经济的发展中，江浙地区涌入大量商民，如何对其进行有效管理，成为社会发展的一大难题。明清政府推行的占籍制度无法彻底解决对流寓商民的身份认定和约束管理等问题，也无法帮助他们从社会行为和心理认同上融入客地的地域文化习俗。③随着商品经济的发展，市场风险增大，长期旅外的商人经常遭遇人财两空的生活窘境，他们亟须特定的组织来保障自身安全，妥善安排养疴之所和葬身之地。旅居异地的客商也需要承载感受家乡文化、敬奉神明、排遣经商的精神压力等功能的活动场所。而会馆这种主要以地缘为联系纽带的基层社会组织，一方面贴近移民的心理需求，在管理流寓商民上具有广阔的发展前景；另一方面，会馆组织者深谙移民的文化习俗，易于与移民建立心理认同和沟通情感。与此同时，在不断发展的跨区域商品流通与市场体系中，不同工商群体的竞争与冲突日趋激烈，流寓商民与本地商人之间的矛盾激化。而在商品经济发展的同时，社会贫富差距也在拉大，经商群体与雇佣群体之间的对立逐渐突出，由此也导致工商业者更加注重彼此联合，以维持市场秩序、应对各种问题与困境。

这些客观存在的需求也就成了会馆创建的社会基础。同乡会馆是客居或流

---

① 《乾隆吴县志》卷八《市镇》。
② 《雍正朱批谕旨》卷二〇〇。
③ 葛剑雄：《中国移民史（第六卷）：清　民国时期》，福建人民出版社，1997年，第17页。

寓外乡的官吏、商人或移民群体在异地自发建立的"模拟乡土社会"组织。作为流寓商民的管理整合工具，会馆超越了家族组织的形式，适应了社会进步与变迁的大背景。人口流动，离开其文化源流地向外发展，势必意味着远离熟悉的乡土环境，分占异地商人的市场和资源，不言而喻矛盾重重。为求得自我保护、协调争端、获取安全与宽松的发展环境，作为民间自发性自治社会组织的会馆应运而生。会馆在乡土情结的牵系下，以传统的道德观、价值观约束商业行为，通过聚会、祭祀、娱乐等活动，试图建立起一种和谐稳定，能以不变应政治、经济、文化发展之万变的社会秩序，从而程度不同地实现商品经济与道德建设、社会变迁与秩序稳定的平衡发展。[1]

三、区域文化差异和归属感需求促进会馆的萌生

（一）区域文化差异带来的排斥

政治地域区划可导致人们乡土观念的明晰化。[2]中国国土辽阔，各地自然环境与文化环境差异悬殊。在相对独立的地理单元中，不同地域的人们会形成不同的生活方式、地域语言、价值取向，这些文化和习俗的差异共同造就了各具特色的区域文化。当流寓商人来到异地，势必引发当地居民不同程度的排外心理，作为文化上的少数派，他们在融入当地社会文化的过程中必然遭遇障碍。而对于地方社会而言，在以宗族血缘关系为纽带的文化传统中，来自异乡的流寓之民本就不属于这片地域。隔阂与矛盾若得不到及时的缓解和处理，就有可能造成流寓商人与当地居民的冲突或纠纷。与此同时，流寓商民对于当地商业市场份额的分割和利润的争夺，将进一步加剧土客之间的矛盾。本地商人以地域、人脉、文化优势，欺侮、打压客商，将外来者边缘化，以保障其自身的利益和地位。但这种受排斥的过程和边缘化的地位反而促成了流寓商民之间的相互认同和团结，致使他们以共同的文化身份来创建在异乡的属于自己的文化空间。

---

① 陈会林：《地缘社会解纷机制研究——以中国明清两代为中心》，中国政法大学出版社，2009年，第115页。

② 窦季良：《同乡组织之研究》，正中书局，1946年，第12页。

（二）身在异乡追寻归属感的需要

随着明清时期商品经济的发展，长途贩运商人通常独自背井离乡，侨居于异地的商品集散中心或是产销市场。面对陌生的生活环境，他们要适应截然不同的方言、风俗、习惯，必然在文化心理上感受到隔阂与缺失。梁漱溟先生曾说："离开家族的人们没有公共观念、纪律习惯、组织能力和法治精神，他们仍然需要家族的拟制形态。"[①]于是，在乡土观念的感召下，同籍人士各出其力、量力资助，他们通常会在经商之地创建气势恢宏的会馆，向社会展示自己的经济实力，呈现其文化源流地的文化习俗精髓，将同籍商人紧密团结在一起，使得单独的个体转化为有机的群体，求得社会人心的认同。[②]反过来，流寓客地的商人加入会馆组织后，"联乡情于异地"，获取了心灵上的慰藉和满足，有助于个人与社会的稳定发展。会馆由此成为政府社会管理职能的重要补充。因此，就政治意义而言，会馆是官府特许的对流寓异地的商民进行管理的同乡组织。

身处举目无亲的陌生环境，承受着商业竞争的巨大压力，怀念故土成为商民的一种文化本能。寓居在外，人们希望能保持与家乡的精神联系，期待使用家乡的语言、延续家乡的习俗、了解家乡的人情世事，盼着早日衣锦荣归。在这种情况下，人们很容易集合在乡土的旗帜下，形成松散联合，构建亚文化群体，最终走向会馆组织的创建。会馆建立后，集合该地域的同乡商人，说家乡话、看家乡戏、聊家乡事，互相支持帮助，共同推进经营活动，让同乡人感觉如归故里，重获精神寄托。会馆能让寓居在外的商人找寻到失落的乡土情结，"诸君知会馆之所以建乎？亦知余名堂之意乎？夫越人去国数日，见所知而喜；去国旬月，见所尝见于国中喜。逃虚空者，闻人足音跫然而喜，而况纷榆故旧之声咳于数千里之外者乎"[③]。"不创造一公所，则吾乡之人，其何以敦洽比，通情愫，且疾痛疴痒，其何以相顾而相恤。"[④]会馆的特点在于成员地籍的单一性、移民文化的同源性、客居地域生存空间的相似性，其功能则是内护性与排他性，其机制则是协调与维护入会者的权益，以共拓、同护、普享社会与市场

---

① 梁漱溟：《中国文化要义》，学林出版社，1987年，第80页。
② 王日根：《中国会馆史》，东方出版中心，2007年，第57页。
③ 李景铭：《闽中会馆志》卷三《汀州会馆·文祠》，1943年，影印本。
④ 《正乙祠碑记》。其碑现藏北京市宣武区前门西河沿220号正乙祠（银号会馆）。

新的空间利益成果。① "凡吾郡士商往来吴下，懋迁交易者，群萃而憩游燕息其中。"② "矧桑梓之情，在家尚不觉其可贵，出外则愈见其相亲。吾五邑之人来斯地者，无论旧识新知，莫不休戚与共，痛痒相关，人情可谓聚矣。"③

　　综上所述，明清时期商业经济的繁荣是之前任何朝代无可比拟的。大运河（江浙地区）借助便利的水网运输系统，推动了远距离贩运贸易和各地区之间频繁的贸易交流。在市场网络形成的同时，沿运市镇飞速发展，商业的繁荣进一步带动了商人群体的壮大，出现了大规模的以家族背景或血缘关系、同乡关系为纽带建立起来的商业集团。他们在商业活动中互相支持、互相帮助，在提高市场竞争力的同时合理地保护了自己的商业力量。为巩固和延续相互协作的关系，商人们开始自筹资金组建会馆。

① 中国会馆志编纂委员会编：《中国会馆志》，方志出版社，2002年，第203页。
② 苏州历史博物馆等编：《明清苏州工商业碑刻集》，江苏人民出版社，1981年，第344页。
③ 《姑苏鼎建嘉应会馆引》，见苏州历史博物馆等编：《明清苏州工商业碑刻集》，江苏人民出版社，1981年，第351页。

第三章

大运河（江浙地区）视野下宁波会馆的历史演变

　　明清时期，北京、河南、四川、湖南、江浙、福建等是会馆发展较为集中的地域。北京是明清两代的政治、经济、文化中心，各地商贾、地方官吏、赶考学子大量云集；地处中原的河南，是联结东南西北四方的枢纽；偏安西南的四川，地广人多、物产丰富，水陆交通发达；湖南是北方及西南各省与东南的广东福建交流的主要通道；福建海运畅达，自元代开始就是中国海上贸易的门户。由此可见，会馆兴盛之地，均为交通发达、商贸繁荣、人口众多、商贾云集之地。

　　大运河（江浙地区）历史悠久，水系发达，土地丰饶，在封建社会中后期已初步形成可观的城市群。大运河的开凿兴盛，成为助推大运河（江浙地区）城市发展的强大动力。明清时期，淮安既是省级行政中心，又是国家漕运和河道治理中心、盐运管理机关，水道畅通；扬州是沟通京杭大运河与长江的枢纽；苏州是江南运河的航运中心及南北交通枢纽；杭州在大运河开通后，联合浙东运河与浙西运河的运输力量，政治、经济地位迅速提升；拥有1400多年历史的徐州窑湾古镇，因运河漕运而兴。此外，明清时期，镇江、常州、无锡等地依靠运河及本地区作为转运中心的地位，商业发展达到鼎盛。

　　宁波作为大运河沿线最后一座城市，因其连通运河与海上丝绸之路的独特地位，在明清时期也得以兴盛发展。便利的水运交通、发达的商贸活动，吸引着全国各地的商人前来，宁波一时会馆林立。

第一节　大运河（江浙地区）会馆的历史兴衰

目前学界普遍认同，会馆最早出现于明永乐年间的北京。会馆最初是作为科举考试的服务设施。明永乐十三年（1415），政府将科举考试的地点自南京迁至北京，赴京参加会试的各省举子多达五六千人，在京食宿成为难题，用作服务于乡人举子应试的会馆由此诞生。根据王日根的研究，安徽芜湖人率先在北京设置了芜湖会馆。①其后陆续出现了江西浮梁会馆、广东会馆、福州会馆等。包容了多重身份的会馆作为民间自设组织，自明初开始出现，其发展演进呈现出明显的阶段性：明初到明中叶是会馆的形成时期；明中叶到清道光年间是会馆的繁荣兴盛时期；清咸丰到同治年间，会馆步入衰微蜕变阶段。

大运河（江浙地区）会馆的历史发展脉络有其自身的阶段性、规律性和特征性。根据范金民的研究，"江南的会馆自明后期产生，康熙年间逐渐增多，乾隆时期大量增多，嘉、道时期臻于极盛。假如以太平天国为限，已经确切或大致时代的126会馆，在前有87所，占69%，在后仅有39所，占31%"②。虽同处江南，但由于每个城市的经济基础、商业发展、交通运输等情况存在差异，会馆的产生和发展也有所不同。下文将对大运河（江浙地区）会馆发展脉络分为四个阶段进行梳理。

一、大运河（江浙地区）会馆的形成与繁盛

（一）明末：大运河（江浙地区）会馆的形成期

明代中后期以来，随着商品经济的发展，各地经济交流加强，流动人口增多，在工商业比较繁荣的市镇，以工商业者为主体建立起来的会馆开始出现（见表3.1）。学界普遍认为，商人会馆初见于明朝万历时期的苏州，这也是大运河（江浙地区）最早出现的会馆。清人顾禄《桐桥倚棹录》卷六记录了该会馆的简况：岭南会馆，在（苏州虎丘）山塘桥西，明万历年间广州商建，清康熙五年（1666）重修。③此外，明崇祯年间，在嘉兴县城建有福建会馆。

---

① 王日根：《中国会馆史》，东方出版中心，2007年，第39页。
② 范金民：《清代江南会馆公所的功能性质》，《清史研究》1999年第2期。
③ 王日根：《中国会馆史》，东方出版中心，2007年，第58页。

表 3.1　明末大运河（江浙地区）的会馆创建情况

序号	城市	名称	地址	创建者	始建年代
1	苏州	岭南会馆	阊门外山塘街	广东仕商	万历年间
2	苏州	三山会馆	万年桥大街	福建仕商	
3	苏州	东官会馆	阊门外半塘街	广东东莞商	天启年间
4	嘉兴	福建会馆	嘉兴县城	福建仕商	崇祯年间

　　苏州城的出现和发展与江南运河的开掘密切相关。隋唐时期，以苏州城为中心的吴地运河沟通了江南的水乡泽国，位居南北运河与娄江（今浏河）的交汇之处，成就了苏州作为水陆要冲的地理区位优势。至明清时期，随着商品经济的发展和工商业的繁荣，苏州延续着其城址位置和城市规模，发展成为江南地区的经济中心和全国著名的经济都会。苏州城内外水道遍布，以各城门为起点，连通城区及附属各县，尤以阊门、胥门和盘门外经过的运河连通苏州与全国各地，同时也是国内长距离贸易体系的中心水道，"南达浙闽，北接齐豫，渡江而西，走皖鄂、逾彭蠡，引楚蜀岭南"[①]。苏州便利的交通，为其商品流通、人口流动创造了条件，又借由其粮食产地、丝织中心的独特地位，迅速发展成为财货聚散的枢纽。商品市场兴旺，市镇繁荣，往来商旅如云。其中，以阊门的位置尤为特殊。唐末，苏州城市空间已形成"以阊门为核心，沿主河道生长出阊门—枫桥、阊门—虎丘和阊门—胥门三条伸展轴"[②]。元末明初，阊门内外已是商旅辐集之地，"吴阊至枫桥，列市二十里"[③]。"尝出阊市，见错绣连云，肩摩毂击，枫江之舳舻衔尾，南濠之货物如山，则谓此亦江南一都会矣。"[④]商业会馆作为经济、文化发达地区在特定时期社会移民程度的标志和象征，最早出现在苏州阊门附近，也是势之必然。

　　明晚期，嘉兴城北已日益繁盛，"傍湾皆市贩侩枌比鳞芊，即云薪桂，未

---

① 《武安会馆碑记》，见苏州历史博物馆等编：《明清苏州工商业碑刻集》，江苏人民出版社，1981年，第364页。

② 陈泳：《古代苏州城市形态演化研究》，《城市规划汇刊》2002年第5期。

③ 王卫平：《明清时期江南城市史研究：以苏州为中心》，人民出版社，1999年，第12页。

④ 苏佑修，杨循吉纂：《崇祯吴县志》，江苏省地方志编纂委员会办公室：《江苏历代方志全书·苏州府部》第27册，凤凰出版社，2016年，第447页。

许居停"①。南来北往的客商在此处经营，也萌生出大运河（江浙地区）早期的会馆。

（二）清康熙到道光年间：大运河（江浙地区）会馆的逐步繁盛

由于经济和商业贸易以及交通运输的发展，地区性的商品交流迅速增长，各地会馆兴起。而明末清初的战乱导致人口迁移、流寓之民剧增，也进一步推动了会馆的创建。清初到咸丰、同治时期，大运河（江浙地区）会馆纷起频出，呈现出一派繁荣兴盛的景象。根据目前掌握的资料，从康熙到道光年间，大运河（江浙地区）建立的会馆至少有83处，其中，康乾时期建立的会馆至少有59处。

1.徐州

徐州地处交通要道，"楚山以为城，泗水以为池"②，东临黄河，又与漕运河道交汇，"三面阻水，即汴、泗为池，独南可通车马"③。明代前期，黄运合一是徐州段运河的主要特征，为治黄保运，徐州的地位尤为重要。明永乐年间，都城迁至北京，徐州作为地处运河北上必经之路，贡赋运输频繁，商船往来、贸易兴旺，经济、政治地位极大提高，也由此获得了繁荣与发展。

据《江苏省志》，徐州建立的会馆数目为7处。④但书中只是统计了徐州明清时期会馆的数量，并未列出会馆名录。根据笔者赴徐州调研搜集的资料，窑湾古镇曾建有8处会馆，另在徐州市区也尚存一处山西会馆。因此，徐州明清会馆应不少于9处，均建于清康乾年间，而窑湾古镇是徐州会馆的主要汇集地（见表3.2）。

大运河畔的窑湾古镇，以运河及骆马湖的水运之便，地处南北水运枢纽，发展成为重要的商品集散地。窑湾古镇自唐朝建置，已有1300余年历史，但作为商贾重镇，却是由大运河而兴。1681—1688年，清朝于黄河东侧，约由今骆马湖以北至淮阴开中河、皂河近100千米，北接韩庄运河，南接里运河，使运河路线完全与黄河河道分开，形成了今天经过窑湾和骆马湖的中运河。

---

① 《崇祯嘉兴县志》卷一《山川》。
② 《乾隆徐州府志》卷一《建置沿革》。
③ 《乾隆徐州府志》卷二十六《艺文三》。
④ 江苏省地方志编纂委员会：《江苏省志》，江苏人民出版社，1999年，第355页。

表3.2　清康熙至道光年间徐州的会馆创建情况

序号	会名称	地址	创建者	始建年代
1	苏镇扬会馆	窑湾古镇中宁街中段	苏州、镇江、扬州商	康熙年间
2	安徽会馆	窑湾古镇窑湾中学	安徽商	
3	福建会馆	窑湾古镇回民街中段	福建商	
4	江西会馆	窑湾古镇中宁街南段	江西商	
5	山东会馆	新盛街北端来薰门下	山东商	
6	山西会馆	窑湾古镇西大街中段	山西商	
7	山西会馆	徐州云龙区云龙山东麓	山西商	乾隆年间
8	河北会馆	窑湾古镇江西会馆后门大运河东岸	河北商	
9	河南会馆	窑湾古镇西当典后门大运河岸边	河南商	

注：参照窑湾古镇文史研究学者钱宗华提供的档案资料以及笔者现场调研踏勘资料制表。

中运河开通后，窑湾由于独特的运河地理位置，扼南北水路之要津，被称为大运河的黄金拐点。全国各地商家迅速云集窑湾，由于窑湾古镇位于中运河中段，大运河在此东拐与骆马湖交汇，运河与湖水存在落差，水流湍急，逆水需拉纤行船，舟船不宜夜行；又因处于中运河航程中点，南来北往商船均要在此停泊休憩、补充给养。在全国各地商家的开垦下，窑湾很快就成为京杭大运河的主要码头、南北水运枢纽和重要的商品集散地。各地货物南北流通，有的远销南洋、日本等地。水运的兴盛带动了窑湾工商业的迅速繁荣，在清初至民国的鼎盛时期，镇上设有大清邮局、钱庄、当铺、商铺、工厂、作坊等达360余家，更设有10个国家的商业代办处以及八省会馆：清康熙年间，安徽籍郝、余、张、江、王、唐、巩、纪八姓家族合资将佛爷殿扩建为安徽会馆；清康熙初年，福建吴、陈、李、郑等姓商人合资兴建福建会馆；清乾隆年间，河北商人集资将原薛仁贵庙扩建为河北会馆；清康熙年间，河南商民将运河边的河神庙扩建为河南会馆；清康熙三十七年（1698），江西南昌宗、喻、赵、姚、臧、龚、涂姓家族合资兴建江西会馆；山东滕县郭、池、刘三姓家族落户窑湾后于清康熙初年集资兴建山东会馆；清康熙年间，由苏州、镇江、扬州籍商人合资兴建苏镇扬会馆；清康熙年间，旅居窑湾的山西商人将原关帝庙扩建为山西会馆。

2.宿迁

明清时期的宿迁处于南北交通要道，漕运繁忙。"西望彭城，东连海澨，南引清口，北接沭沂，盖淮扬之上游，诚全齐之门户，七省漕渠咽喉命脉所系，尤匪细也。"[①]运河的流经使得宿迁成为南北客商云集之地，外地商人在宿迁城内创建了众多会馆（见表3.3）。《民国宿迁县志》记载，闽中会馆（天后宫），在新盛街，浙江会馆在迎熏门外河清街，京江会馆在洋河镇西大街，苏州会馆即中天王庙，在前马路口。[②]

表3.3　明清时期宿迁的会馆创建情况

序号	名称	地址	创建者	始建年代
1	闽中会馆（天后宫）	新盛街	福建商	雍正年间
2	浙江会馆	迎熏门外河清街	浙江商	
3	京江会馆	洋河镇西大街	镇江商	
4	苏州会馆	前马路口	苏州商	
5	闽商会馆（泗阳天后宫）	众兴镇众兴西路	福建商	康熙年间

注：参照《民国宿迁县志》卷四《建置》、江苏省第三次文物普查资料及笔者现场踏勘资料制表。

3.淮安

淮安，古称淮阴，运河开挖历史悠久，在漕运、盐运和南北交通中地位重要（见图3.1）。"欲考河、漕之原委得失，山阳实当其冲……天下榷关独山阳之关凡三。今并三为一而税如故……产盐地在海州，掣盐场在山阳，淮北商人环居萃处，天下盐利淮为上。夫河、漕、关、盐非一县事，皆出于一县。"[③]淮安地处大运河的中部，正好在黄河、淮河和运河的交汇处，也是江浙物资转运到国家政治中心的必经枢纽。同时又因淮安盛产海盐，淮盐是国家重要的税收来源。作为明清时期漕运指挥中心、河道治理中心、淮盐集散中心、漕粮转输中心和漕船制造中心，淮安与扬州、苏州、杭州并称为京杭大运河沿线的"四大都市"，"自府城至北关厢，由明季迄国朝为淮北纲盐顿集之地，任鹾商者皆徽、

---

① 张尚元纂，蔡日劲修：《康熙宿迁县志》，《上海图书馆藏稀见方志丛刊》第41册，国家图书馆出版社，2011年。
② 《民国宿迁县志》卷四《建置》。
③ 张兆栋、孙云修，何绍基、丁晏等纂：《同治重修山阳县志》，《中国地方志集成·江苏府县志辑》第55册，凤凰出版社，2008年，第7页。

图 3.1 清代的淮安运河

（图片来源：淮安市文广局）

扬高资巨户，役使千夫，商贩辐辏；秋夏之交，西南数省粮艘衔尾入境，皆泊于城西运河，以待盘验牵挽，往来百货山列"①，各地商贾蜂拥而至。"城西北关厢之盛，独为一邑冠。"②此处也是淮安会馆汇集之地，"淮安西门与北角楼之间的江西会馆、河下的湖南会馆、周宣灵王庙同善堂的新安会馆、福建庵的福建会馆、北角楼的镇江会馆、竹巷的定阳会馆、湖嘴街的四明会馆、中街的江宁会馆等都是各岸盐运商贾集中议事的地方"③。此外还有经营绸布业的浙绍会馆（浙江商人创建）、放债收取印子钱的定阳会馆（山西商人创建），以药业为营生的润州会馆（镇江商人创建）。④

从表3.4来看，淮安会馆的兴盛期是在清嘉庆道光年间，淮安的所有会馆几乎都是在这一时期创建的，且多位于河下古镇。明永乐十三年（1415）平江伯陈瑄开清江浦河，"运道改由城西，河下遂居黄（河）、运（河）之间"⑤。明代中叶以后黄河全流夺淮入海，苏北水患频仍，由此盐运分司改驻淮安河下。明清时期，淮安的河下古镇盐、漕、河、关四利均沾，成为全国重要的商务集散

① 《光绪淮安府志》卷二《疆域》。
② 张兆栋、孙云修，何绍基、丁晏等纂：《同治重修山阳县志》，《中国地方志集成·江苏府县志辑》第55册，凤凰出版社，2008年，第23页。
③ 吴鼎新、张杭：《明清运河淮安段的社会经济效益评价研究》，《淮阴工学院学报》2009年第4期。
④ 傅崇兰：《中国运河城市发展史》，四川人民出版社，1985年，第335页。
⑤ 王光伯原辑，程景韩增订，荀德麟等点校：《淮安河下志》，方志出版社，2006年，第23页。

地。清康熙年间，河道总督靳辅在黄河、运河、淮河上同时兴工，大规模修河治运，同时为了避开运河向北时借用黄河水道的风涛之险，开挖了里运河、中运河，使黄河、运河分离，往来船只安全通行。在运河和盐运的双重影响下，河下"东襟新城，西控板闸，南带运河，北倚河北，舟车杂还，夙称要冲"[①]，"盐策富商挟资而来，家于河下，河下乃称极盛"[②]。河下成为盐商的汇集之地，随着各地在此经商、做官的乡人逐渐增加，会馆在嘉庆至道光年间发展至鼎盛，成为各地乡人在淮安河下联络乡谊、共谋发展的重要场所。作为因运河而兴盛的城镇代表，河下古镇利用盐运和商业发展的契机，一跃成为淮安最繁华富庶的古镇。

表3.4　康熙至道光年间淮安的会馆创建情况

序号	名称	地址	创建者	始建年代
1	新安会馆	灵王庙同善堂	徽州典商	嘉庆年间、道光年间
2	福建会馆	福建庵	福建商	
3	润州会馆	北角楼观音庵	镇江药商	
4	浙绍会馆	水桥	浙江绸布商	
5	定阳会馆	竹巷魁星楼西马宅	山西钱商	
6	四明会馆	湖嘴大街程宅	浙江宁波商	
7	江宁会馆	中街张宅	江苏句容商	
8	江西会馆	西门堤外	江西商	

注：参照《淮安河下志》卷十六《杂缀》、王振忠《明清徽商与淮扬社会变迁》（生活·读书·新知三联书店，2014年，第93页）、《淮安城市附近图》（江北陆军学堂1908年4月测绘，淮安市淮安区文化局文物办提供）以及笔者现场踏勘资料制表。

4.扬州

扬州位于江苏省中部，湖泊众多，大运河的开通，对扬州城市的发展起到了决定性的转折作用。因位于长江、淮河之间，本为东西转运中间站的扬州，成为大运河的必经之地。大运河开通后，流经扬州境内的航段为里运河，经今宝应、高邮、江都、扬州市广陵区、邗江区流入长江。扬州不仅是运河与长江

---

① 程钟：《淮雨丛谈》，文听阁图书有限公司，2010年。
② 王光伯原辑，程景韩增订，荀德麟等点校：《淮安河下志》，方志出版社，2006年，第23页。

航道的交汇点，也衔接长江下游与其他区域，成为贯通四方的贸易的中转站。[①]"扬州据江海之会，所统会三州七邑，为东南咽喉枢要之地。"[②]"两京、诸省官舟之所经，东南朝觐贡道之所入，盐舟之南迈，漕米之北运"[③]，均经由此地。

与此同时，扬州既是重要的产盐区，也是盐业集散和运输中心。按照当时清政府的规定，湖南、湖北、江西、安徽四省的食盐必须从两淮盐区运出，由此，来自这四省的盐商汇聚扬州。在扬州作为全国盐业生产、运输、管理中心的有利条件下，扬州盐商集团逐步形成，至清康熙、乾隆年间发展至顶峰。何炳棣、巫仁恕在《扬州盐商：十八世纪中国商业资本主义研究》中指出："综而言之，十八世纪两淮盐商可以说是中国无可匹敌的商业巨子，两淮盐商总体积累的财富远远超过行商财富的最顶峰。"[④]"向来山西、徽歙富人之商于淮者百数十户，蓄资以七八千万（两）计。"[⑤]扬州依赖自身的地理优势和大运河的特殊功能，借助帝国盐业销售的专营地位，社会、经济、文化迅速复苏，进入城市历史第三度繁荣时期。各地商人汇聚扬州，经营盐业或南北货，在繁荣扬州商业的同时，大量会馆也得以创建（见表3.5）。

根据沈旸的研究，扬州最早有记载的会馆应为建于清乾隆三十四年（1769）的浙绍会馆，馆内悬挂匾额上书乾隆二十年（1755）。[⑥]但扬州市第三次文物普查资料显示，扬州最早的有记载的会馆是坐落在大东门附近弥陀巷的旌德会馆，现存清康熙五十年（1711）十一月的老房契记载可证："此系旌德会馆公有产，无论何人不得抵押变卖。"[⑦]又据目前发现最晚的关于扬州会馆创建的记载，岭南会馆碑文中云：会馆之立始于同治八年（1869）秋也。从而可以推断，扬州会馆自清康熙年间开始创建，至同治年间仍有兴建。由于扬州旧城是官绅衙署和教育区，新城是商业区，靠近运河，盐业交易和运输便捷，"新城盐商居住，旧城读书人居住"[⑧]，因此扬州新城区是会馆的主要汇集地。由于南河下街和东

---

① 杨建华：《明清扬州城市发展和空间形态研究》，华南理工大学2015年博士学位论文。
② 朱怀干纂修：《嘉靖惟扬志》卷三十七，《天一阁藏明代方志选刊》第十二册，上海古籍书店，1963年，第946页。
③ 张宪：《侍御金溪吴公浚复河隄序》。转引自朱怀干纂修：《嘉靖惟扬志》卷二十七《天一阁藏明代方志选刊》第十二册，上海古籍书店，1963年，第1006页。
④ 何炳棣、巫仁恕：《扬州盐商：十八世纪中国商业资本主义研究》，《中国社会经济史研究》1999年第2期。
⑤ 汪喜孙：《从政录·姚司马德政图叙》，《江都汪氏丛书》卷二，中华书局，1925年。
⑥ 陈薇：《走在运河线上：大运河沿线历史城市与建筑研究》，中国建筑工业出版社，2013年，第521页。
⑦ 扬州第三次全国文物普查资料。
⑧ 董玉书原著，蒋孝达、陈文和校点：《芜城怀旧录》卷一，江苏古籍出版社，2002年，第27页。

南角小东门附近埂子街、达士巷一带临近运河和钞关，是南来北往的盐运、货运船舶的经停之地，所以分布盐商最多，商业发达。

表3.5　明清时期扬州的会馆创建情况

序号	名称	地址	创建者	始建年代
1	旌德会馆	埂子街 148-1 号	安徽旌德商	康熙年间
2	京江会馆	埂子街	江苏丹徒大港商	
3	银楼会馆	达士巷 20 号	浙江宁波商	
4	浙绍会馆	达士巷 54-1 号	浙江商	乾隆四十六年（1781）
5	江西会馆	湖南会馆东	江西商	
6	安徽会馆	花园巷，今南河下 26 号	安徽商	
7	嘉兴会馆	新仓巷 57 号	浙江嘉兴商	
8	旌德会馆	东关街弥陀巷 7 号	安徽旌德商	太平天国运动开始后（1851 年后）
9	山陕会馆	原址在南门，会馆被毁后移于东关街 252 号	山西、陕西商	清代早期
10	厂盐会馆	东关街道新仓巷社区新大原 62 号	盐商	清代
11	盐务会馆	东关街道东关街社区 396、398、400 号		
12	酱业会馆	东关街道教场社区漆货巷 11 号		清代
13	湘乡会馆	仪征市新城镇十二圩街道龙江巷 19 号	湘乡盐帮	道光十七年（1837）之后
14	湖北会馆	南河下 174 号	湖北商	同治年间
15	岭南会馆	东关街道新仓巷 4-1 号至 4-16 号	盐商	同治八年（1869）
16	湖南会馆	南河下 26 号	湖南商	光绪初年
17	岭南会馆	新仓巷 4-3 号	广东商	光绪十年（1884）
18	商会会馆	仪征市真州镇城南社区商会街 3 号	仪征商	光绪三十二年（1906）前后

注：参照《光绪江都县续志》、《民国续修江都县志》、李家寅《名城扬州纪略》（江苏文史资料编辑部，1999年）、沈旸《明清大运河城市与会馆研究》（东南大学2004年硕士学位论文）、江苏省第三次文物普查资料及笔者现场踏勘资料制表。

其中有三条交通要道：一为"埂子街—南柳巷—北柳巷—天宁门大街—天宁门"，此南北向通道为扬州外出要道，四面临河，非常繁盛；二为河下街，依傍运河，码头林立；三为达士巷经湾子街到利津门，连接运河上的钞关码头和东关码头。这三条主要街道，是临近运河的城市边缘地带，集中呈现出繁忙之运河与繁荣之城市相辅相成的关系，"至商人办盐虽寓扬州，实非扬产，如西商、徽商皆向来业盐，他省亦不乏人"①。为方便议事、聚会和接待，此区域也建立起众多会馆。清代可考的12处会馆中，有10处位于这三条街附近。②明清时期，盐业和南北货是扬州最大的两项商业③，扬州会馆的建造者也以盐商和南北货商为主。

5.镇江

镇江扼长江与大运河交汇的要冲，是江南通往苏北以及长江以北地区的中转地，同时也是长江沿线各地经运河入苏州的主要干道。元明之前，镇江是东南地区以政治、军事功能为主的中心城市。明清时期，作为长江与运河的交汇枢纽，镇江不仅是漕粮转运的枢纽，"江浙为漕务最多之地，而镇江又为江浙运道咽喉"④，也是长江流域及南北商货的中转港口，城市商业职能得以强化，商业和手工业迅速发展，街市林立。至清前期，镇江已是商贾辐辏、百货云集。自清中叶起，府城西门外及运河入江口一带，成为镇江城市发展中心，各地客商汇集，为维护同乡或本行业利益，在滨江区域和街衢要道建立起会馆。但有关镇江会馆的记载甚少，根据范金民的研究，鸦片战争英国侵略者攻打镇江时，山西会馆被焚。海关报告则说：浙江会馆已有一百余年的历史。可知鸦片战争前镇江已有浙江、山西等地会馆。太平天国运动结束后，直隶、山东、河南、山西、陕西五省会馆修复⑤，广东会馆、浙江会馆、福建会馆、庐州会馆、新安会馆、旌太会馆、江西会馆等7所会馆重建，既是修复和重建，则可推断，太平天国之前，镇江至少有12所会馆，其后并无数量的增加。据此推断，截至道光年间，镇江至少有12所会馆，而其后并无数量的增加。也可理解为，镇江会

---

① 《沥陈淮羡疲困、办理竭蹶情形折子》，见陶澍：《陶澍全集》（第三册）卷四十二，岳麓书社，2017年，第83页。

② 陈薇等：《走在运河线上：大运河沿线历史城市与建筑研究》，中国建筑工业出版社，2013年，第315页。

③ 傅崇兰：《中国运河城市发展史》，四川人民出版社，1985年，第341页。

④ 《敬筹镇江运河事宜折子》，见陶澍：《陶澍全集》（第一册）卷二，岳麓书社，2017年，第35页。

⑤ 张焕文：《修复京江北五省会馆纪略》碑文。

馆的繁盛止于道光年间（见表3.6）。

表3.6　明清时期镇江的会馆创建情况

序号	名称	地址	创建者	始建年代
1	浙江会馆	镇江府城		乾隆年间
2	两广会馆	镇江府城		
3	福建会馆	城外（山巷附近，今宝盖路北）		光绪年间
4	山西会馆	镇江府城		鸦片战争前（1840年之前）
5	庐州会馆	城外（小街附近）	安徽庐州人	
6	新安会馆	镇江府城	徽州人	
7	旌太会馆	城外（小京口东侧新河街）	旌德太平人	
8	江西会馆	城外（小码头街）		
9	直隶会馆	镇江府城		
10	山东会馆	镇江府城		
11	河南会馆	镇江府城		咸丰元年（1851）之前
12	陕西会馆	镇江府城		
13	北五省会馆	城外（阳彭山西，今登云路北）		太平天国运动结束后（1864年后）
14	芦洲会馆	润州区金山街道三元巷社区	芦洲商	
15	福建会馆	镇江城外马路		光绪年间

注：参照范金民的统计数据（范金民：《明清江南商业的发展》，南京大学出版社，1998年，第308页）、江苏省第三次文物普查资料及笔者现场踏勘资料制表。

6.常州

常州运河属于江南运河北段，地处扬州和苏州两大南方经济重镇之间，主要承载南方内部经济往来。常州运河占有东自望亭风波桥，西至奔牛堰，全长超过85千米，仅穿过郡城中心的运河段就有20余千米，是江南运河流经地域最广、穿城距离最长的城市。[①]然而江南运河的北段，也即常镇运河段，由于水源不足，经常淤塞不通，明清政府尤为重视其管理和疏浚。明代南北漕运大部分时间走常州境内的孟渎出江，清代孟渎等通江河道只能对常州段补充水源，

---

① 谭徐明、王英华、李云鹏等：《中国大运河遗产构成及价值评估》，中国水利水电出版社，2012年，第155页。

为此在镇江又开浚了丹徒河、越河、九曲河等水道引长江水济运。根据常州历代地方志不完全统计，从明到清，对孟河等西北三河的疏浚总计达30多次。[①]

同时，常州府的商品经济相对落后，府城的规模也十分有限，外地商人较少。再加上东有工商中心城市苏州，西有商品流通城市镇江，外籍商人建立会馆的必要性有所下降，所以在江南八府中，常州的会馆数量最少。目前资料显示，常州的会馆建立年代都相对较晚，基本在咸丰之后（见表3.7）。

根据范金民的研究，明清时期常州的会馆有4所，其中府城有3所，即浙绍会馆、京旌太会馆、洪都会馆；江阴1所，徽州会馆以及笔者于常州调研发现尚存的临清会馆均始建于清光绪年间。

表3.7　清代常州的会馆创建情况

序号	名称	地址	创建者	始建年代
1	浙绍会馆	常州东门外直街	绍兴人	嘉庆年间
2	泾旌太会馆	常州尉史桥（后移察院衔）	宁国府人	太平天国运动开始前（1851年之前）
3	徽州会馆	江阴城北门内庙巷	徽州人	光绪二十一年（1895）
4	临清会馆	青山路156号	江西临江、清江商	光绪年间
5	洪都会馆	常州府城	江西南昌商	宣统元年（1909）

注：参照范金民的统计数据（范金民：《明清江南商业的发展》，南京大学出版社，1998年，第308页）、江苏省第三次文物普查资料及笔者现场踏勘资料制表。

7.无锡

作为长江三角洲太湖平原的组成部分，无锡水网密布，北枕长江，南抱太湖，东临苏州、上海，西靠南京、常州。大运河（无锡段）春秋时期已经在无锡境内贯通。运河河道自今洛杜经石塘湾、城区、新安至望亭进入苏州地区。明代无锡运河城中直河、城外双重环城运河的格局形成。"先有运河，后有城市；城市因河而兴，日益繁荣。"[②]明清时期，由于运河提供的便捷交通，无锡成为江南大米的主要集散地，烧窑业、造船业和运输业自明代开始兴起。明万历时已有记载，"北门之外，群商所聚，侩驵之家尤以华侈相眩"，"米市在北门

---

① 张强：《江苏运河文化遗存调查与研究》，江苏人民出版社，2016年，第210页。
② 顾一群：《运河名城——无锡》，古吴轩出版社，2008年，第2页。

大桥，铸冶行在南门，砖灰窑市在南门外，木行在南门、西门外"。①清朝时无锡跃为"四大米市"之首，又作为蚕丝产区，手工棉织业发达，被称为"布码头"，各地商人云集，会馆林立。1921年出版的《无锡游览大全》上，可见"宁绍会馆、淮扬会馆、靖江会馆、新安会馆、江西会馆、沙永会馆"等。另根据无锡经济发展资料，由外地来无锡的商人有湖广帮、江西帮、安徽帮、宁绍帮和镇扬帮等，他们都相继在无锡建造会馆。可见，明清时期无锡的会馆应不少于6处（见表3.8）。无锡当地文史工作者朱昱鹏先生于20世纪80年代展开调查研究，发现当时无锡的会馆遗存仍有东门附近宁波绍兴商创建的宁绍会馆，城中公园附近晋商创建的山西会馆，市中心新街巷里的盐城会馆，惠山浜安徽商创建的婺源会馆。

表3.8　明清时期无锡的会馆创建情况

序号	名称	地址	创建者	始建年代
1	宁绍会馆	东门附近	宁波绍兴商	
2	淮扬会馆			
3	靖江会馆		靖江商	
4	新安会馆		安徽商	
5	江西会馆		江西商	
6	沙永会馆			
7	婺源会馆（徽国文公祠）	惠山浜	安徽商	
8	山西会馆	城中公园附近	山西商	
9	徽州会馆	惠山浜	安徽商	晚清至民国
10	盐城会馆	城中新街巷		晚清至民国

注：根据笔者实地调研踏勘资料及无锡市博物馆朱昱鹏先生口述资料制表。

8.苏州

苏州地处苏南平原中心，坐拥大运河，西临太湖，北依长江，交通便捷。明清时期，作为外地输入江南地区商品粮的周转地和江南丝、棉的集散中心，苏州稳居江南商贸市场网络的核心地位。"四方往来千万里之商贾，骈肩辐

---

① 《万历无锡县志》卷四。

辖"①，"天下财赋，多仰东南，东南财赋，多出吴郡"②。苏州所在地江南历来是产粮重地，而粮食的漕运需依托于苏州密布的水路网络，先运至苏州粮仓储存，再发运北上，由此苏州成为全国粮食重要的聚集、储存和起运地。山塘河，在历史上作为大运河（苏州段）的主干道之一，北起白洋湾，南至阊门，总长超过6千米，是大运河从西北方向进入苏州古城的主航道，与其并行的山塘街则是著名的历史文化古街，会馆林立。

除此之外，平江河位于大运河（苏州段）的西侧，与大运河呈并驾齐驱之势，两者通过横向的胡厢使巷河、大新桥巷河、大柳枝巷河和中张家巷河相互贯通，共同构成便捷的河道水网，在江南的漕粮、丝绸、手工品源源不断地运送京城中起到了无可替代的枢纽作用。平江路紧依平江河而建，与平江河一水一路平行成双，河道与街道交叉处通过桥梁跨越交叉，形成立体式交通的"双棋盘格局"，平江路同样是会馆聚集之地。

清前期，苏州城西北部的阊门外至枫桥镇形成长达10千米的贸易区，从布局上看，苏州会馆大量分布于城外，以城市商业中心区阊门为核心，沿运河生长出阊门—枫桥、阊门—虎丘、阊门—胥门三条伸展轴，是主要集中地。③苏州城内主要有两条线路与运河相连：其一，"运河南自杭州来，入吴江县界，自石塘北流经府城，又北绕白公堤出望亭入无锡界，达京口"④；其二，"运河自嘉兴石塘由平望而北绕府城为胥江，为南濠，至阊门。无锡北水自望亭而南经浒墅、枫桥，东出渡僧桥交会于阊门"⑤。两条与运河相接的水路在阊门附近交会，成为南来北往必经之地，由此使得阊门成为苏州明清时期的商业中心，"居货山积，行人水流，列肆招牌，灿若云锦，语其繁华，都门不逮"⑥。清康熙年间是历史上苏州经济最为兴盛的时期，工商业发达，商品经济繁荣。根据统计资料，明清时期，仅苏州城的手工业行业就有丝织业、刺绣业、包金业、造纸业、印刷业、玉器业、扇骨业、香粉业、制茶业等60余种。在手工业繁荣的同时，商业也迅猛发展。清人刘献廷提出"天下四大聚"一说，"北则京师，南则佛山，

① 沈寓：《治苏》，《皇朝经世文编》卷二十三《吏政》，文海出版社，1972年。
② 李乐：《见闻杂记》卷十一，上海古籍出版社，1986年，第964页。
③ 陈薇等：《走在运河线上：大运河沿线历史城市与建筑研究》，中国建筑工业出版社，2013年，第525页。
④ 顾炎武：《天下郡国利病书》，上海古籍出版社，2012年。
⑤ 《光绪苏州府志》卷七《山二》。
⑥ 孙嘉淦：《南游记》，《唐经世文编》，中华书局，1992年。

东则苏州，西则汉口"①。与此同时，明清时期大量外来流动人口涌入苏州，"士商往来吴下，懋迁交易者，群萃而游燕憩息其中"②。随着各地商民的涌入，在全国性的大市场苏州，出现了大量由地域性商帮创建的会馆。根据《江苏省明清以来碑刻资料选集》统计，明清时期仅苏州附郭的吴、长、元三县境内，就有会馆40所。吕作燮《试论明清时期会馆的性质和作用》中收录有苏州会馆49所。③马斌、陈晓明在《明清苏州会馆的兴起——明清苏州会馆研究之一》中经过进一步查证，又增加了12所被遗漏的会馆。根据他们的研究，明清时期苏州会馆总数已达61所，仅吴江县盛泽一镇，会馆就有7处之多。④

"四方百货之所集，仕宦冠盖之所经，其人之所见者广。"⑤康乾时期，苏州会馆发展到极盛（见表3.9）。《苏州市志》提到的59所会馆中，34所创建于康熙和乾隆年间，占苏州会馆总数的一半以上。其中27所会馆集中在阊门内外。康熙年间，广州、东莞、新会商人先后在苏州建立了岭南会馆、宝安会馆、冈州会馆，仅广东一府商人就差不多同时在苏州建立了3所会馆。而潮州会馆在康熙四十七年（1708）到乾隆四十一年（1776），先后购置房产18处，花费白银30665两，其中一处房产还位于北京。嘉庆十七年（1812），嘉应府商人在苏州建立嘉应会馆，道光二十年（1840）共计有81名商人向嘉应会馆捐款，道光二十六年（1846）会馆又修葺一新。由此可见，这一时期苏州会馆繁盛、商人群体活跃。⑥

除城区外，苏州周围的市镇会馆也非常多。根据目前掌握的资料，苏州府属县及市镇至少应当有16所会馆，分布在常熟（见表3.10）以及吴江的盛泽、震泽等地。其中仅盛泽一镇就集中了山东、山西、陕西、徽宁、宁绍、金陵商人创建的多所会馆（见表3.11）。客商的活动是苏州盛泽镇兴盛的重要推动因素之一，"镇之丰歉固视乎田之荒熟，尤视乎商客之盛衰。盖机户仰食于绸行，绸行仰食于商客"⑦。盛泽镇居民"以绫绸为业"，"丝绸之利日扩，南北商咸萃"⑧

---

① 刘献廷：《广阳杂记》卷四，商务印书馆，1957年。

② 《潮州会馆碑记》，见苏州历史博物馆等编：《明清苏州工商业碑刻集》，江苏人民出版社，1981年，第344页。

③ 南京大学历史系明清史研究室编：《中国资本主义萌芽问题论文集》，江苏人民出版社，1983年。

④ 马斌、陈晓明：《明清苏州会馆的兴起——明清苏州会馆研究之一》，《学海》1997年第3期。

⑤ 《乾隆元和县志》。

⑥ 沈旸：《明清大运河城市与会馆研究》，东南大学2004年硕士学位论文。

⑦ 《乾隆盛湖志》卷下《风俗》。

⑧ 《光绪盛湖志》卷一《沿革》。

若将城镇所建会馆也纳入统计范畴，苏州一地明清会馆总数不仅在江浙地区是最多的，在全国同类的地方城市中也是最多的。

表 3.9　康熙至道光年间苏州的会馆创建情况

序号	名称	地址	创建者	始建年代
1	潮州会馆	阊门外北濠	广东潮州商	清初
2	冈州会馆	阊门外山塘街宝安会馆东	广西新会商	康熙十七年（1678）
3	大兴会馆	齐门外西汇	江苏商	康熙十九年（1680）
4	东齐会馆	阊门外桐桥	山东商	康熙二十年（1681）
5	江西会馆	阊门外留园	江西仕商	康熙二十三年（1684）
6	宛陵会馆	阊门吴殿直巷	安徽商	康熙二十六年（1687）
7	漳州会馆	阊门外南濠街	漳州仕商	康熙三十六年（1697）
8	泉州会馆	阊门外张家园南	福建泉州商	康熙四十六年（1707）
9	邵武会馆	阊门外南濠街	福建邵武仕商	康熙五十年（1711）
10	汀州会馆	阊门上塘街	福建上杭商	康熙五十七年（1718）
11	高宝会馆	阊门外潭子里	江苏海、淮、洋、泗商	康熙五十七年（1718）
12	兴安会馆	阊门右圣观弄	福建莆田、仙游商	康熙年间
13	浙绍会馆	盘门新桥巷	浙江绍兴商	康熙年间
14	洞庭会馆	阊门外枫桥镇	苏州吴县洞庭东山商	乾隆以前
15	浙宁会馆	阊门外南濠街	浙江宁波商	乾隆以前
16	武林杭线会馆	阊门蒋家桥弄	浙江杭州商	乾隆初年
17	陕西会馆	阊门外山塘街	陕西西安商	乾隆六年（1741）
18	延宁会馆	曹家巷	福建延平、建宁商	乾隆九年（1744）
19	金华会馆	阊门外南濠街	浙江金华商	乾隆十七年（1752）
20	钱江会馆	桃花坞街	浙江杭州商	乾隆二十三年（1758）
21	毗陵会馆	阊门外山塘街莲花兜	江苏常州商	乾隆二十七年（1762）
22	全晋会馆	阊门外山塘街半塘桥	山西商	康熙六十年（1721）
23	徽郡会馆	镇抚司前	安徽徽州商	乾隆三十五年（1770）
24	中州会馆	天启桥西三元坊	河南商	乾隆三十七年（1772）
25	江鲁会馆	大马路	徐、淮、阳等府商	乾隆四十六年（1781）

续　表

序号	名称	地址	创建者	始建年代
26	吴兴会馆	曹家巷	浙江湖州仕商	乾隆五十四年（1789）
27	仙翁会馆	沿河街长街	福建商	乾隆五十八年（1793）
28	新安会馆	阊门外上塘街	安徽歙县商	乾隆年间
29	嘉应会馆	胥门外枣市街	广东嘉应商	嘉庆十四年（1809）
30	东越会馆	阊门外三乐湾	浙江绍兴商	道光二年（1822）
31	元宁会馆	中街路高师巷	金陵商	咸丰兵乱前（1860年之前）
32	仙城会馆	阊门外山塘桥西	广东广州商	不详
33	翼城会馆	小武当山西	山西翼城商	早于康熙六十年（1721）
34	浙嘉会馆		浙江嘉兴商	毁于太平天国战火
35	枣商会馆	阊门外鸭蛋桥	苏直鲁枣商	乾隆年间

　　注：参照吕作燮《明清时期苏州的会馆和公所》（《中国社会经济史研究》1984年第2期）、范金民《明清江南商业的发展》（南京大学出版社，1998年，第286—288页）、江苏省第三次文物普查资料及笔者现场踏勘资料制表。宛陵会馆是宣州会馆的前身，本表留宛陵会馆，未将宣州会馆列入。

表3.10　康熙至道光年间常熟的会馆创建情况

序号	名称	地址	创建者	始建年代
1	宁绍会馆	北门外菱塘溪畔	浙江宁波、绍兴商	乾隆三十六年（1771）
2	徽州会馆	南门外西庄街66号	徽州商	康熙六十年（1721）

　　注：参照常熟市志制表。

表3.11　康熙至道光年间盛泽的会馆创建情况

序号	名称	地址	创建者	始建年代
1	济宁会馆	盛泽镇	山东济宁商	康熙十六年（1677）
2	山西会馆	盛泽镇	山西商	康熙四十九年（1710）
3	华阳会馆	盛泽镇	盛泽染红诸坊	乾隆年间
4	会馆（名不详）	盛泽镇	宁国旌德商	乾隆元年（1736）
5	宁绍会馆	盛泽镇	浙江宁波、绍兴商	乾隆三十二年（1767）
6	济东会馆	盛泽镇	山东济南商	嘉庆年间
7	徽宁会馆	盛泽镇	徽州商	嘉庆十四年（1809）

　　注：根据吴江档案局发布的资料制表。参见《盛泽丝绸文化——庄面与会馆》，http://www.wujiangtong.com/webPages/DetailNews.aspx?id=10211，2020年12月1日。

9.嘉兴

"入浙江界，经嘉兴府城，又西南过石门县城，又西南抵杭州府北新关，共七百余里。"[1]江南运河进入浙江后，为其第三段，也即浙北段落，分为三条路线：东线为古运河路线，自王江泾起，经嘉兴市、石门、崇德、塘栖至杭州；中线为京杭大运河正线，经乌镇、练市、新市，再经塘栖至杭州；西线自吴江市震泽镇经南浔、湖州，与杭湖申线重合。[2]作为江南重要的产粮区，嘉兴自古便是水泽古国、鱼米之乡。嘉兴，在明时已是"富商大贾，长筏巨舶，夷宾海错，鱼盐米布之属，辐辏成市。居民富饶，市邑繁盛"[3]。入清后，"百物辐辏，喧哗杂沓，昼夜不已"[4]。嘉兴府的行业大镇濮院，"行商麇至，终岁贸易，不下数十万金"[5]。据已掌握的府县志、镇志等有关材料，清康熙至道光年间，嘉兴一府会馆林立，分布在府城和乍浦、王江泾、王店、濮院等镇（见表3.12）。

表 3.12 康熙至道光年间嘉兴的会馆创建情况

序号	名称	地址	创建者	始建年代
1	三山会馆	乍浦镇	福州商	康熙四十五年（1706）或四十八年（1709）
2	蒲阳会馆	乍浦镇	兴化商	乾隆十三年（1748）
3	鄞江会馆（靛青会馆）	乍浦镇	汀州商	乾隆十四年（1749）
4	炭会馆	乍浦镇	浙闽炭商	乾隆五十年（1785）
5	海蜇会馆	乍浦镇	腌货等商	道光元年（1821）以前
6	绍兴会馆	王店镇	绍兴商	道光三年（1823）
7	宁绍会馆	濮院镇	宁绍商	嘉庆年间
8	绍兴会馆	濮院镇	绍兴商	道光二年（1822）
9	江西会馆	秀水县城	江西商	乾隆十二年（1747）

　　注：参照范金民的统计数据（范金民：《明清江南商业的发展》，南京大学出版社，1998年，第305页）制表。

---

[1] 张鹏翮：《治河全书》，天津古籍出版社，2007年。
[2] 吴晨：《京杭大运河沿线城市》，电子工业出版社，2014年，第329页。
[3] 《光绪嘉兴府志》卷三十四《风俗》。
[4] 项映薇撰，王寿补，吴受福续补：《古禾杂记》卷四，《槜李丛书》本。
[5] 《雍正浙江通志》卷一〇二《物产》。

光绪时的追述称："乾隆来漕船经宣公桥，城中集街市衰，聚于东，始兴西河街，道、咸之间，宣公、春波肆廛鳞次，北板米市囤积数十万，虽僻巷无隙地，可谓盛矣。"①

从目前掌握的资料来看，嘉兴会馆的兴建期主要在康熙至道光年间，以康熙至乾隆年间为盛。从嘉兴本地历史来看，明末清初，清军的屠杀使得嘉兴损失惨重。直至清中期，政府推行赋税改革和整顿以及修筑杭州湾沿岸海塘，嘉兴的社会经济才得以逐渐恢复，为会馆的兴建提供了良好的社会经济环境。

10.湖州

湖州位于浙北平原北部，"东连吴会，西达金陵，碧湖荡其脑，具区溃其尾"②。湖州与太湖有着密切联系，在江南地区地位重要。明代，湖州府经济、文化已经发展至繁盛，天顺时已是"江表大郡，吴兴第一，山泽所通，舟车所会，雄于楚越"③。其物产丰富，被称为"吴兴介在苏杭之间，水陆饶沃之产，实过两郡"④。"浙十一郡，惟湖最富。"⑤

关于在湖州创建的会馆，《中国省别全志》载有徽州等地的10所会馆，其中1所在菱湖镇。范金民经查阅县志、镇志，发现另有18所会馆，分布在德清和乌程县及双林、乌青、南浔等镇。也即，湖州一府共有会馆30所左右（见表3.13），主要分布在工商业市镇。湖州德清县城内有大批来自各地的商人，以宁波、绍兴、安徽商人为多，出现了宁绍会馆、新安会馆等。⑥湖州南浔湖丝享有盛誉，新丝上市"列肆喧阗，衢路拥塞"⑦。

表 3.13　明清时期湖州的会馆创建情况

序号	名称	地址	创建者	始建年代
1	徽州会馆	湖州府城	徽州商	
2	丝业会馆	湖州府城		
3	金华会馆	湖州府城	金华商	

① 《光绪嘉兴县志》卷三《坊巷》。
② 《万历湖州府志》卷一。
③ 李贤：《明一统志》卷二十。
④ 徐献忠：《吴兴掌故集》卷十三《物产》。
⑤ 王士性：《广志绎》卷四《江南诸省》，中华书局，1981年，第70页。
⑥ 《民国德清县志》卷三《建置》。
⑦ 《同治南浔镇志》卷二十四《物产》。

续　表

序号	名称	地址	创建者	始建年代
4	江华会馆	湖州府城	江山金华商	
5	旌德会馆	湖州府城	宁国旌德县商	
6	宁绍会馆	湖州府城	宁波绍兴商	
7	南京会馆	湖州府城	南京商	
8	布业会馆	湖州府城		
9	绉业会馆	湖州府城		
10	新安会馆	湖州府城湖	徽州商	
11	泾县会馆	双林镇	宁国泾县商	康熙年间
12	金陵会馆	双林镇	江宁镇江商	
13	宁绍会馆	双林镇	宁波绍兴商	
14	金华会馆	乌镇	金华商	
15	徽州会馆	乌程县城	徽州商	乾隆二十年（1755）
16	宁绍会馆	德清县城	宁波绍兴商	嘉庆十四年（1809）
17	新安会馆	德清县城	徽州商	道光四年（1824）
18	金华会馆	新市镇	金华商	
19	金陵会馆	新市镇	江宁商	
20	古越会馆	新市镇	宁波绍兴商	
21	新安会馆	新市镇	徽州商	
22	宁绍会馆	南浔镇	宁波绍兴商	嘉庆年间
23	新安会馆	南浔镇	徽州商	道光十一年（1831）
24	福建会馆	南浔镇		
25	丝业会馆	南浔镇	南浔商	宣统二年（1910）
26	新安会馆	菱湖镇	徽州商	
27	宁绍会馆	新腾镇	宁波绍兴商	
28	金陵会馆	南浔镇	南京商	光绪十一年（1885）
29	宁绍会馆	四安镇	宁波绍兴商	光绪十七年（1891）
30	钱业会馆	吴兴区飞英街道	湖州钱庄商	光绪二十九年（1903）

注：参照范金民的统计数据（范金民：《明清江南商业的发展》，南京大学出版社，1998年版，第306—307页）、浙江省第三次文物普查资料及笔者现场踏勘资料制表。

11.杭州

杭州位于中国东南沿海、浙江省北部，钱塘江下游北岸，钱塘江、西湖、西溪、运河在城中交错，城内山水相依、物产丰富，素有"鱼米之乡"之誉。"盖水陆辐辏之所，商贾云集。每至夕阳在山，则樯帆卸泊，百货登市，故市不于日中而常至夜分"[1]。作为大运河与钱塘江汇合点，杭州是南北货物的转运点，承担着运河南端货物集散中心的功能。运河哺育了杭州城的千年繁华。明清时期杭州繁荣发展的商业是太湖流域商品经济较高度发展的表征。作为杭嘉湖等府商品的集散中心，杭州既是运输线上的南方始发站，又是太湖南端市场网络与城市体系中的圆心之一。南来北往的商品在大运河这条交通大动脉上频繁流通，极大推动了江南地区经济的发展。[2]北新关附近的湖墅地区是杭城重要的米市，所在地"接客出籴内外诸铺户"[3]。

明清时期，杭州的会馆也发展兴盛（见表3.14）。海关报告称各省商人在杭州几乎都建有会馆，并称除江西会馆是该省商人所建外，其余省馆均为各省旅杭士绅共建。根据范金民的研究梳理，《中国经济全书》第二辑"列有江宁会馆等8所会馆，民国十年的《游杭日记》卷下列记了山东会馆等15所同乡会馆"，而前此数年的《中国省别全志》卷十三"列有18所会馆，加上湖州会馆，杭州城至少有近20所会馆"。[4]

运河的繁盛推动了杭州商业的发展和会馆的兴盛。以杭州北部的塘栖镇为例，元末张士诚因军事、经济发展需要，于至正十九年（1359）由塘栖伍林港至杭州北新桥开新开河，将运河裁弯取直，改道经塘栖沟通苏、湖、常、镇诸府。塘栖由默默无闻的腹地发展成杭州首镇，成为漕运和商贾、驰驿者南北往来的交通枢纽。清乾隆年间塘栖镇繁盛至极，《乾隆杭州府志》卷五《市镇》记载："此镇宋时所无，而今为市镇之甲，亦以运道改移，日益繁盛。"[5]

① 李卫、傅玉露等纂修：《雍正西湖志》，清光绪四年浙江书局刻本。
② 陈学文：《明清时期的杭州商业经济》，《浙江学刊》1988年第5期。
③ 《光绪杭州府志》卷七十五《风俗》。
④ 范金民：《明清江南商业的发展》，南京大学出版社，1998年，第246页。
⑤ 《乾隆杭州府志》卷五《市镇》。

表3.14　明清时期杭州的会馆创建情况

序号	名称	地址	创建者	始建年代
1	江宁会馆	木场巷		
2	山陕甘会馆	吴山		
3	常州会馆	吴山		
4	安徽会馆	柴垛桥		
5	奉直会馆	荐桥路		
6	奉化会馆	大东门		
7	湖南会馆	三元坊		
8	山东会馆	新开		
9	余姚会馆	方谷园		
10	江西会馆	西大街		
11	湖北会馆	金刚子巷		
12	绍兴会馆	许衙巷		
13	两广会馆	十五奎巷		
14	福建会馆	羊市街		
15	金华会馆	候潮门外		
16	扬州会馆	吴山		
17	四明会馆	方谷园		
18	云贵会馆	羊市街		
19	湖州会馆	杭州城		
20	新安会馆	富阳县上水门大街	安徽徽州商	乾隆至嘉庆年间
21	四明会馆	海宁州硖石镇	宁波商	
22	新安会馆	海宁州硖石镇	安徽徽州商	
23	绸业会馆	上城区小营街道	杭州绸商	嘉庆二十二年（1817）
24	湖州会馆	上城区小营街道	湖州商	晚清
25	洪氏会馆	上城区清波街道柳浪闻莺5号		晚清
26	金衢严处同乡会馆	上城区清波街道十三湾巷21号	金、衢、严、处商	民国十一年（1922）

注：参照范金民的统计数据（范金民：《明清江南商业的发展》，南京大学出版社，1998年，第303—304页）、浙江省第三次文物普查资料及笔者现场踏勘资料制表。

清中期"徽州同人之商于斯者不下千数。休、歙、黟、绩为盛，婺、祁次之"[1]。明清时期在塘栖经商的有来自徽州、宁波、绍兴、江苏、福建等地的商人，商市以西石塘至东石塘以及市河东西两岸最盛，街道大都沿河而建。据说徽商从道光十年（1830）起就在该镇建有会馆及义冢，厝房有数十间，可停放棺木200余具。咸丰十一年（1861）全毁于太平天国战火。据此，可以推断，乾隆至道光年间应当是塘栖镇会馆发展最盛的阶段。

12. 绍兴

绍兴地处山会河网平原中心区域，依水建城。明嘉靖年间，绍兴府城内水道已与城外环城水道及运河和平原河网连接沟通，形成纵横骨干水道，皆通舟楫。至清光绪十八年（1892），构成"三山万户巷盘曲，百桥千街水纵横"的独特水城景观。[2]便利的水运和优越的区域位置推动了绍兴水城的商贸往来，会馆大批兴建（见表3.15）。

表3.15　清代绍兴的会馆创建情况

序号	名称	地址	创建者	始建年代
1	药业会馆	绍兴府城		乾隆二十六年（1761）
2	安徽会馆	越城区北海街道	徽商	清代
3	布业会馆	绍兴府城		光绪三年（1877）
4	钱业会馆	绍兴府城		光绪十三年（1887）
5	衣业会馆	绍兴府城		光绪二十八年（1902）之后
6	洋广货会馆	绍兴府城		
7	首饰会馆	绍兴府城		
8	油业会馆	绍兴府城		
9	南北货会馆	绍兴府城		
10	绸业会馆	绍兴府城		

注：参照范金民的统计数据（范金民：《明清江南商业的发展》，南京大学出版社，1998年，第306—307页）、浙江省第三次文物普查资料及笔者现场踏勘资料制表。

建于乾隆年间的药业会馆是目前已知绍兴最早出现的会馆，位于下大路药王庙。鸦片战争后，大批洋布从宁波输入，经运河抵达绍兴后转销各地，山阴、

---

[1] 金淮：《濮川所闻记》卷一《总叙》，清嘉庆二十五年刊本。
[2] 邱志荣、陈鹏儿：《浙东运河史》，中国文史出版社，2014年，第322页。

会稽两县布商联合建立山会布业会馆。由成康、震丰等42家钱庄出资建造的钱业会馆，于光绪十三年（1887）建成，内设戏台，于每年农历五月初二举行接财神祭祀。此外还有萧山街的南货会馆、上大路的造箔会馆、新试前的绸业会馆、府桥头的农业会馆、缸灶弄的油业会馆等。根据目前掌握的资料，可发现，绍兴的会馆最繁盛的时期相比大运河（江浙地区）其他城市要晚，应为光绪年间。

综上，大运河（江浙地区）大多在清康熙至道光年间发展到繁盛，会馆最为密集。究其原因，主要有以下三点。

第一，社会整体相对平稳是会馆发展的基本前提。社会安定，百姓安居乐业，旺盛的生产生活用品需求，稳定发展的农业生产、手工业生产，都是商业经济持续发展的基础。

第二，商品经济的发展。这一时期，大运河（江浙地区）普遍受益于运河漕运，交通便利，商业兴旺。康熙、雍正、乾隆三朝是扬州盐商最活跃的时代。盐商家族因手握运销权利及世袭资格，并且与官府关系十分密切，通过贩盐获取厚利。明清时期苏州本地桑树和棉花等经济作物大量种植，促进了当地丝织和棉纺业的迅猛发展，苏州一跃而成为全国最大的丝织棉纺中心和东南地区商品集散中心，并进一步成为江南人口聚集的中心和城市文化生活繁荣昌盛的中心。借助于运河交通的便利，苏州作为全国首屈一指的商业都市，其盛况在清人徐扬绘制的《姑苏繁华图》中表现得淋漓尽致。

第三，运河的畅通是会馆繁盛的交通条件。翻阅清朝历史可见，清代统治者非常重视水利工程，康熙六次南巡都以治河为主要内容。比如，康熙曾数次到清口视察，坐在河堤上查看工程进度、测量数据。由于清江浦临近清口，为及时掌握水情，就近指挥，康熙十六年（1677），政府将原设于山东济宁的河道总督移至清江浦，乾隆年间又先后将清河县治、淮扬道移至清江浦。由此清江浦发展达到全盛，人口猛增至50余万人，与淮安府城一起成为大运河沿线的漕运指挥中心、河道治理中心，同时还是漕船制造中心、粮食储备中心和淮北食盐的集散中心。

二、大运河（江浙地区）会馆的衰微与蜕变

（一）大运河（江浙地区）会馆的急速衰弱

清咸丰、同治年间是会馆的衰微蜕变期。鸦片战争改变了中国历史的进程，外国资本主义的入侵从经济领域一直延伸到政治、文化领域。社会政治、经济环境的转变，加上太平天国运动的兴起、黄河决堤、漕运改道，大运河（江浙地区）的社会经济发展遭受重创。根据目前掌握的统计资料，咸丰、同治年间大运河（江浙地区）会馆的创建数量突降，尤其是咸丰年间，仅有1所会馆创建（见表3.16）。

表3.16　咸丰到同治年间大运河（江浙地区）的会馆创建情况

序号	城市	名称	地址	创建者	始建年代
1	宁波	新安会馆	战船街	安徽商	咸丰年间
2	宿迁	泾县会馆	通岱街南		同治十三年（1874）
3	扬州	湖北会馆	南河下174号	湖北商	同治年间
4	扬州	岭南会馆	东关街道新仓巷4-1号至4-16号	盐商	同治八年（1869）
5	苏州	安徽会馆	南显子巷	安徽仕商	同治六年（1867）
6	苏州	湖南会馆	通和坊	湖南湘军	同治九年（1870）
7	苏州	八旗奉直会馆	拙政园内	奉天、直隶八旗官员	同治十年（1871）
8	苏州	宁吴会馆	尚义桥	江苏宁、吴商	同治年间
9	杭州	宁绍会馆	分水镇城隍弄内	宁、绍商	同治年间

注：参照浙江、江苏两省第三次文物普查资料及笔者现场踏勘资料制表。

第一，各大地域性商帮逐渐从历史舞台隐退。从经济社会发展的大环境来看，19世纪中后期商埠的开辟，外来工业品输入和对外产品输出呈快速增长之势，江浙市镇原有的市场体系开始松动并走向解体，市镇经济陷入动荡。比如苏州丝绸重镇震泽，清末由于受到外来洋布的冲击走向衰落。至20世纪前期，在近代工商业的扩散中，市镇经济结构和产业形态进一步变革，在社会动荡中，

又卷入激烈的国际市场竞争，各地市镇经济萧条，步入衰落。[①]商帮发展、会馆繁盛的大环境已几近缺失。从商帮自身的发展来看，清咸丰、同治年间以后，地域性商帮逐渐由盛转衰。以淮扬盐商为例，明代两淮盐场的销售涵盖应天（今南京）、宁国（今属安徽）、太平（今属安徽）、扬州、凤阳、庐州、安庆、池州、淮安、江西、湖广、河南等，而清朝时江苏、安徽、江西、湖北、湖南、河南六省，皆食淮盐。借由两淮盐场的丰厚利润，徽商迅速崛起。然道光中叶，清政府为革除淮盐积弊，推行票盐法，凡缴足盐税者均可领标运盐销售，靠盐运发迹和兴盛的徽商，世袭的行盐专利被剥夺，在此冲击下开始衰落。此外，其时海势东迁，盐场产量锐减，而清政府还严厉征缴徽籍盐商历年积欠的盐课以摆脱其自身的财政危机，导致众多徽商纷纷破产。盐业经济的衰落也深刻影响到其所在城市的经济发展，扬州的衰落始于盐业经济的衰落，继之于上海、天津等地的开埠，江南铁路铺设，漕运终止，商业资本大量转移。扬州钱铺自同治十三年（1874）底开始"均无余资可拆……东奔西走，竭蹶时形"[②]。

第二，太平天国运动的重创。清中后期，朝廷政治腐败，国力开始衰退。咸丰年间爆发了大规模的农民运动——太平天国运动，席卷广西、湖南、湖北、江西、安徽、江苏、河南、山西、直隶、山东、福建、浙江、贵州、四川、云南、陕西、甘肃诸省，600余座城市被攻克。战火蔓延到富庶的长江中下游地区，江浙各地农业、手工业、商业几为不存。这场战乱不仅破坏了各大商帮在江浙两省的商业运营环境，也给其商业资本以重创。众多分布于苏州、扬州、杭州等地的会馆付之战火。同治三年（1864），左宗棠奏称："计浙东八府，惟宁波、温州尚称完善，绍兴次之，台州又次之……"[③]根据《王韬日记》中的记载：咸丰十年（1860）四月六日，"兵弁马姓者肆意纵火，一时烈焰滔天，啼哭之声震彻城厢内外，百万货物悉付一炬。金阊胜地，山塘艳土，皆繁华薮窟也。今已尽作瓦砾场"；四月二十九日，"闻嘉兴失守，烟焰腾空，烛及数十里，凡烧三日夜，繁华街市尽成瓦砾"。[④]"余则尽荒烟蔓草，寻故址渺不可得"。[⑤]"我

---

① 陈国灿主编：《江南城镇通史（清前期卷）》，上海人民出版社，2017年，第16页。
② 《淮扬钱业近况》，《申报》1875年2月18日。
③ 左宗棠：《浙省被灾郡县同治三年应征钱粮分别征蠲折》，《左文襄公全集·奏稿》卷九，光绪十四年至二十三年长沙萃文堂刻刷局刊刻本。
④ 王韬著，方行、汤志钧等整理：《王韬日记》，中华书局，1987年，第168页。
⑤ 《光绪嘉兴县志》卷三《坊巷》。

粤人曩游于古润州城，畴昔西门外有岭南、仙城两会馆，自红羊之浩劫，垣瓦全倾，误紫燕之重寻，地基并失。"[①] "康熙年间建有北五省会馆，坐落于西门外大围坊……赭寇之乱毁于兵，瓦砾场空，荆榛径满。"[②] 苏州"行二里许，无物可买，人迹罕见，凄凉景况，更甚于太仓，城中旧时试院及熟游之地，尽为瓦砾之场。学宫大殿仅存，余悉为茂草"[③]。"金阊门外，瓦砾盈途，城内亦鲜完善，虎丘则一塔幸存，余皆土阜。由是而无锡，而常州，而丹阳，蔓草荒烟，所在一律。"[④] 虽然战后部分会馆得以重建，但已繁华不再。此外，太平天国战争历时16年，纵横18省，造成主要战区苏、皖、浙、赣、闽五省人口损失7000多万人，损失率高达45%。[⑤] 战争造成人口损耗，导致消费主体需求锐减，市场空间萎缩。太平天国战争结束后，政府并未妥善处置大运河（江浙地区）影响社会安定的各方因素，散兵游勇横行，官方和民间社会基层组织趋于瓦解，社会处于混乱无序之中，商人遭到公开勒索。比如扬州盐商，不仅财产损失惨重，甚至生命不保，对其商业活动造成沉重打击。

第三，大运河的衰落。由于大运河（江浙地区）城市较多依赖于漕运过程中夹带的商品贸易，漕运活动与沿运城市的发展形成唇齿相依的利害关系。沈旸认为，单纯的转口贸易经济限制了当地手工业的充分发展，漕运改道直接导致沿运地区社会经济支柱崩塌，商业经济顷刻衰败。[⑥] 清朝末年，由于常年疏于治理、运河水量不足等，京杭大运河多有淤塞，河床变浅，漕运、交通功能日益弱化。"漕之通塞视乎（黄）河，河安则漕安，河变则漕危。"[⑦] 咸丰五年（1855），黄河自河南兰封（今兰考）铜瓦厢决口北徙，夺山东大清河入海。自此黄河不再停经安徽和江苏，与运河改在山东交叉，给江浙地区的运河运输造成沉重打击。太平天国运动发端后，主战场位于江苏、浙江、江西、安徽、山东等省，江浙地区大部分河段都在主战区内，遭到严重破坏。由此，道光、咸

---

① 《岭南、仙城两会馆受兵灾后核查地基示碑》，见南京博物院编：《大运河碑刻集（江苏）》，译林出版社，2019年，第209页。

② 《修复京江北五省会馆纪略》碑，见南京博物院编：《大运河碑刻集（江苏）》，译林出版社，2019年，第211页。

③ 徐一士：《近代笔记过眼录》，中华书局，2008年，第215页。

④ 毛祥麟：《墨余录》，上海古籍出版社，1985年，第18页。

⑤ 曹树基、李玉尚：《太平天国战争对浙江人口的影响》，《复旦学报（社会科学版）》2000年第5期。

⑥ 沈旸：《明清大运河城市与会馆研究》，东南大学2004年硕士学位论文。

⑦ 《皇朝文献通考》卷二三二《经籍考》，文渊阁四库全书本。

丰年间运河失修，严重淤阻，正常漕运受阻，加上太平天国起义军占领江浙一带，水手闹事频繁，最终促使清廷改用海运，将原来的漕运水手全部遣散。运河的衰落，对大运河（江浙地区）城市的发展造成严重影响。黄河改道山东，徐州运河河道因无水而无法行船，徐州运河遂告废止，徐州漕运历史结束，由此以漕运为发展契机的徐州，商品经济迅速衰落，城市地位大不如前。又如运河重镇扬州，在黄河改道、海运强化以及铁路兴建等诸多因素的影响下，大运河（扬州段）由主线通航转为局部分段通航，不再具备国家南北交通干线的重要功能。太平天国战乱使扬州的经济和繁荣再次遭到毁灭性的打击，而大运河的衰落直接影响到了扬州经济的重振。"漕督居城，仓司屯卫，星罗棋布，俨然省会。夏秋之交，粮艘衔尾，入境皆停泊于城西运河，以待盘验……北厢关为淮北官盐顿集之地，任鹾商者皆徽扬高资巨户，驭使千夫，商贩辐辏……乃纲盐改票，昔之甲族夷为编氓；漕运改途，昔之巨商去而他适。百事罢废，生计萧然，富者益贫，贫者日益偷。"[1]上海开埠后，局面大变。"本为天下第一，四方商人群至此间购办，迨自上海通商以来，轮船麋集，商贸辐辏，以致丝货均至上海贸易。"[2]苏州的区域经济中心城市地位已经被上海取代。在此背景下，与城市商业经济发展密切关联的会馆也必然走向衰落。商品经济衰败，会馆已缺失创建的社会环境；商人团体没落，会馆已失去创建的主体和物质基础。城市商业败落，会馆随之衰落。

（二）大运河（江浙地区）会馆的蜕变

清光绪年间，大运河（江浙地区）会馆仍有所发展，根据目前掌握的统计资料，民国之前，20余所会馆相继建立（见表3.17）。

民国时期，会馆作为一种历史存在已经处于衰微阶段，但在很长一个时期内并没完全消失（见表3.18），仍在发挥着一定作用。在会馆衰微的同时，新形式的经济组织——商会纷纷成立。

---

[1]　转引自傅崇兰：《中国运河城市发展史》，四川人民出版社，1985年，第320页。
[2]　《光绪二十二年苏州口华洋贸易情形论略》，见彭泽益：《中国近代手工业史资料》第2卷，中华书局，1962年，第326页。

表 3.17　光绪年间大运河（江浙地区）的会馆创建情况

序号	城市	名称	地址	创建者	始建年代
1	扬州	湖南会馆	南河下 26 号	湖南商	光绪初年
2	扬州	岭南会馆	新仓巷 4-3 号	广东商	光绪十年（1884）
3	扬州	商会会馆	仪征市真州镇城南社区商会街 3 号	江苏仪征商	光绪三十二年（1906）左右
4	镇江	福建会馆	镇江城外马路		光绪年间
5	常州	徽州会馆	江阴城北门内庙巷	徽州人	光绪二十一年（1855）
6	常州	临清会馆	青山路 156 号	江西临江、清江商	光绪年间
7	苏州	两广会馆	侍其巷	两广仕商	光绪五年（1879）
8	苏州	湖北会馆	西摆渡		光绪十年（1884）
9	苏州	武安会馆	天库前舒巷	河南武安商	光绪十二年（1886）
10	苏州	全浙会馆	长春巷		光绪三十一年（1905）
11	苏州	山东会馆	阊门外山塘街		光绪年间
12	苏州震泽	新安会馆	东栅慈云寺塔东	安徽徽州商	光绪三十一年（1905）
13	苏州震泽	金陵会馆	西栅宁绍会馆之西	南京、句容、镇江、丹阳手工业者	光绪末年
14	宁波	象山福建会馆	石浦镇	福建商	光绪六年（1880）
15	宁波	象山泉州会馆	石浦镇	泉州商	光绪六年（1880）
16	湖州	金陵会馆	南浔镇	南京商	光绪十一年（1845）
17	湖州	宁绍会馆	四安镇	宁波绍兴商	光绪十七年（1861）
18	湖州	钱业会馆	吴兴区飞英街道	湖州钱庄商	光绪二十九年（1903）
19	绍兴	布业会馆	绍兴府城		光绪三年（1877）
20	绍兴	钱业会馆	绍兴府城		光绪十二年（1886）

续　表

序号	城市	名称	地址	创建者	始建年代
21	绍兴	衣业会馆	绍兴府城		
22	绍兴	洋广货会馆	绍兴府城		
23	绍兴	首饰会馆	绍兴府城		光绪二十八年
24	绍兴	油业会馆	绍兴府城		（1902）之后
25	绍兴	南北货会馆	绍兴府城		
26	绍兴	绸业会馆	绍兴府城		

注：参照浙江、江苏两省第三次文物普查资料及笔者现场踏勘资料制表。

表 3.18　晚清至民国时期大运河（江浙地区）的会馆创建情况

序号	城市	名称	地址	创建者	始建年代
1	常州	洪都会馆	常州府城	江西南昌商	宣统元年（1909）
2	无锡	徽州会馆	惠山浜		晚清至民国
3	无锡	盐城会馆	城中新街巷		晚清至民国
4	苏州	云贵会馆	葑门十全街		宣统三年（1911）
5	苏州震泽	兰溪会馆	朱家浜村孙家浜	浙江兰溪金华商	清末
6	苏州震泽	徽州会馆	同里富干桥下	安徽徽州商	清末
7	苏州震泽	宁绍会馆	西栅太平街	浙江宁波、绍兴商	清末
8	杭州	湖州会馆	上城区小营街道	湖州商	晚清
9	杭州	洪氏会馆	上城区清波街道柳浪闻莺5号		晚清
10	杭州	金衢严处同乡会馆	上城区清波街道十三湾巷21号	金、衢、严、处商	民国十一年（1922）
11	宁波	连山会馆	战船街	山东商	晚清
12	宁波	象山三山会馆	石浦镇	福建商	晚清
13	湖州	丝业会馆	南浔镇	南浔丝商	宣统二年（1910）
14	湖州	金华会馆	德清县城	金华商	民国五年（1916）
15	湖州	绉业会馆	吴兴区飞英街道	湖州绸商	清末

注：参照浙江、江苏两省第三次文物普查资料及笔者现场踏勘资料制表。

无论是会馆还是商会，均为社会变迁中社会组织建设的反映。到民国初期，会馆逐渐演变为同乡会，运行机制也有所转变，推进了会馆组织的更新。

第一，资金捐助的大幅缩减。晚清时期社会动荡，各地商帮经济实力或多或少遭受冲击，同乡商人对于捐资失去兴趣，摊捐拖欠日益严重，会馆的维持经费已困难重重，其凝聚力和威信已大不如前。

第二，政治局势的混乱。1937年以后，社会时局动荡，战火蔓延，会馆管理和发展已无法再获得官方的支持帮助，在混乱政局中，会馆生存境地更为窘迫。

第三，交通运输的发展与变革。这一时期，国内传统的运输方式由于现代交通运输工具的引进而遭受巨大冲击。内河与近海的粮食运输业务由轮船招商局垄断，近代铁路随列强传入中国，津浦、沪杭等铁路相继通车。在大运河（江浙地区）区域活跃的商帮已处于发展的劣势地位，逐渐没落。"迨津浦京沪两路相继通车，并以运河日就淤塞，南北客商，不再假道本县，而本县之上也，遂一落千丈矣。"①

第四，会馆向商会的转型。同为社会变迁中出现和发展起来的社会组织，会馆与商会既有区别也有关联。会馆尊崇的是道德规范下的经营活动，而商会倾向于从政治和社会角度去规范经济活动。在近代剧烈的社会变迁面前，会馆曾被动地出现分化现象，或竭力适应西方资本主义式的商会、工会模式，或固守小农意识而坚持以往的运作模式，但最终都逐渐融入于商会组织。

第二节　宁波运河文化与海上丝绸之路文化的交汇

自隋唐时期开始，宁波平原各地的河渠得到整治，由南塘河、中塘河、西塘河，鄞东的后塘河、中塘河、前塘河、月湖与城河等构成的内河水网体系形成。至南宋，宁波地区农田水利工程与内河水运工程进一步紧密结合。淳祐六年（1246）秋，疏浚开拓颜公渠（前大河）。宝祐五年（1257），开挖慈江中段（位于今江北慈城镇，太平桥—夹田桥段）。这一时期还开挖了慈江和姚江小西坝间

---

① 江苏省民政厅编：《江苏省各县概况一览（下）》，1931年，第359页。

的刹子港、姚江大西坝和宁波老城西门间的西塘河，以及沟通姚江与曹娥江的虞甬运河。明清时期，政府进一步疏浚河道，修筑护岸。明永乐九年（1411），新开凿十八里河，为四十里河丰惠以东段航线的复线。

大运河（宁波段）通江达海，联内畅外，是大运河连接海上丝绸之路的唯一河段，是古代中外经济文化交融的黄金水道。至迟至北宋年间，海内外的来浙船"惟泛余姚小江，易舟而浮运河，达于杭越矣"[①]，宁波运河成为连通内陆运河航运与海外交通的重要水道。自此，宁波港城与腹地之间货物集疏和商旅往来的重要水运交通网络逐步成熟，成为贸易往来最重要的运输通道。南宋时期，宁波成为两浙地区唯一可以接纳海舶的对外口岸[②]，以及维系南宋都城与对外口岸之间最重要的水上交通线。

大运河（宁波段）育城益民，利农富商，是宁波地域文化形成和发展的核心地带，是古代社会富庶的根基与源泉。自7000多年前灿烂的河姆渡文化开始，以姚江、慈江为主干的宁波运河水网体系就成为宁波先民赖以生存的根本，成为古代城市兴起与发展的支柱。自隋唐时期开始，宁波各地的河渠得到整治，以州治为中心呈放射状的、"脉络城市，以饮以灌"的"三江六塘河"内河水网形成[③]，通航便民，泽田利农。两宋期间，宁波运河体系进一步完善，成为货物集疏与商旅往来的重要水运交通网络，成为城市发展与繁荣的坚实后盾。直至民国时期，内河航运依旧通畅繁忙。马渚横河、慈江、中大河、西塘河、姚江、甬江等主要航道皆通行汽船、帆船、航船或民船，货运以南北杂货和米、麦、盐居多。除了满足农田水利、贸易运输之需求外，大运河（宁波段）亦是文人雅士清游休憩、抒发胸臆与心境的重要场所。《甬上耆旧诗》《西河集》《俨山集》《鄱阳五家集》《宝庆四明志》《至正四明续志》等文献都保存了大量与宁波运河相关的记载。

大运河（宁波段）为自然造型，人工取道，体现了我国古代人文理念与自然环境的和谐交融，是系统展现我国古代水利、航运技术的实物例证。从空间结构来看，宁波运河的每一条自然江河都配有一条或多条人工塘河，或平行，

---

① 姚宽：《西溪丛语》。
② 《宝庆四明志》卷六载："凡中国之贾高丽与日本，诸蕃之至中国者，惟庆元得受而遣。"
③ 郑绍昌主编：《宁波港史》，人民交通出版社，1989年，第22页。

或交叉，或贯通，以此避开自然河道弯曲多变的危险，减少外江潮汐对航运的影响。姚江南侧的西塘河、甬江与姚江西北侧的颜公渠和慈江（中段）等都因此而开拓疏浚。这种自然江河与人工塘河融会贯通、并行结合、复线运行、因势取舍的做法，既满足了防洪治水、农田灌溉、舟楫航运的需求，又避免了对区域生态环境的分割，保证了区域生态的完整性，成为中国大运河中双系统并存的唯一河段。同时，运河（宁波段）较早使用溢洪堰、泄水闸、拖船坝等水利航运设施，达到引潮行运、蓄积潮水、水量循环利用的多重工程目的，生动地记录和反映了中国古代水利、潮汐、航运技术在某个时期的重要变化，对于科学史研究具有一定的参考价值。

除此之外，地处宁绍平原的宁波，也是中国海洋文化的主要发源地。公元前5世纪，越王勾践建句章城，宁波的港口优势开始彰显。宁波海上丝绸之路历经东汉的形成时期、唐代的繁荣时期、宋元的鼎盛时期、明清的延续时期，并成功实现了现代化转型，体现了持续发展的鲜明特色。

宁波最早的航海记录始于公元前10世纪，《逸周书》称，成王时，"于越献舟"。《慎子·逸文》记载："行海者坐而至越，有舟故也。"近人张道渊考证分析后认为："于越所献之舟乃是构造较常舟完备伟大之海船也。其船当造于宁波市或其附近之江岸，盖呈现时便于下水出海也。""宁波实为中国造船与航海之发轫地也。"[1] 自从唐开元二十六年（738）明州（宁波旧称）州治迁至三江口后，明州港港口航运业迅速发展起来。大中初年（847），明州已设有官办造船场。考古发掘资料证明，在明州城渔浦门外的姚江、甬江三江口靠近城脚一带，已陆续建起驳岸码头。1973—1975年，宁波市和义路唐代海运码头旧址出水一艘沉船，为晚唐时期的遗物。1978年，在唐船出土地点西首发现大面积的唐代堆积地层，为一处船场遗迹，出土物有建造棚舍用的柱、桩和造船用的油灰、绳索、船钉等，还有木船一艘。两宋时，明州港的造船技术已相当发达。1979年在宁波市区东门口交邮大楼工地发现的宋代海船除具有较强的适航性外，抗压强度大、抗沉性能优，既能在内河航行也能出海远航。官办造船场（厂）的设立与造船技术的不断发展，为宁波航运贸易的发展奠定了坚实的基础。

---

① 王育民：《中国历史地理概论（下册）》，人民教育出版社，1988年，第633页。

　　早在春秋战国时期，甬江流域便已出现最早的港口——句章港。据《鄞县舆地志》记载："邑中以其海中物产方山下贸易，因为鄞县。"方山也即宁波市东的鄞山，可见秦时已成为海外贸易的港口。6世纪后，句章古港逐渐衰落，甬江流域的港口开始东迁。隋唐时期，宁波地区的农田水利与内河水运紧密结合，构成后世称为"三江六塘河"的内河航运基本格局，成为明州与腹地之间货物集疏的通道。唐贞元元年（785），杭甬运河全线通航，海船可在明州改内河船，经杭甬运河至杭州，与大运河相连接，可直达扬州，或至洛阳和京都长安。内河船只经运河抵达明州，也可换海船，经甬江出海。

　　自公元9世纪初到19世纪中叶的1000多年中，处于独特地理位置的宁波，由于中国大运河（浙东段）和海上丝绸之路相连接，成为世界闻名的"东方商都"。历经传统农耕文明向现代海洋文明进化与转型，宁波在政治经济、社会文化等方面形成了独具风范的河海名城特色。唐宋以来，宁波以中原及浙东为腹地，经浙东运河向北连接京杭运河，与五大水系（海河、黄河、长江、淮河、钱塘江）贯通，形成中国大运河南端海上丝绸之路的始发地，实现中国"一体化水运"，南来北往的物资源源不断地输送至运河沿线各埠，彰显着浙东运河不可替代的综合效能。受杭州湾和长江口的浅滩和潮汐影响，远洋大帆船都在宁波港卸货，转驳到能通航运河和其他内陆航道的内河船，转运到杭州、长江沿岸以及中国北方沿海城市。长江下游地区的产品则由运河和内陆航道运至宁波，再由宁波港出海运往世界各地。随着明州港的开发与发展，海陆航线不仅将海外航线与浙东运河航线连接起来，而且把运河沿线的海港与明州港通联组合，形成海港与海港、海港与运河、海运与河运的集约优势。宁波由此面向东、南、西、北四方，集内河、中转、外海于一体，成为东方大港。大运河入海口与海上丝绸之路始发港在宁波合二为一，不仅极大地扩展了宁波港的辐射范围，也为海上丝绸之路的繁荣发展提供了丰富的货物来源和广阔的内地市场。

　　河海联运是宁波独特的运输方式。咸丰四年（1854），朝廷试行漕粮海运，宁波须封佣北号商船，宁波知府坚持认为商船不可全数征用。其中的重要原因就在于"宁波码头虽有货栈，而内河外海，商分山客水客，两相交易，多由船上交兑。若商船尽去运粮，山客至码头不见运货商船，货栈皆囤积居奇，河船一至，无货可办，山客必至裹足而不来。宁波虽有海关，几同虚设矣"①。从这段记录中也可以看出宁波将运河与海路两条水路衔接起来，而河海联运对宁波的商贸发展具有重要作用。

第三节 宁波地区会馆的初创、发展与繁盛

清初，宁波港转化为中国南北货物的中转港，成为东南沿海重要的经济交流平台。清代中叶，运河淤塞，海运兴起，浙东运河与海上丝绸之路相连，反而迎来了发展的高峰。嘉庆、道光年间，宁波航运业发达，南北号走向鼎盛。江厦—药行街进入繁盛时期，桅樯风帆，渔船蚁集；鱼肆药号，店铺林立；钱庄当铺，鳞次栉比。自此有了"走遍天下，不如宁波江厦"之说。"宁波城东、北、南三面环江，江源分为二：一由上虞、余姚、慈溪至宁波；一由奉化自宁波。潮来自镇海。至宁波海潮，一日两次，江水、海水来往冲激，于城外三江口汇合。府城盘结于三江口中，海船可以出入，此宁波所以易富也。城内河道，水自西南两门入，盘曲城中，由东门绕北门而出大江，东归海，水势湾环，尤主集财。"②

明清时期的宁波，已是"三江六塘河，一湖居城中"的水网格局，江河交织如网，水运交通发达，内河转运经济得以迅速发展，水埠集镇大量形成。由于位于我国海岸线中段，又是大运河的南端出海口，以其河海联运的独特优势，宁波将贯通全国的水路交通动脉大运河与世界水路大通途海上丝绸之路相衔接，作为南北货中转站，商品经济也得以快速发展。根据乐承耀的研究，明嘉靖三十八年（1559）宁波府的集市达44个，比南宋时期增加了15个。③到清康熙年间，宁波府的集市已达76个，为了便于贸易活动的开展，各集市错开日期，互相沟通，连成网络。宁波府的集市更是分为综合性集市、庙会集市和专业化集市三类，极大便利了生产者与消费者之间的物资交流。慈溪彭桥、道林的棉纺织业市，慈溪新浦、象山石浦等地的水产集市，鄞县韩岭、下水等地的山货

---

① 段光清：《镜湖自撰年谱》，中华书局，1960年，第92页。
② 段光清：《镜湖自撰年谱》，中华书局，1960年，第66页。
③ 乐承耀：《宁波经济史》，宁波出版社，2010年，第191—192页。

竹木市，慈溪、余姚等地短则2天、长则5天的各类庙会，商贾云集，南北百货竞销。各地客商纷纷前来，《宁波府简要志》卷三记载，在黄墓、大隐二市，慈溪县西南三十里等处都有酒店、饭店用于接待外地的客商。奉化南渡也曾设有酒馆，接待前来赶集的客商和乡民。市区商业更是繁荣发展，灵桥门、后塘街商业兴盛，"千万鱼鲊叠水涯，常行怕到后塘街。腥风一市人吹惯，夹路都将水族排"①，其商贸活动的兴盛发展可见一斑。

一、宁波商帮的形成及其创建的会馆

明末清初，宁波商人在药材业、成衣业、沙船业、南货业等行业异军突起。随着外出商人日益增多，以会馆为核心的同乡组织开始出现。明万历年间成书的《广志绎》记载："宁绍盛科名逢掖，其戚里善借为外营，又佣书舞文，竞贾贩锥刀之利，人大半食于外。"②宁波商人勇闯各地，为团结力量共谋发展，在各地兴建会馆。据文献记载，宁波人在外地创设的第一个会馆是明末天启、崇祯年间在北京右安门内由药材商人创建的鄞县会馆。"京城之西南隅多隙地，□路蜿伏，古冢垒垒，有旧名鄞县会馆者，尤然隆起于其间。相传为明时吾郡同乡之操药材业者集资建造，以为死亡停柩及春秋祭祀之所。"③"爰集同乡，敦桑梓之谊，慨助乐输，增购旷地，添修房舍。庶俾葬有归，停有所寄，更议岁时设享，妥厥旅魂。"④此后又有钱业、成衣业等，以行业会馆为依托，不断推进宁波商帮的发展兴盛。清初，宁波慈溪的成衣商人率先迈出宁波，外出落户北京，后于北京前门外晓市大街129号建浙慈会馆，"当时成衣行，皆系浙江慈溪县人氏，来京贸易，教道各省徒弟，故名曰浙慈馆，专归成衣行祀神会馆"⑤，成为旅京宁波成衣行商人的主要活动场所。

据目前掌握的资料，由宁波人主持、参与组织的会馆、公所和同乡会，遍布北京、天津、上海、南京、苏州、湖北、广州、四川、山东、辽宁、山东、浙江、福建、安徽、湖南、江西、河南、香港、澳门、台湾，甚至远涉海外，

---

① 李邺嗣：《鄞东竹枝词》。
② 王士性：《广志绎》卷四《江南诸省》。
③ 李华：《明清以来北京工商会馆碑刻选编》，文物出版社，1980年，第97页。
④ 李华：《明清以来北京工商会馆碑刻选编》，文物出版社，1980年，第96页。
⑤ 《浙慈成衣行重修会馆碑》。原碑位于北京前门外晓市大街129号成衣会馆。

成为宁波商帮繁荣兴盛的缩影。宁波商人善于开拓市场、占领市场。他们的活动地域不限于北京以及沿海港口城市和长江中下游繁华城市，而是扩展到全国各地，以会馆为联络场所，结伙经商。清光绪二十三年（1897），宁波籍商人首创南京四明公所，是南京地区第一个具有会馆性质的组织。当时在南京由甬商开设的绸缎布匹、百货、钟表眼镜、木器家具等商店共233家，立足各自行业基础，纷纷建立会馆。清康熙三十九年（1700），宁波商人在苏州建宁波会馆。①宁波的丝绸业商人在苏州创立宁绍会馆。苏州所属的吴县、常熟等县都有宁波商人。镇海人郑惠舜，慈溪的董宏明、董宏德，在吴县、常熟经商。②在常熟，乾隆年间已建有宁波会馆。乾隆四十五年（1780），宁波商人在汉口建立浙宁公所（会馆），宣统元年（1909）改为宁波会馆。③嘉庆年间，宁波商人在广州创建宁波（定海）会馆。浙江地区的宁波会馆，最早可以追溯到嘉庆年间，杭州、建德、兰溪、永嘉、临海、长兴、湖州等地，都有宁波人兴建的会馆。此外，宁波商人在湖南、河南、香港、台湾、澳门等地都建有会馆或同乡会组织。④

宁波商帮在本地建立的会馆也不断涌现。宁波海商是清代沿海地区主要的地域海商群体之一，乾嘉之际，宁波地区出现了经营海上航运业的热潮。宁波商业船帮的主要运输船——疍船，是创始于宁波的特型船，适于南北洋航行。其形兼具南北洋船舶的特点，身长舱深，头尾皆方，不设橹桨，靠风力行驶，底部圆，形似鸡蛋，故名。能过沙，然不能贴近浅底。与闽广鸟船一样，船底均有大木，利涉深洋，载重可达1800石，航行区域可北上天津、营口，南下粤闽。

清中叶以后，河运漕粮难以维系，道光六年（1826）底和道光二十七年（1847），清政府实行了最初的两次漕粮海运，自此海运成为漕粮运输的主要形式。便利的水运交通，丰富的漕运经验，加上过硬的造船技术，使漕粮海运的实行成了宁波商业船帮发展的重要机遇。鸦片战争前，宁波拥有疍船400余艘，仅从宁波至上海的运输船便达200余艘。"时江浙两省俱办海运，宁波须封佣北号商船。是时宁波北号海船，不过一百七八十号。后因海运利息尚好，渐添至

---

① 金普森、孙善根主编：《宁波帮大辞典》，宁波出版社，2001年。
② 董云书：《慈溪董氏宗谱》卷二十《宏德公传》。
③ 《民国夏口县志》卷五《建置志》。
④ 林浩、黄浙苏、林士民：《宁波会馆研究》，浙江大学出版社，2019年，第110—115页。

三百余号之多。"①随着获利的丰厚与积累，为更好地团结协作谋求利益，咸丰三年（1853），宁波所辖的鄞、镇、慈三邑九户北号船商，便捐资修建了庆安会馆，"吾郡回图之利，以北洋商舶为最巨。其往也，转浙西之粟达之于津门。其来也，运辽燕齐莒之产贸之于甬东"②。宁波商业的发展，尤其是涉远类商业活动的频繁，推动了宁波钱庄业的迅速发展。宁波是我国钱庄业最重要的创始和发源地，宁波钱庄业兴起于明中叶，清乾隆后渐至鼎盛时期，至乾隆三十五年（1770），市中滨江一侧已出现了一条全部开设钱庄的"钱业街"。道光至咸丰年间，有钱庄100余家。为便于统一管理，宁波江厦街滨江庙一带设有钱业同业公所，进行钱市交易。民国十二年（1923），敦余、衍源等62家大小同行共同出资建造钱业会馆，至民国十五年（1926）竣工。钱业会馆建成后，成为当时宁波金融业聚会、交易的场所和最高决策地，协调全市钱业同行的业务活动，对宁波钱庄业的规范发展起到了重要作用。宁波医药业也有着悠久历史。清康熙四十七年（1708），宁波府太守陈一夔和药商曹天锡、屠孝澄等倡建药业会馆，"兹药皇圣帝殿，吾药材众商之会馆也。溯厥缔造之始，由康熙四十七年戊子，前太守陈公讳一夔暨商士曹君天锡、屠君孝澄等捐资赡田，割冲虚观左偏，建祀于元坛殿后，规模始基"③。药业会馆是宁波南北药材交易、名医坐堂、同业聚会议事的重要场所，也是供奉炎帝神农氏的殿堂。清咸丰年间在砌街、三法卿坊开始形成药行一条街，盛时有药店、药行58家，北京同仁堂、天津达仁堂、广州敬修堂、上海童涵春堂均在此采购药材，一度成为全国中药转运集散中心、东南药材中心。

二、各地行商前来与会馆的繁盛

经济的发展、兼容并包的社会环境、畅达的河海联运，吸引大量外地商人来宁波经营。各地行商汇集宁波，纷纷建立各自的会馆，对宁波商业的发展与城市的繁盛起到了积极的推动作用。"吾乡滨海，贾航到处皆盛。惟商于宁者，好义最多，乡之创立义举，皆宁商力是赖。"④根据《光绪鄞县志》的记载，嘉

① 段光清：《镜湖自撰年谱》，中华书局，1960年，第98页。
② 《甬东天后宫碑铭》。其碑现藏宁波庆安会馆。
③ 《药皇殿祀碑》，现藏宁波药皇殿内。
④ 章国庆：《天一阁明州碑林集录》，上海古籍出版社，2008年，第244页。

庆、道光以来，福建、广东等地商人云集宁波（见表3.19）。

表3.19　康熙至道光年间宁波的会馆创建情况

序号	名称	地址	创建者	始建年代
1	八闽会馆		福建商	康熙年间
2	福建（闽商）会馆	江厦街	福建商	康熙年间
3	药业会馆		宁波商	康熙四十七年（1708）
4	福建会馆	江东木行路	福建商	康熙年间
5	岭南会馆	江东木行路庆安会馆北	广东商	清早期
6	安澜会馆	江东北路	宁波商	道光三年（1823）
7	三山会馆	象山石浦古道延昌老街107号	福州商	嘉庆九年（1804）
8	庆安会馆	江东北路	宁波商	道光三十年（1850）
9	连山会馆		山东商	
10	新安会馆		徽州商	
11	永兴伞行会馆	药业会馆西侧	永兴商	不迟于咸丰二年（1852）
12	泉州会馆	石浦古道延昌铜关路72号	福建商	光绪六年（1880）

注：参照《民国鄞县通志》卷一《舆地志》、林浩等《宁波会馆研究》（《宁波会馆研究》，浙江大学出版社，2019年）以及笔者现场调研资料制表。

最早在宁波建立会馆的外地商人应是福建商人，"闽之商于宁者，有八闽会馆，兴、泉、漳、台之人尤多。固又自建会馆二。其一曰'大会馆'，康熙三十四年，蓝公理镇斯土，率吾乡人始建之。其一曰'老会馆'，创立不知何时。台湾自国朝始通版籍，兹馆也，台人与焉，其在康熙二十四年开关以后无疑，而谓之'老会馆'亦先于'大会馆'无疑"[1]。根据碑文记载，福建商人清初在宁波建立的会馆至少有3所：八闽会馆、老会馆和大会馆。又"康熙三十五年，奉前提宪蓝，首创闽商在甬东买地，鸠工建设会馆，供奉天后圣母"[2]。根据两块碑文内容可知，康熙二十四年（1685）到康熙三十四年（1695），闽商曾在宁波创建"老会馆"，其后又创建"大会馆"。咸丰年间，徽州商人在原战船街1号建新安会馆，会馆由台门、仪门、戏台、大殿、重楼厢房、配房

---

[1] 章国庆：《天一阁明州碑林集录》，上海古籍出版社，2008年，第244页。

[2] 章国庆：《天一阁明州碑林集录》，上海古籍出版社，2008年，第216页。

等组成。创建新安会馆的徽商主要从事茶叶、油漆、颜料、锅席、鞭炮等生意。此外，还有广东商帮在宁波市区原木行路庆安会馆北侧创建岭南会馆，这是清代广东盐商在宁波议事聚集、联络乡谊的场所，同时兼作交易、情报、住宿、娱乐之用。清晚期，还有山东连山商帮在宁波创建连山会馆等。除宁波城区，象山石浦也是福建商人聚集之地。嘉庆九年（1804），福州寓户黄其鸣等于象山石浦古道捐建三山会馆。光绪六年（1880），又建泉州会馆。[①]

民国以后，会馆作为一种历史存在已经处于衰微阶段，宁波地区的会馆、公所逐步被同业公会取代，同时，新形式的经济组织——商会纷纷成立。会馆尊崇的是道德规范下的经营活动，而商会倾向于从政治和社会角度去规范经济活动，最终，会馆逐渐融入于商会组织。

---

① 林浩、黄浙苏、林士民：《宁波会馆研究》，浙江大学出版社，2019年，第43—45页。

第四章

大运河（江浙地区）会馆遗产概况

第一节　大运河（江浙地区）会馆遗产的空间分布

依照第三次全国文物普查的遗产总表，笔者分6批次逐个调研了江浙地区13座沿运城市中的会馆遗产。目前，浙江省内沿运城市现存会馆遗产15处，江苏省内沿运城市现存会馆遗产34处，共计49处会馆遗产，其中宁波现存会馆遗产5处。

一、江苏省沿运会馆遗产分布

大运河在江苏省内流经的城市自北而南分别为：徐州、宿迁、淮安、扬州、镇江、常州、无锡、苏州。目前，江苏省内沿运城市会馆遗产共计34处（见表4.1）。

表4.1　江苏省会馆遗产名录

序号	城市	名称	地址
1	徐州	山西会馆	徐州市云龙区彭城街道办事处云龙社区居委会云龙山东麓
2		山西会馆	徐州市新沂市窑湾镇西大街
3		苏镇扬会馆	徐州市新沂市窑湾镇中宁街中段西侧
4		江西会馆	徐州市新沂市窑湾镇中宁街中段街东侧
5	宿迁	闽商会馆（泗阳天后宫）	宿迁市泗阳县众兴镇众兴西路，众兴粮管所院内，古骡马街西首

序号	城市	名称	地址
6	淮安	润州会馆	淮安市楚州区淮城镇新城社区美食广场北侧
7		江宁会馆	淮安市楚州区淮城镇河下社区中街中段
8	扬州	岭南会馆	扬州市广陵区东关街道新仓巷社区新仓巷 4-1 号至 4-16 号
9		厂盐会馆	扬州市广陵区东关街道新仓巷社区新大原 62 号
10		浙绍会馆	扬州市广陵区东关街道渡江路社区达士巷 54 号
11		湖北会馆	扬州市广陵区东关街道渡江路社区南河下 114-2 号
12		棣园湖南会馆	扬州市广陵区东关街道何园社区南河下 26 号 723 所内
13		旌德会馆	扬州市广陵区东关街道彩衣街社区弥陀巷 1-7 号
14		山峡会馆	扬州市广陵区东关街道东关街社区东关街 250 号
15		盐务会馆	扬州市广陵区东关街道东关街社区东关街 396、398、400 号
16		漆货巷酱业会馆	扬州市广陵区东关街道教场社区漆货巷 11 号
17		小流芳巷徽州会馆	扬州市广陵区东关街道徐凝门社区小流芳巷 4 号
18		钱业会馆	扬州市广陵区广陵路 345 号
19		商会会馆	扬州市仪征市真州镇城南社区商会街 3 号
20		京江会馆	扬州市高邮市临泽镇杨家巷 16 号
21	镇江	芦洲会馆	镇江市润州区金山街道三元巷社区芦洲会馆巷 35、37、39、41、43 号
22	常州	临清会馆	常州市天宁区天宁街道青山社区青山路 154 号
23	无锡	婺源会馆(徽国文公祠)	无锡市北塘区惠山街道惠泉山社居委惠山浜
24	苏州	嘉应会馆	苏州市沧浪区胥江街道万年社区枣市街 9 号
25		全晋会馆	苏州市平江区平江路街道历史街区社区中张家巷 14 号
26		惠荫园安徽会馆	苏州市平江区平江路街道箓葭巷社区南显子巷 13 号
27		八旗奉直会馆	苏州市平江区平江路街道拙政园社区东北街 202 号
28		武安会馆	苏州市平江区桃坞街道阊门社区舒巷 38 号

续 表

序号	城市	名称	地址
29	苏州	宣州会馆	苏州市平江区桃坞街道养育巷社区吴殿直巷 8 号
30		汀洲会馆	苏州市金阊区虎丘街道山塘社区山塘街 192 号
31		潮州会馆	苏州市金阊区石路街道三乐湾社区上塘街 277 号西侧
32		徽州会馆	苏州市常熟市古里镇铜剑街
33		济东会馆	苏州市吴江市盛泽镇斜桥街
34		徽宁会馆	苏州市吴江市盛泽镇新生社区目澜洲公园

二、浙江省沿运会馆遗产分布

大运河在浙江省内流经的城市自北而南分别为：湖州、嘉兴、杭州、绍兴和宁波。目前浙江省内沿运城市会馆遗产共计15处（见表4.2）。运河流经的嘉兴市，根据第三次全国文物普查名录，暂无会馆遗产。

表 4.2　浙江省会馆遗产名录

序号	城市	名称	地址
1	湖州	绉业会馆	湖州市吴兴区飞英街道梳妆台社区广场后路南 30 米
2		钱业会馆	湖州市吴兴区飞英街道友谊社区（公园路 80 号）
3		丝业会馆	湖州市南浔区南浔镇夏家桥社区南东街 90 号
4	杭州	金衢严处同乡会馆	杭州市上城区清波街道清河坊社区十三湾巷 21 号
5		杭州绸业会馆	杭州市上城区小营街道马市街社区直大方伯 92 号
6		湖州会馆	杭州市上城区小营街道马市街社区酱园弄 12 号
7		洪氏会馆	杭州市上城区清波街道劳动路社区柳浪闻莺公园内
8	绍兴	钱业会馆	绍兴市越城区蕺山街道蕺山街社区笔飞弄 7 号
9		布业会馆	绍兴市越城区蕺山街道团结社区北后街 24 号
10		东后街三省烟商会馆	绍兴市嵊州市剡湖街道白莲堂社区东后街 16 号
11	宁波	钱业会馆	宁波市海曙区鼓楼街道苍水社区战船街 10 号
12		庆安会馆	宁波市江东区东胜街道庆安社区江东北路 156 号
13		安澜会馆	宁波市江东区东胜街道庆安社区江东北路 156 号
14		药业会馆	宁波市天一广场华楼巷 98 号
15		三山会馆	宁波市象山县石浦镇延昌社区延昌街 100—130 号

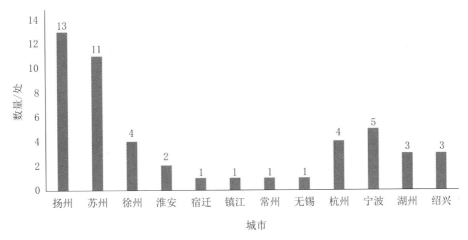

图 4.1　大运河（江浙地区）会馆遗产数量统计
（注：书中未标记来源的图片，皆由笔者自摄或自绘）

三、大运河（江浙地区）会馆遗产的分布特点

经田野调查发现，大运河（江浙地区）会馆遗产的分布存在以下规律：

第一，从所处的城市或地区来看，江浙地区会馆遗产多分布于大运河沿线的重要城市。依照第三次全国文物普查名录，目前浙江、江苏两省依然存有会馆遗产的城市中，大多位于大运河沿线。

第二，从所处的城市区划来看，大运河（江浙地区）会馆遗产多分布于城市的核心城区。杭州的4处会馆遗产均位于上城区；湖州的2处会馆遗产位于吴兴区；绍兴的2处会馆遗产位于越城区；苏州的5处会馆遗产位于平江区，4处会馆遗产位于金闾区（2012年苏州城市区划调整后，平江区、沧浪区和金闾区均并入现今的姑苏区）；扬州市区的10处会馆遗产均位于广陵区的东关街道。而杭州的上城区、湖州的吴兴区、绍兴的越城区、苏州的姑苏区、扬州的广陵区均为该城市的核心区域，是地域历史文化一脉相承的重地。

第三，从所处的具体地段来看，会馆遗产多分布于历史文化街区与古镇。会馆遗产分布尤为密集的苏州平江路、山塘街以及扬州东关街等，均为中国历史文化街区。此外，徐州有3处会馆遗产位于窑湾古镇，淮安的2处会馆遗产均位于河下古镇，湖州有1处会馆遗产位于南浔古镇，而窑湾古镇、河下古镇、南浔古镇等均是因运河而兴的古镇，水运便利，历史悠久，底蕴深厚。宁波城区现存的四处会馆遗产的分布区域，沿着河岸是停靠各类航船的码头，其周边有东门口、钱行街、糖行街、东渡路、药行街等，钱庄、南北货物、咸鲜水产、木材、药材等商铺云集，正是当时宁波商业发展最为繁盛的区域。

　　第四，从所处的周边环境来看，会馆遗产多位于运河边，交通便利。密集分布10处会馆的扬州东关街，就位于古运河边，曾为扬州水陆交通要道，集商业中心、手工业中心、宗教文化中心于一体。而苏州的平江路、山塘街，徐州的窑湾古镇，淮安的河下古镇，湖州的南浔古镇等均位于运河河道边。宁波有4处会馆遗产位于三江口周边区域（见图4.2、图4.3），也正是余姚江、奉化江、甬江三江交汇的浙东运河河道边。以大运河（江浙地区）区域会馆遗产最多的城市苏州为例：会馆云集的山塘街旁，与其并行的山塘河，在历史上曾是大运河苏州段的主干道之一，位于"杭州跳船至镇江府水路""扬州府跳船至杭州府水路"要道[①]，北起白杨湾，南至阊门，总长6000余米，是大运河从西北方向进入苏州古城的主航道。明清时期，山塘街发展到鼎盛，逐步成为苏州的商业中心和文化中心，各类店铺、会馆、庙宇密集。其至今仍保持着"一河一街"的传统格局，集商贸、居住、旅游、民俗、工艺、展览等功能于一体。此外，平江河位于大运河苏州段的西侧，与大运河并驾齐驱，借由横向的胡厢使巷河、大新桥巷河、大柳枝巷河和中张家巷河连接贯通，构成便捷的河道水网，成为明清时期江南漕粮、丝绸、手工艺品等运送京城的重要枢纽。

---

① 黄汴:《一统路程图记》卷七《江南水路》。转引自范金民、胡阿祥主编:《江南地域文化的历史演进文集》，生活·读书·新知三联书店，2013年，第337页。

图 4.2　大运河畔的宁波钱业会馆

（图片来源：宁波钱业会馆）

图 4.3　大运河畔的宁波庆安馆、安澜会馆

（图片来源：宁波庆安会馆）

第二节　江苏省沿运会馆遗产概况①

　　江苏省大运河遗产包括隋唐大运河遗迹通济渠江苏段、元明时期从徐州市区至淮安杨庄的古黄河段运道，以及明清大运河遗迹中运河、淮扬运河和江南运河江苏段。大运河在江苏省内流经的城市自北而南分别为：徐州、宿迁、淮安、扬州、镇江、常州、无锡和苏州。

一、徐州会馆遗产概况

　　徐州会馆遗产有4处，基本情况介绍如下。

（一）徐州山西会馆

　　徐州山西会馆（见图4.4）位于徐州市云龙区云龙山东坡。原为供奉关羽的关圣殿，清顺治年间改为相山神祠，乾隆七年（1742）旅居徐州的山西商人扩建为山西会馆，并于乾隆四十七年（1782）、道光五年（1825）、光绪十三年（1887）、光绪十八年（1892）分别进行了大规模的重修扩建。会馆依山而建，坐西朝东，占地面积3500平方米，建筑面积1100平方米。会馆现存前后两进院落，依次为正门、戏楼、关圣殿、财神福神殿、东西厢房、驿楼、膳堂等。大殿面阔五间，附带两耳房，共26米，进深10.8米，檐高12米。会馆内存有重修碑记五方。现为江苏省省级文物保护单位。

图4.4　徐州山西会馆

---

① 本节内容根据第三次全国文物普查资料和笔者实地踏勘资料整理。

（二）窑湾古镇山西会馆

窑湾古镇山西会馆（见图4.5）位于窑湾西门东200米处，清康熙年间由关帝庙改建为山西会馆，由大殿、东西两侧各3间青砖小瓦厢楼与7间门面楼组成。院内建有一座戏楼，年久失修，仅存一处东厢房，为两层共10间的楼房，位于院落的东侧，硬山式砖木结构布瓦顶建筑，梁架为"金"字梁结构，累计面积90平方米。该会馆2012年完成修复，建筑面积约4400平方米，恢复关帝庙、古戏台、山西会馆东西厢楼等，对外开放。

图 4.5　窑湾古镇山西会馆

（三）窑湾古镇苏镇扬会馆

窑湾古镇苏镇扬会馆（见图4.6）位于窑湾中宁街中段西侧。原为清代苏州、镇江、扬州商会所共用，是当时窑湾重要会所之一。原面积约1800平方米，现仅存沿街门面建筑，硬山式砖木结构布瓦顶建筑，金字梁结构，建筑面积220平方米。

图 4.6　窑湾古镇苏镇扬会馆

（四）窑湾古镇江西会馆

窑湾古镇江西会馆（见图4.7）位于窑湾中宁街南段，始建于清康熙三十七年（1698），整体布局为三进院落，由江西南昌宗、喻、赵、姚、臧、龚、涂七姓家族合资兴建，占地面积3300平方米。现仅存门面建筑一处，两层8间房。为硬山式布瓦顶建筑，砖木结构，金字梁架，建筑面积180平方米。2010年12月在原址会馆上重建，修建房屋40余间，前后三道院落，集药材经营、养生文化、养生体验、养生食疗等业态于一体。

图 4.7　窑湾古镇江西会馆
（图片来源：窑湾古镇骆马湖
旅游发展有限公司，
陆振球绘）

二、淮安会馆遗产概况

淮安会馆遗产有2处，基本情况介绍如下。

（一）淮安润州会馆

淮安润州会馆（见图4.8）位于老城西北角，西邻运河。清嘉庆年间，在淮镇江商人将观音庵改建为会馆，用以聚会议事。现存坐北朝南大厅1座，青砖黛瓦，带抱厦式勾连搭，前为轩廊，宽1.5米，后为硬山顶抬梁式，面阔三间13米，进深8米，檐高3.8米，正檩书有"大清嘉庆岁次十八年癸酉孟冬镇江府丹徒县香烟行众姓人等重新建造成功告竣"字。2006年经过大修，保存较好。现为淮安市市级文物保护单位。

图 4.8　修缮后的淮安润州会馆
（图片来源：淮安市文化广播和旅游局）

（二）淮安江宁会馆

淮安江宁会馆（见图4.9）位于淮安市河下古镇中街，具体建造时间和规模不详，现存面东房屋1座，为清代南京商人所建，面阔六间18米，进深七檩7米，硬山顶抬梁式，青砖黛瓦，墙基为大条石垒砌，基高0.6米，门额上方有"江宁会馆"牌匾一方，白大理石材质，宽0.9米，高0.4米。现为淮安市市级文物保护单位。

图4.9　淮安江宁会馆

三、扬州会馆遗产概况

扬州会馆遗产有13处，基本情况介绍如下。

（一）扬州岭南会馆

扬州岭南会馆（见图4.10）位于扬州市区新仓巷4-1号至4-16号，始建于清同治八年（1869），由卢、梁、邓、蔡等四姓盐商集资修建，是清代粤籍盐商在扬州议事聚会、联络乡谊的场所，光绪九年（1883）增建。坐北朝南，占地面积4000平方米，建筑分东西两条轴线，现存大门、照厅、大厅、住宅楼。大厅为硬山顶，面阔三间11.65米，进深七檩9.4米，高7.3米。厅前天井内东西墙壁嵌有《建立会馆碑记》等石碑四通。大厅1999年倒塌，2003年修复。现为江苏省省级文物保护单位。

图 4.10　扬州岭南会馆门楼

（二）扬州厂盐会馆

　　扬州厂盐会馆（见图4.11）位于扬州市区新大原巷62号，清代建筑，坐北朝南，前后六进，占地面积954平方米，建筑面积448平方米。大门南向，现存房屋六进。砖雕门楼面阔2.98米，檐高3.8米，上雕莲花、莲瓣、卷草等。第一进门房面阔三间11米，进深五檩4.8米，小瓦屋面，硬山顶。第二进为仪门门房，面阔三间披房，仪门为水磨砖门楼，面阔3.02米，通高3.8米，雕福、禄、寿三星图案。第三进面阔三间11米，进深七檩8米，小瓦屋面，硬山顶。第四进面阔三间11米，进深七檩7.1米，小瓦屋面、硬山顶。第五进为上下两层楼房，面阔三间11米，进深七檩6.8米，小瓦屋面、硬山顶。第六进面阔三间11米，进深五檩4.3米，小瓦屋面、硬山顶。建筑西部花园已毁，为居民搭建房屋。现为扬州市市级文物保护单位。

图 4.11　扬州厂盐会馆

（三）扬州旌德会馆

扬州旌德会馆（见图4.12）位于弥陀巷1-7号，占地面积638平方米，建筑面积468平方米，为清代安徽旌德盐业客商创办，也是扬州最早建立的会馆之一。现存房屋前后五进，皆面阔四间，两厢房两天井，格局相仿。现为扬州市市级文物保护单位。

图 4.12　扬州旌德会馆外墙

（四）扬州山陕会馆

扬州山陕会馆（见图4.13）位于广陵区东关街道东关街社区东关街250号，清代建筑，是山西、陕西盐商建立的会馆，也是扬州最早的会馆之一。占地面积3832.89平方米，建筑面积699.52平方米，坐北朝南，原建筑有三条纵轴线并列，由门楼、福祠、照厅、正厅、偏厅、内室、木楼、庭园、火巷、演戏神台等组合。现存东轴线部分建筑，前后原有七进，面阔皆为三间，硬山顶。第一进轿厅面阔三楹7.6米，进深6.6米。第二进磨砖门楼，入内朝南大厅，面阔三楹10.2米，进深七檩7.1米，各进明间有腰门通后面。第三进面阔三楹10.2米，进深七檩

图 4.13　扬州山陕会馆地基界石

4.5米。第四进面阔三楹10.2米，进深七檩6.3米。第五进面阔三楹10.2米，进深七檩5.8米。第六、七进已拆改。中轴线建筑亦有七进，除第一进保存外，余

皆拆改。临街第一进面阔五檩14.7米，进深七檩6.8米。西轴线改变较大，原月门墙迹仍在。现为扬州市市级文物保护单位。

（五）扬州盐务会馆

扬州盐务会馆（见图4.14）位于东关街396、398、400号，建筑面积370平方米。入内朝南原有古式楠木大厅，通面阔三间，大厅前有三面回廊拱卫，于1983年由扬州市园林管理部门拆除，移建于北门外街卷石洞天内。现从东侧巷内朝东八字门楼（现为东关街396号）入内，有天井一方。第一进南首朝北照厅三间。第二进朝南一顺五间，前置走廊，两旁置厢廊。第三进是明三暗五格局，主房面阔14.5米，进深七檩8.2米，后有小园一座，内有水井一口及散落山石和花木少许。现为扬州市市级文物保护单位。

图4.14　扬州盐务会馆天井

（六）扬州浙绍会馆

扬州浙绍会馆（见图4.15）位于达士巷54号，清代建筑，占地面积900余平方米，建筑面积约500平方米，为浙江绍兴商贾在扬江聚会议事、联络乡谊与憩息的场所。大门南向，仪门西向，门房为三间披房，仪门后为第二进正厅，正厅坐东朝西，面阔三楹13米，进深八檩10.3米，硬山顶，构架取材杉木，抬梁式造型，厅前有卷棚，取材柏木，整体厅堂构筑规整，古朴庄重，体现扬州本地构筑特征和清中期特征形式。厅南北还有附属用房数间。现为扬州市市级文物保护单位。

图 4.15 扬州浙绍会馆保护牌

（七）扬州小流芳巷徽州会馆

扬州小流芳巷徽州会馆（见图4.16）位于广陵区东关街道徐凝门社区小流芳巷4号，清代建筑，占地面积339.5平方米，建筑面积293.9平方米。坐北朝南，现存门房、大厅及门楼等建筑。门房面阔三楹11.68米，进深七檩6.54米，大厅面阔三楹11.58米，进深七檩8.14米，前有卷棚，天井三面有抄手游廊环绕，在东、西山墙上有马头墙。现为扬州市市级文物保护单位。

图 4.16 扬州小流芳巷徽州会馆外墙

（八）扬州湖北会馆

扬州湖北会馆（见图4.17）位于广陵区东关街道渡江路社区南河下114-2号，是由湖北籍盐商共同创办的盐商会馆，始建于清朝同治年间。会馆占地面积900平方米，建筑面积574.6平方米，坐北朝南，现东路主房只剩正厅和其后楼宅一幢。正厅面阔三楹10.85米，进深七檩6.35米，硬山顶，前后有卷棚，柱础、雀替雕刻精美，全部为楠木结构，用材考究，保存较好。正厅前厢廊和前照厅已不存。正厅后面为对合式串楼两进，原作念佛楼之用。西轴线住宅原有前后三进和院落，已全部改建。现为扬州市市级文物保护单位。

图 4.17　扬州湖北会馆楠木大厅（修缮后）

（图片来源：扬州市文物局）

（九）扬州湖南会馆（棣园）

扬州湖南会馆（见图4.18）位于广陵区东关街道何园社区南河下26号，始建于明代，清初陈汉瞻增建，称小方壶。道光二十四年（1844）为包松溪所有，始称棣园。光绪初为湖南会馆所有。现存湖南会馆磨砖雕花门楼、观戏厅、蝴蝶厅等建筑，占地面积3000平方米，建筑面积456.6平方米。观戏厅坐北朝南，面阔五楹16米，进深七檩8.5米。园内原有古戏台，已拆。蝴蝶厅坐北朝南，面阔三楹13.2米，进深七檩9.8米，南面东西有厢房，东面有廊与厅相接。

图 4.18 扬州湖南会馆门楼

（十）扬州漆货巷酱业会馆

扬州漆货巷酱业会馆（见图4.19）位于广陵区东关街道教场社区漆货巷9、11号，清代建筑，占地面积621平方米，建筑面积455平方米。院门东向，磨主房坐北朝南，分东、西两路，主房东南建有船厅，西侧有花园。东路第一进面阔三间9米，进深五檩5.3米，前有庭院。第二进面阔三间9米，进深七檩7.4米，檐下设步廊，上置轩廊。前有天井，东为门厅，西为廊房。西路第一进面阔三间10米，进深七檩7.5米。第二进面阔三间10米，进深五檩5.7米。第三进面阔三间10米，进深七檩7米。前有天井，两侧廊房。住宅东南建有船厅，飞檐翘角，木构槛窗，室内天花板及合墙板、壁柜等保存较好，箩底方砖上新铺设木地板。西路花园内存南、北向建筑各一进，东侧有廊和两进相连。南进建筑两间已毁，残存南向磨砖门；北进花厅面阔两间6米，进深五檩5.1米，小瓦屋面，两侧防火墙高耸，对开木雕格扇、槛窗保存较为完好。现为扬州历史建筑。

图 4.19 漆货巷酱业会馆

（十一）扬州钱业会馆

扬州钱业会馆（见图4.20）位于广陵区广陵路345号，建于清末民初，坐北朝南，现存东、中、西三路建筑，建筑面积928平方米。中路建筑存西向磨砖仪门及厅房、住宅各一进，厅房面阔三间、进深七檩。东路建筑前后两进，均为明三暗四格局，进深七檩。西路建筑前后三进，第一进为三间两厢二层楼房；第二进为三间两厢格局，进深七檩；第三进为厨房，面阔三间，进深五檩。现为扬州市市级文物保护单位。

图 4.20　扬州钱业会馆修复前

（图片来源：扬州市文物局）

（十二）仪征商会会馆

仪征商会会馆（见图4.21）位于仪征市真州镇城南社区商会街3号。清光绪三十二年（1906），由本县商人周雪松创建。会馆坐北朝南，砖木结构，上下两层，通高8.75米。面阔三间13.4米，进深七檩8米，前为卷棚式，梁架粗大，梁上雕有纹饰，设有廊轩。一楼廊轩地面用汉白玉石铺就，二楼有雕花栏杆、挂落，木制格栅门窗，雕刻精致，用材考究。硬山顶。商会会馆是仪征民国时期重要的商业建筑，作为南门大码头商业兴盛的印证，对于仪征民国时期商业史及地方史的研究有着一定的价值。现为仪征市市级文物保护单位。

图 4.21 仪征商会会馆
（图片来源：扬州市文物局）

（十三）高邮京江会馆

高邮京江会馆（见图4.22）位于高邮市临泽镇杨家巷16号。临泽镇北首原有镇江人买的坟地，叫"镇江坟"，坟冢太密，镇江人为守坟，在杨家巷里买了一处房子（即临泽后河浴室的东边）专供镇江人守墓居住使用，被称为京江会馆或京江局。这里也是镇江人聚会议事的地方。现存房屋6间，南北二进，厢房2间。现为高邮市市级文物点。

图 4.22 扬州高邮京江会馆门额
（图片来源：扬州市文物局）

四、苏州会馆遗产概况

苏州会馆遗产有11处，基本情况介绍如下。

（一）苏州全晋会馆

苏州全晋会馆（见图4.23）位于苏州市姑苏区平江街道历史街区社区中张家巷14号。全晋会馆又称山西会馆，清乾隆三十年（1765）山西商人创建于阊门外山塘街。咸丰十年（1860），全晋会馆遭受兵燹。光绪五年（1879）至民国初，山西商人集资重建于今址。全晋会馆是苏州地区最完整且最有代表性的会馆建筑群，会馆占地面积约6000平方米，建筑面积约5616平方米，坐北朝南，存中、东、西三路，中路依次为头门、戏楼、正殿等，是19世纪大运河南北经济文化交流的实物见证。1983年10月整修，1986年10月对外开放，现为中国昆曲博物馆、苏州戏曲博物馆、苏州评弹博物馆。2006年6月被列为第六批全国重点文物保护单位。2014年6月，随着大运河成功申遗，全晋会馆作为大运河（苏州段）的重要遗存，成为世界文化遗产点。

图 4.23　苏州全晋会馆

（二）苏州八旗奉直会馆

苏州八旗奉直会馆（见图4.24）位于苏州市拙政园社区东北街202号，太平天国忠王府内。清咸丰十年（1860）四月，忠王李秀成率太平军攻克苏州。同年十月起，就吴姓拙政园基地改建忠王府。同治二年（1863）冬，太平军退出苏州，李鸿章据忠王府为江苏巡抚行辕。清同治十一年（1872）正月，大学士张之万将中部花园及东部、西部住宅改为八旗奉直会馆，所属园林恢复拙政园旧称。忠王府于1960年元旦辟为苏州博物馆馆舍，1961年被国务院公布为第一批全国重点文物保护单位。2006年10月，经整体修缮后重新对外开放。由于忠王府与拙政园一分为二，八旗奉直会馆部分属于拙政园，部分属于苏州博物馆，已较难辨认其全貌。

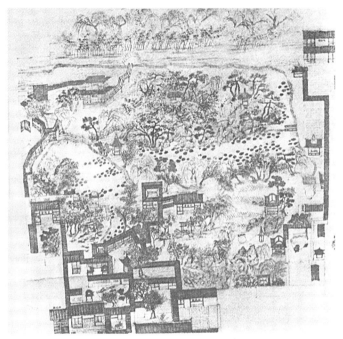

图 4.24 苏州八旗奉直会馆

（图片来源：刘敦桢：《苏州古典园林》，中国建筑工业出版社，2005年，第308页）

（三）苏州惠荫园安徽会馆

苏州惠荫园安徽会馆（见图4.25）位于苏州市南显子巷，在明代嘉靖年间为归湛初宅园。后属胡汝淳，名"洽隐山房"，其后荒废。康熙四十六年（1707）毁于火，仅存东南半壁奇峰秀石。乾隆十六年（1751）修复。太平天国时一度作为听王府，园景有所损。同治年间，李鸿章再次设安徽会馆，并重修园林。安徽会馆砖细门楼完整保存，现存四进，第一进面阔三间门厅，第二进、第三进为原昭忠祠，第四进保存着原享堂大殿。现为江苏省省级文物保护单位。

图 4.25　苏州惠荫园安徽会馆门楼

（四）苏州嘉应会馆

苏州嘉应会馆（见图4.26）位于苏州市沧浪区胥江街道万年社区枣市街9号，由广东嘉应州（今梅州市）所属程乡、兴宁、平远、长乐、镇平五县商贾于清嘉庆十四年（1809）集资建造，后于道光二十七年（1847）、光绪三十年（1904）重修。现占地面积约960平方米，存头门、戏台、大殿、楼厅一类建筑。2007年5月，台湾佛光山为嘉应会馆整建，将其辟为美术馆，馆内分三进，一楼设有五个展厅，二楼恢复原有古戏台，并设有图书馆、阅览室以及参禅、静坐之洞窟禅堂等。现为苏州市市级文物保护单位。

图 4.26　苏州嘉应会馆

（五）苏州徽州会馆

苏州徽州会馆（见图4.27）位于苏州常熟市古里镇铜剑街。清代中期由寓居常熟的徽州商人集资购地而建，原位于苏州城区西庄街，原占地面积约6600平方米，围以高墙，内筑厅堂、月河、石桥、假山诸景观。光绪年间曾大修，民国后渐圮。今存房屋三进。第二进为正厅，坐北朝南。2007年迁建至古里镇铜剑街。现为常熟市市级文物保护单位。

图 4.27　苏州徽州会馆

（六）苏州潮州会馆

苏州潮州会馆（见图4.28）位于苏州阊门外上塘街278-1号，清朝初年由旅苏的广东潮州商人创建。会馆最初建于阊门外北浩弄，后于康熙四十七年（1708）迁至现址。雍正四年（1726）增建阁楼，十一年（1733）增建关帝殿，又称潮州天后行宫。后经多次重修。今存头门、戏台、戏楼、碑刻《苏州潮州会馆记》等。现为苏州市市级文物保护单位。

图 4.28　苏州潮州会馆

（七）苏州武安会馆

苏州武安会馆（见图4.29）位于苏州市平江区桃坞街道阊门社区舒巷38号，由旅苏的河南武安（今属河北省）绸缎业商人于清光绪十二年（1886）集资创建。坐北朝南，照壁、头门、戏台、正殿依次沿中轴线排列。壁间嵌有碑刻五方，记述会馆建造经过、捐助名单等。整体布局仍属完整，且其布局、形制在苏州古建筑中并不多见。现为苏州市市级文物保护单位。

图 4.29　苏州武安会馆外墙

（八）苏州济东会馆

苏州济东会馆（见图4.30）位于苏州吴江市盛泽镇斜桥街，嘉庆十二年（1807）山东济南府人建，民国十二年（1923）重修。坐北朝南，现存大门、前厅、正厅三进，天井东、南、西有回廊，南回廊外北面遗存戏台地基，有碑刻《重修济东会馆记》。现为吴江市市级文物保护单位。

图 4.30　苏州济东会馆外围

（九）苏州徽宁会馆

苏州徽宁会馆（见图4.31）位于盛泽目澜洲公园，康熙三十八年（1699）始建，久废；嘉庆十四年（1809）重建，1999年从南新桥西移建于盛泽目澜洲公园。现存一进，坐北朝南，面阔三间，有一砖雕门楼，基本素面，仅横额题有"徽宁会馆"四字。存有《徽宁会馆碑记》《吴江盛泽徽宁会馆源始碑记》《徽宁会馆捐银总数并公产粮税碑》。

图 4.31　苏州徽宁会馆

（十）苏州汀州会馆

苏州汀州会馆（见图4.32）位于苏州市金阊区虎丘街道山塘社区山塘街192号，清康熙五十七年（1718）福建上杭纸业游苏会商集资创建，光绪年间重建。原位于上塘街，2003年移建至山塘街192号。坐北朝南，头门及戏台已废，存仪门、大殿及两廊。现为苏州市控制保护建筑，于2005年辟为苏州商会博物馆，对外开放。现为苏州市市级文物保护单位。

图 4.32　苏州汀州会馆

（十一）苏州宣州会馆

苏州宣州会馆（见图4.33）位于苏州市平江区桃坞街道养育巷社区吴殿直巷，为乾隆初年安徽宁国府（今宣城一带）旅苏众商集资创立，清末重建。坐北朝南，两路四进，建筑面积1673平方米。东路第二进为硬山顶正殿，面阔三间10.4米，进深八檩10.8米，后两进为楼。现为苏州市市级文物保护单位。

图 4.33　修缮中的苏州宣州会馆

五、江苏省其他沿运城市会馆遗产概况

（一）宿迁会馆遗产（1处）：闽商会馆（泗阳天后宫）

闽商会馆（泗阳天后宫）（见图4.34）位于泗阳县众兴镇众兴西路上的众兴粮管所院内。建于清代康熙年间，由当时来桃源县（今泗阳）经商的福建商人（闽商）所建，是闽商发展商务的聚会之所，也是闽商信俗祈祭之庙堂。《民国泗阳县志》将这一建筑记作"天后宫"，亦称"闽商会馆"，俗称"妈祖庙"。闽商会馆（泗阳天后宫）见证了泗阳经济社会的历史发展，是民间信俗文化的特色遗留，具有保护价值。现为宿迁市市级文物保护单位。

图 4.34　闽商会馆（泗阳天后宫）

（二）镇江会馆遗产（1 处）：芦洲会馆

芦洲会馆（见图 4.35）位于镇江市润州区金山街道三元巷社区芦洲会馆巷，43 号为进口，41 号为出口，前有堂屋，后为主房，43 号为原大门，其内有一过道，左拐 41 号内为办公处，其后为停尸房。原庭院中有 1 口水井。41 号为五开间平房。前一进为小五架梁结构，后一进为七架梁结构。

图 4.35　镇江芦洲会馆保护标识牌及芦洲会馆巷

（三）常州会馆遗产（1处）：常州临清会馆

常州临清会馆（见图4.36）位于常州市区青山路156号，老会馆始建于清光绪年间，现存临清会馆为一组中西式样结合的砖木建筑，建于1921年，时为江西临江、清江木商会馆。今存回字楼和朝东两层小楼各一幢，上下各五间，前后幢之间为天井，二楼有走廊贯通前后。朝东后楼山墙原临河，河今已部分填没。该馆现保存完整，是常州市仅存的木业会馆。现为江苏省省级文物保护单位。

图 4.36　常州临清会馆

（图片来源：常州市文物保护管理中心）

（四）无锡会馆遗产（1处）：婺源会馆（徽国文公祠）

婺源会馆（徽国文公祠）（见图4.37、图4.38）位于京杭大运河无锡北塘段南岸，大运河支流惠山浜宝善桥塥。祀宋儒徽国公朱元晦，祠面宽八间（约30米，正门两间，东三间，西四间）两进，进深长，占地面积2668米。为大型会馆式祠堂。

图 4.37 修缮中的婺源会馆（徽国文公祠）
（注：门前有树的建筑即为婺源会馆）

图 4.38 婺源会馆（徽国文公祠）旧照
（图片来源：惠山古镇文化旅游发展有限公司）

第三节　浙江省沿运会馆遗产概况①

大运河在浙江省内流经的城市自北而南分别为湖州、嘉兴、杭州、绍兴和宁波，主要包括江南运河河段和浙东运河河段。江南运河浙江段是京杭大运河的南段，又称江南运河，南起杭州三堡船闸，北至浙江、江苏交界，全长近250千米，主要流经湖州、嘉兴和杭州。浙东运河全线位于浙江省。西起杭州西兴，向东经绍兴至宁波入海。全线可以分为西兴运河、山阴故水道、虞甬运河、四十里河、慈江—中大河、刹子港—西塘河、姚江、甬江等河段。主要流经绍兴和宁波，并由宁波入海，是为大运河与海上丝绸之路的交汇处。

一、湖州会馆遗产概况

湖州会馆遗产有3处，具体情况介绍如下。

（一）湖州丝业会馆

湖州丝业会馆（见图4.39）位于湖州市南浔镇夏家桥社区南东街90号，坐东朝西，占地面积约1054平方米，始建于清宣统二年（1910），于民国元年（1912）落成，是近代南浔丝商行会的办公场所，为维护南浔丝商利益、开展生丝营销和出口而建。目前仍有大门，为西式门楼，主体建筑仅

图4.39　湖州丝业会馆大门

存"端义堂"，三开间。现为全国重点文物保护单位。2014年，中国大运河成功申遗，湖州丝业会馆作为大运河（湖州段）的重要遗存，已成为世界文化遗产点。

---

① 本节内容根据第三次全国文物普查资料和笔者实地踏勘资料整理。

（二）湖州钱业会馆

湖州钱业会馆（见图4.40）位于湖州市吴兴区飞英街道公园路80号，建于清光绪二十九年（1903），光绪三十二年（1906）竣工，是湖州钱庄业人士议事聚会的场所，为园林式会馆建筑，占地约5000平方米。会馆坐北朝南，共东、中、西三条轴线。西轴线为建筑主体，依次为轿厅（门厅）、两厢、正厅、武圣殿、玄坛宫，为晚清民国时期湖州钱庄界人士祭拜财神祈福之地；中轴线由水榭、鱼池、曲廊、四面厅、假山、财神阁等组成，为业界人士宴朋会友及议事之处，其后有景行祠，系湖州钱庄界人士身后设牌位纪念之地；东部为假山、经远堂、钱业公所。光绪年间篆刻的《湖州钱业会馆记》石碑立于门厅左侧。该建筑系园林式会馆，为江南地区会馆建筑所少见，它同时是晚清湖州商业、金融的行会组织聚会公议的重要场所。现为浙江省省级文物保护单位。

图4.40　湖州钱业会馆

（三）湖州绉业会馆

湖州绉业会馆（见图4.41）位于湖州市吴兴区飞英街道广场后路南30米，湖州市第一人民医院职工宿舍以北约20米。坐北朝南，占地面积约300平方米。

为湖州经营绸缎绉业者所建，是清末民初湖州市经营绸缎绉丝者自发组成的绉业公会聚会议事的行业活动场所。由前后厅、东西厢房和天井组成，为四合院布局。现为湖州市市级文物保护单位。

图 4.41　湖州绉业会馆外墙

二、杭州会馆遗产概况

杭州会馆遗产有4处，具体情况介绍如下。

（一）杭州湖州会馆

杭州湖州会馆（见图4.42）位于杭州市上城区小营街道马市街社区酱园弄12号，建于晚清，是清末至民国在杭湖州同乡聚会活动的场所。现存主楼和花园，主楼坐北朝南，院门朝东，为两层三开间传统木构建筑，占地面积约410平方米。造型简朴，其上挂落、栏杆等构件具有中西结合的装饰风格，是杭州晚清到民国初期的典型传统民居建筑。现为杭州市市级文物保护单位、南宋钱币博物馆（民营博物馆）。自2002年起对外开放。

图 4.42　杭州湖州会馆

（二）杭州绸业会馆

杭州绸业会馆（见图 4.43）位于杭州市上城区小营街道马市街社区直大方伯92号，其前身为始建于清嘉庆二十二年（1817）、位于忠清里通圣庙侧的观成堂，是杭州最早的丝绸业行会。因场地狭小，不敷使用，自宣统年间起，杭州绸业商人集资在现址建造新馆，至1914年落成。会馆现占地约968平方米，属晚清园林风格，今存正厅、《杭州重建观成堂记》碑及东侧辅房等。现为杭州市市级文物保护单位。

图 4.43　修缮中的杭州绸业会馆

（图片来源：浙江大学医学院附属第一医院）

（三）金衢严处同乡会馆

金衢严处同乡会馆（见图4.44）旧址位于杭州市上城区十三湾巷21号。馆内原有《青田同乡会助金记》石碑（见图4.45），现存于杭州孔庙。据碑文记载：会馆始建于民国十一年（1922），最初作为金（金华）、衢（衢州）、严（建德）、处（丽水）四府在省城杭州的同乡会馆。该建筑由三组院落组成，西侧院落为H形平面，坐东朝西，前后各一天井。东侧两组院落皆坐南朝北，前后两进，是迄今为止杭州发现的最大的同乡会馆。

图 4.44　杭州金衢严处同乡会馆

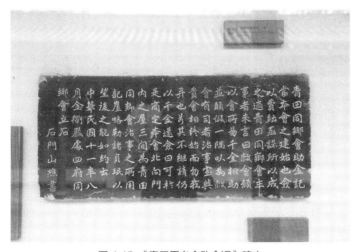

图 4.45　《青田同乡会助金记》碑文

（四）洪氏会馆

洪氏会馆（见图4.46）位于浙江省杭州市上城区清波街道劳动路社区，柳浪闻莺公园内柳浪闻莺5号。原位于安徽歙县，2002年西湖南线景区整治工程中，采用移地搬迁、原状修缮的手法安置于现址。洪氏会馆始建于清代晚期，为徽商聚集处。房屋共两进，第一进为平房，第二进为楼屋，两进之间为天井，两侧有廊连通；房屋通面宽9.2米，通进深12.62米，占地面积116.1平方米。

图 4.46　杭州洪氏会馆

三、绍兴会馆遗产概况

绍兴会馆遗产有3处，具体情况介绍如下。

（一）绍兴布业会馆

绍兴布业会馆（见图4.47）位于绍兴市越城区蕺山街道团结社区北后街24号。绍兴商人陶琴士于清同治年间以经营布业致富，为联络同行，便利交易、集散，购入胡氏花巷之地近20亩，于光绪三年（1877）与同人集资营建布业会馆，在会馆东侧建六九花园。后因会馆湫隘，不足以议事，又利用会馆之东、南、北余地扩建成适庐茶室和觉民舞台，后附设知味馆、镜湖浴室、旅社，是一处集住、商、娱乐于一体的公共建筑。建筑坐北朝南，占地面积4177平方米，平面呈长方形，置东西两条轴线。东轴现存第二进建筑一进。西轴由四进建筑、左右厢房和三条过廊组成。现为浙江省省级文物保护单位。

图 4.47　绍兴布业会馆

（二）绍兴钱业会馆

绍兴钱业会馆（见图4.48）位于绍兴市越城区蕺山街道萧山街社区笔飞弄7号。清代至民国建筑，坐西朝东，前后两进，左右侧厢，四合院式布局。第一进门屋，五楼五底，通面阔20.14米，通进深7.13米，立中柱，前后架双步梁带单步廊，前檐封墙，居中辟门，石门框做法，明间两中柱间辟隐门。第二进正楼，通面阔19.78米，通进深9.25米，明间架抬梁式，次间立中柱，前、后架出双步梁，前廊置船篷轩，雕刻精细。两进之间设左、右厢楼，皆三楼三底，相向对称而建，通面阔7.8米，通进深3.9米。现为浙江省省级文物保护单位、绍兴中国钱币（纸币）博物馆，自2012年7月1日起对外开放。

图 4.48　绍兴钱业会馆

（三）东后街三省烟商会馆旧址

东后街三省烟商会馆旧址（见图4.49）位于嵊州市剡湖街道白莲堂社区东后街16号，民国九年（1920）重建。坐北朝南偏东15度，占地面积约1095平方米，前后三进，两侧设通长侧屋，除第二进关帝庙外，均为两层建筑。第一进门厅三开间。第二进为关帝庙，面阔三间。后厅三开间，前设过道、天井，后再设过道、小天井与围墙。会馆结构完整，生活设施齐全。四合院式院子集烟商集聚交易区、庙宇、休息生活区于一体，风格独特。天井原有《江浙闽三省烟商会馆重修碑记》，记述会馆时称为"永安会馆"。该会馆的存在证明清代时嵊州曾是南方各省重要的烟草集散地。清末民初，一些烟商压价，激怒烟农焚毁会馆。现存会馆为民国九年（1920）重建。

图 4.49　东后街三省烟商会馆

五、宁波会馆遗产概况

宁波会馆遗产有5处，具体情况介绍如下。

（一）宁波庆安会馆

宁波庆安会馆（见图4.50）位于宁波市江东北路156号，占地面积3000平方米。始建于清道光三十年（1850），落成于清咸丰三年（1853），由宁波北号船商捐资创建，又称"北号会馆"，是北号舶商航工聚会、娱乐以及航运行业日常办公、议事的场所。又名"甬东天后宫"，是祭祀妈祖的神殿，为浙江省内现存规模最大的天后宫。整座建筑由宫门、仪门、前戏台、大殿、后戏台、后殿、左右厢廊、耳房以及其他附属用房等组成。2001年6月，庆安会馆被国务院公布为第五批全国重点文物保护单位。同年12月，依托庆安会馆和安澜会馆辟设的浙东海事民俗博物馆正式对外开放，它是我国首个海事民俗类博物馆，现为国家三级博物馆、省级爱国主义教育基地。2014年，中国大运河成功申遗，作为大运河（宁波段）的重要组成部分，三江口（含庆安会馆）遗产区列入世界文化遗产名录。

图 4.50　宁波庆安会馆戏台演出

（二）宁波钱业会馆

宁波钱业会馆（见图 4.51）位于宁波市中心战船街10号，总占地面积1512平方米。清同治年间，在江厦一带滨江庙原有的钱业同业公所毁于兵火，宁波钱庄业遂于同治元年(1862)筹资重建。至民国十二年(1923)购置建船厂跟(今战船街)"平津会"房屋及基地一方，兴建钱业会馆，民国十五年(1926)竣工。宁波钱业会馆是昔日宁波金融业聚会、交易的场所，也是全国唯一保存完整的钱庄业的历史文化建筑。由坐北朝南的门厅、正厅和议事楼及左右厢房组成。现为全国重点文物保护单位。根据该馆历史沿革和功能，辟为宁波钱币博物馆，重新设计布展后于2013年5月正式对公众开放。

图 4.51　宁波钱业会馆

（三）宁波安澜会馆

宁波安澜会馆（见图4.52）位于宁波市区三江口东岸，庆安会馆（北号会馆）南侧，又称"南号会馆"，由此形成了宁波独有的南、北号两会馆并立的格局。该馆由宁波南号商帮于清道光六年（1826）创建，整体建筑坐东朝西，沿中轴线依次排列宫门、前戏台、大殿、后戏台和后殿，占地面积1560平方米。现为宁波市市级文物保护单位，与庆安会馆同为浙东海事民俗博物馆组成部分。

图 4.52　宁波安澜会馆

（四）宁波药业会馆

宁波药业会馆（见图4.53）位于宁波市天一广场华楼巷98号，始建于清康熙四十七年（1708），现存建筑为清道光年间重建，由前后三个殿堂及西厢房组成，是宁波南北药材交易、名医坐堂、同业聚会议事的重要场所，也是供奉炎帝神农氏的殿堂。现为海曙区区级文物保护单位。2004年，药皇殿经保护性修缮和恢复后，对公众开放，内设宁波医药史料陈列和医药经营活动场所。2018年，药皇圣诞祭祀仪式列入第五批宁波市级非物质文化遗产代表性项目名录。

图 4.53　宁波药业会馆

（五）宁波三山会馆

宁波三山会馆（见图4.54）位于象山县石浦镇延昌社区延昌街100—130号，由福建渔民捐资建造。据建筑的时代风格判断建于清晚期。

图 4.54 宁波三山会馆

大门朝东略偏北，青砖砌筑，蛎灰封面，从建筑设计可见石浦地区在东海渔场中的重要位置，也可看到福建民俗对石浦的影响；同样，石浦有福建街，也能佐证。"三山"，福建省福州市的别称，以旧福州市东有九仙山、西有闽山（乌石山）、北有越王山得名。现为宁波市第三次全国文物普查登录点。

第五章

大运河（江浙地区）视野下宁波会馆遗产的结构分析

文化结构指的是文化系统内部诸要素及其子系统相互联系、相互作用的方式和秩序。我国著名学者费孝通先生和钱穆先生都主张将文化结构分为三个层面：物质层面，面向物世界；社会组织与制度层面，面向人世界；精神层面，面向心世界。[1]大运河（江浙地区）会馆作为明清社会经济发展的产物，在建筑结构、内部运行机制、精神结构等方面均有其地域性和独特性。

第一节　建筑结构

在我国众多的建筑类型中，会馆属于满足特定社会需求的城镇公共建筑，是城市中某种特定集团的活动场所，为特定人群的活动服务，而非向全社会开放的公共建筑。[2]同时，会馆也是一种具有多个功能、由多种空间构成的综合性建筑，它在科举制度和封建官僚体制下兴起，承担了试馆、寺庙、祠堂、驿馆的部分功能，又在商业经济发展的过程中逐步具备行业管理、公众娱乐、地域文化传承与展示等社会功能。拥有着复杂多样社会功能的会馆，在建筑上也独具特色。会馆建筑受地域和时代因素的影响，因其发挥的具体功能和经营者的自身特质而各具文化色彩。

---

① 王晓鹏：《文化学概要》，福建人民出版社，2017年，第55页。
② 中国建筑艺术全集编辑委员会编：《会馆建筑·祠堂建筑》，《中国建筑艺术全集》第11卷，中国建筑工业出版社，2003年，第9页。

一、大运河（江浙地区）会馆的建筑布局与空间艺术

从建筑布局来看，会馆建筑以统一的精神信奉和文化源流深刻影响馆内的建筑、陈设和装饰，完美实现建筑整体环境和文化氛围的和谐统一。会馆的建筑空间布局较为自由，具有民间建筑的手法。但会馆建筑既是行会权力的象征，又供奉着同乡同业人员共同信奉的神灵，由此影响到会馆建筑的主体部分，即通常采用沿主轴线对称布局的官式建筑手法。大运河（江浙地区）会馆基本是沿南北向中轴线依次排列照壁、山门、戏楼、大殿等各主要单体建筑。同时又采用民居庭院组合布局，在轴线两侧以对称形式设置附属建筑，如东西厢房、东西配殿等，平面布局上形成庭院式多重跨进院落。如苏州全晋会馆中轴线上依次排列头门、戏楼、正殿等，东路存鸳鸯厅、楠木厅等。徐州山西会馆依山势构筑，由低向高依次构筑有门亭、花戏楼、关圣殿、南北厢房等。宁波地区的会馆布局也大体如此，如宁波庆安会馆（见图5.1），平面设计采用中国传统的院落和空间围合手法，沿纵轴方向层层推进，宫门、仪门、前戏台、大殿、后戏台、后殿，左右分置厢廊，其侧安澜会馆也是相同布局（见图5.2），整个建筑群形成层次分明、意蕴无穷的多个空间。宁波钱业会馆则沿中轴线排列门厅、正厅、戏台和议事楼，左右两侧分置厢房。

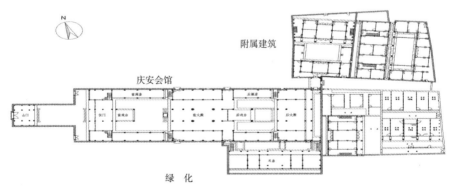

图 5.1　宁波庆安会馆平面图
（图片来源：宁波庆安会馆）

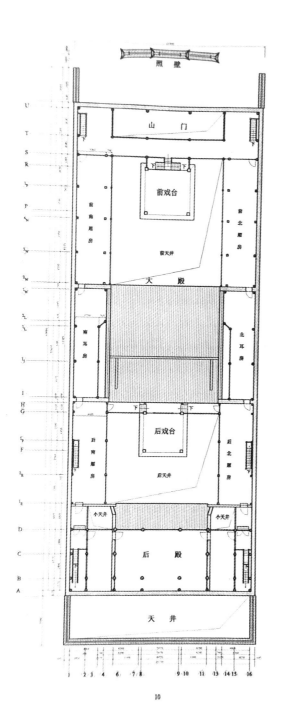

图 5.2　宁波安澜会馆平面图
（图片来源：宁波庆安会馆）

从建筑空间的处理来看，会馆建筑通过适宜的庭院空间巧妙组合，来满足共享空间的使用需求。戏楼与正殿之间的前院，处于中轴线的前端，是观戏、祭祀等活动的共享空间。由于紧靠入口，可为公共活动的大批人流提供便捷的集散条件。正殿和戏台通常由两侧的廊庑或厢楼连接起来，形成四周封闭的庭院。两侧厢楼内可进行小型聚会，外廊可用作观戏的看台。后殿则常建楼阁，大多从后殿两侧伸出厢楼与正殿相接，形成较小后院。由于会馆空间一般沿两至三条平行的纵轴线展开，并以墙相隔，可形成各自独立的院落，比如后院的聚会就不会影响到前院的祭祀。由此实现各院落空间对外封闭对内开放，并通过各种隔断的设置、门窗的开启，使各院落与室内环境产生更为紧密的联系，将室内外空间融合为统一的整体，营造出会馆建筑空间既紧凑又舒缓、既开放又封闭的独有特征。

比如，湖州钱业会馆（见图5.3）以东、中、西三条轴线将馆内空间分割为若干板块。西轴线上依次为轿厅（门厅）、两厢、正厅、武圣殿、玄坛宫，为晚清至民国时期湖州钱庄界人士祭拜财神祈福之地；中轴线为水榭、鱼池、曲廊、四面厅、假山、财神阁等，为业界人士宴朋会友及议事之处，其后有景行祠，系湖州钱庄界人士身后设牌位纪念之地；东轴线为假山、经远堂、钱业公所。空间相对独立，互不干扰。扬州岭南会馆坐北朝南，建筑布局东、中、西三条轴线并列：中轴线上有照壁、门楼、照厅、大厅、殿堂、二进住宅楼等；西轴线上有门楼、二门厅、照厅、大厅等；东轴线为花园。徐州山西会馆分为南北两个院落。南院为关圣殿和花戏楼，为祭神、娱乐的场所；北院为驿楼和膳堂，为羁旅同乡吃住的场所。南北两院相对独立，祀神与宴请可同步进行。

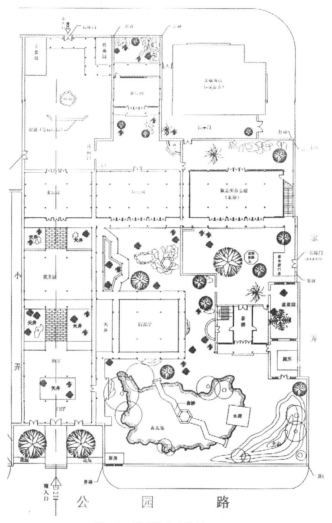

图 5.3　湖州钱业会馆总平面图

（图片来源：湖州市文物保护管理所）

二、大运河（江浙地区）会馆内单体建筑与功能呈现

　　会馆的最基本特征在于其同乡籍性和基层社会自我管理的组织性，其创建的根本目的就在于"为同乡籍的流移者提供服务、实施管理"[①]。而这种管理的

---

① 王日根：《中国会馆史》，东方出版中心，2007 年，第 4 页。

实现，又需通过祀神、合乐、义举、公约四项功能的合力作用达成会馆内部的整合。神灵崇拜是会馆的精神纽带和心灵归属；合乐是流寓商民舒缓情绪、娱乐集会的重要途径；义举既扶助生者又安顿同乡死后的暂厝、归葬；公约则以共同遵循的规章制度，维护商民利益，共谋发展，从而实现会馆对社会秩序的维护。会馆的这些功能，都在其建筑中得以呈现和实现。

（一）照壁与大门：会馆经济实力的象征

照壁，又叫影壁、照壁墙等，通常处于会馆建筑中轴线之起始端（也即最南端），可分为台基、壁体和屋顶三部分，一般设置在街侧，正对大门以作屏障，独立犹如屏风，用以增加建筑空间的层次感。照壁所正对的大门，也即会馆入口，又称山门、宫门、门楼等，直接体现建造者的理念和追求。二者结合也是会馆建造者身份地位、经济实力的直观表征，通过山门即能判断其所属行业组织在当时社会的综合实力。与会馆周边民居相比，会馆建筑的入口体量庞大、造型多样、雕刻多变，彰显出建筑使用者的身份和经济实力。比如，苏州全晋会馆大门为单檐歇山顶，面阔三间，进深五界，脊柱间各设将军门一座，明间两扇黑漆门扉绘有工笔重彩门神，并置抱鼓石一对。大门前以其时珍贵石材白石建造牌坊，制式为冲天云纹柱。徐州山西会馆，大门上装饰着双角飞檐的门罩，精美而华丽，造型富有山西建筑特色。扬州湖南会馆门楼采用"五凤楼"造型，长18米，高11米，建筑面积近200平方米，门楼由六锦磨砖整齐排列构成，并刻有精美砖雕。宁波庆安会馆（见图5.4）"经始于道光三十年之春，落成于咸丰三年之冬，费钱十万有奇"①。宫门为三开间、抬梁式、双卷棚、硬山顶、三马头封火山墙。抬梁下饰悬篮，卷棚鸳鸯式，梁、枋、雀替等均为朱金木雕，磨砖内墙。正立面为砖墙门楼，门楣用14幅人物故事砖雕和仿木砖雕斗拱进行装饰，勒脚石雕凸版花结，墙面精工磨砖；背立面敞开式，上部饰栏杆形成假两层楼式。

---

① 《甬东天后宫碑铭》。

图 5.4 宁波庆安会馆宫门

（二）戏台：会馆合乐与怡情的公共空间

一般而言，会馆内部均建有戏台，反映会馆建筑作为公共活动空间联络乡情、促进沟通的功能性质。就戏楼的位置而言，大多建于会馆的最前端或中心位置，与会馆内的正殿或拜殿形成会馆的核心区域。戏楼若处于会馆最前端，可为看戏的人流提供便捷的集散条件。

就戏楼建筑而言，通常分为独立式和依附式两种。独立式戏楼一般由两部分组成，前部是供演员演出的戏台，后部则是演员化妆休息的区域。比如宁波庆安会馆前戏台，为歇山顶，筒瓦覆面，翼角起翘，台内藻井为穹隆式结构，台板三围为折锦栏杆（吴王靠）。台后装有浮雕贴金屏风门八扇，屏边左右各一门，为演员"出将""入相"之进出通道。前戏台左右两侧为前厢房（看楼），面阔四间，楼上安装折锦栏杆，并设花窗，楼下敞开式，檐口用方形石柱，磨砖内墙。宁波钱业会馆、安澜会馆及苏州济东会馆等均是独立式戏楼。依附式戏楼，也即戏楼并不是独立建筑，而是依附于其他功能建筑而形成的复合建筑形式。依附式戏楼以戏楼与山门的组合最为常见，从外看是山门，是会馆的入口；从内看是戏台，戏台底层是供人行走的通道，上层是供演戏的舞台空间。

比如，苏州嘉应会馆（见图5.5）头门面阔五间，上层为戏台后台，向北伸出为前台。徐州山西会馆的戏楼为两层砖木结构，兼作会馆入口。苏州潮州会馆（见图5.6）入门为过道，上层即为朝南戏楼。戏台向前突出，约6米见方。苏州全晋会馆（见图5.7）厢房为两层，二层长廊与戏台连通，形成回廊。除此之外，苏州武安会馆的戏台也与头门相连。

就戏楼平面形式而言，可分为矩形、凸字形、三幢并联耳房式戏楼等形式。①大运河（江浙地区）会馆中，最为常见的是凸字形戏楼，通常前台建成亭榭式，平面方形，后台建成殿堂式，平面长方形，前台台面比后台窄，戏台三面凌空，凸出于院落，可从戏台正面和两侧观看表演。

图 5.5　苏州嘉应会馆戏台

---

① 　杨平：《明清晋商会馆戏楼建筑形制初探》，《山西建筑》2017年第34期。

图 5.6　苏州潮州会馆戏台

图 5.7　苏州全晋会馆戏台

此外，戏楼建筑极为重视细部装饰，地域传统建筑工艺在戏台上集中体现，比如屋顶上设吻兽、人物、花卉等装饰，在屋身尤其是戏楼楣枋、斗拱、雀替、藻井等处都有华丽装饰。讲究的戏楼还会考虑声学要求，比如苏州全晋会馆、宁波庆安会馆的戏台藻井，俗称鸡笼顶，用细小的雕花木构件拼织成漩涡状的井顶，既有富丽堂皇的装饰效果，彰显出会馆的经济实力，又起到拢音、扩音的作用。宁波庆安会馆前戏台（见图5.8）为歇山顶，筒瓦覆面，翼角起翘，台内藻井为穹隆式结构，平身科斗拱每面设四攒，斗拱做法极为别致，突出装饰性。额枋每面饰花板五块，以朱金木雕呈现戏曲故事内容，额枋下饰朱金透雕"双龙戏珠"托枋。[①]

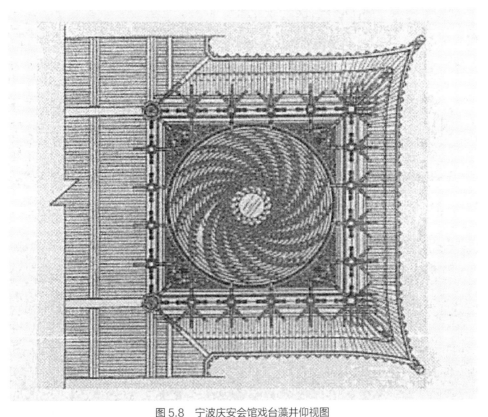

图5.8　宁波庆安会馆戏台藻井仰视图

（图片来源：薛林平：《中国传统剧场建筑》，中国建筑工业出版社，2009年，第418页）

---

① 黄浙苏、钱路、林士民：《庆安会馆》，中国文联出版社，2002年，第4—5页。

（三）正殿和陪殿：会馆神灵信奉的精神核心

祭拜神灵、联络乡情，是会馆的基本功能之一。大运河（江浙地区）的会馆基本都是工商类会馆，作为参与市场行为的主体，以组织的形式、集体的努力来协调本籍或同行之间的市场行为。为此，会馆需充分利用忠、诚、信、义等道德准则，在买卖双方以及商人内部各商人、帮派之间建立起基本的信任感，促使商人通过信奉共同的神灵，遵守在神灵见证下会馆制定的规约，进而在神灵的庇佑下获取权益，谋得生意上的顺利。因此，大运河（江浙地区）会馆的神灵崇拜中寄托着流寓商人对家乡的思念之情和归属感，掺杂着商人对市场风险的忧虑和对发财致富的期盼，显示出极强的实用功利色彩。"而在此经营者，每遇良辰佳节，衣冠济楚，旨酒佳肴，粢盛丰洁，以报神祝。则神听和平，降福孔皆，数千里水陆平安，生意川流不息。"[1]供奉神位的正殿通常建在高大台基之上，位于中轴线的末端，作为会馆建筑中最重要的组成部分，是会馆建筑布局的中心。正殿前通常设有宽敞的月台，其内供奉的神灵直接影响到会馆的命名。比如，宁波庆安会馆大殿（见图5.9）为五开间、重檐硬山顶，明间抬梁式，次间、梢间穿斗式，前设双廊卷棚顶，五马头封火山墙。梁架结构为中间五架抬梁、前后双步梁，下檐饰鸳鸯式卷棚。明、次三间屋顶做成假歇山，四角翼然，高耸雄伟。次间与梢间之间用磨砖墙分隔。下檐斗拱正面出跳用两层云头昂装饰，檐柱为雕刻蟠龙、凤凰石柱，柱间用朱金木雕龙凤花草图案的挂落相连。两侧八字墙头，分别嵌有两块长方形的浅浮雕石刻，内容为"西湖十景"。[2]庆安会馆正殿奉祀天后妈祖[3]，因此也被叫作甬东天后宫。又如，徐州窑湾古镇山西会馆（见图5.10）正殿主祀关圣，因此又被称为关帝庙。

---

[1] 《姑苏鼎建嘉应会馆引》，见江苏省博物馆：《江苏省明清以来碑刻资料选集》，生活·读书·新知三联书店，1959年，第351页。

[2] 黄浙苏、钱路、林士民：《庆安会馆》，中国文联出版社，2002年，第5页。

[3] 庆安会馆正殿内原有妈祖神像，目前该馆已为全国重点文物保护单位，为满足民众的祭拜需求，神像迁至隔壁市级文保单位安澜会馆大殿，殿内严禁明火。

图 5.9　宁波庆安会馆大殿

图 5.10　徐州山西会馆正殿

　　陪殿通常位于正殿两侧，是正殿的辅助建筑，也是会馆祀神建筑。如徐州山西会馆（见图 5.11、图 5.12）大殿两侧设有陪殿，大殿内供奉关圣，西偏殿供奉福神和财神，东偏殿供奉火神，被称为"四圣会馆"。其建筑面积较正殿小，装饰亦不如正殿精美。关圣殿屋檐为歇山顶，两陪殿则为硬山顶，廊、木门等的装饰较为简单。

图 5.11　徐州山西会馆东偏殿　　　　　图 5.12　徐州山西会馆西偏殿

（四）后殿与厢房：会馆议事与聚会的场所

　　会馆的后殿多为春秋楼或寝殿，通常为两层，处于中轴线的后端，一般面阔较大、进深较小。宁波庆安会馆（见图5.13）后殿为五开间、重檐硬山顶，明间抬梁式，次间、梢间穿斗式，前后廊卷棚顶，四马头封火山墙。二楼前檐设走廊，镂空锦窗，楼下后廊设阔檐巡道，可通左右附属用房，后筑高耸围墙。后殿通常作为会馆商人的议事之所，"于是吾郡通商之事，咸于会馆中是议"①，"俾同业会议有地，谐价有所"②。比如宁波庆安会馆，后殿原为该馆董事会日常管理用房，重要会议及每年春秋同业聚会，多在楼上进行。会馆中轴线两侧通常会有厢房，这些建筑是会馆僧侣、客人居住以及会员议事、办公之所。如宁波庆安会馆（见图5.14）前戏台左右两侧为前厢廊（看楼），面阔四间，楼上安装折锦栏杆，并设花窗，楼下敞开式，檐口用方形石柱，磨砖内墙。与正殿分隔的马头墙垛头部分，装饰砖雕人物、花草等图案。后戏台左右两侧为后厢廊（看楼），面阔三间，建筑形制与前厢廊（看楼）相同。又如湖州南浔古镇丝业会馆（见图5.15），正厅的两侧设有南耳房和北耳房。北侧为一层楼屋，面阔一

---

① 《重修金华会馆碑记》，见江苏省博物馆：《江苏省明清以来碑刻资料选集》，生活·读书·新知三联书店，1959年，第367页。
② 《苏州新建武安会馆碑记》，见江苏省博物馆：《江苏省明清以来碑刻资料选集》，生活·读书·新知三联书店，1959年，第390页。

间，进深五柱八檩，通面阔3.1米，通进深6.6米；南侧为两层楼房，通面阔4.5米，通进深11.2米，单坡顶。

图 5.13　宁波安澜会馆后殿

图 5.14　宁波庆安会馆厢廊

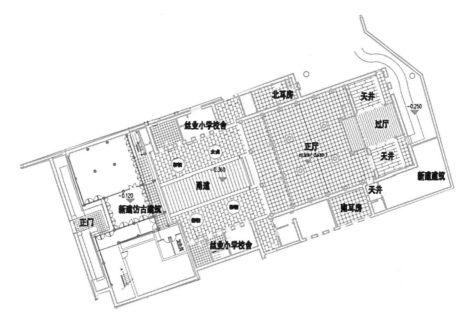

图 5.15　湖州南浔古镇丝业会馆平面图
（图片来源：湖州市文物保护管理所）

此外，大运河（江浙地区）的大部分会馆都曾设置丙舍和义冢，如吴江盛泽徽宁会馆"买地创建积公堂殡舍"①。吴江盛泽徽宁会馆"徽郡六邑，宁国旌邑，各置地为义冢，分为两所，每岁季冬埋葬，具有程式"②，严格执行登记制度，要求对亡人姓氏、籍贯、男女、年龄等均应记录明确。苏州宣州会馆规定"凡有患病身故，由店自行给资医药棺敛。如有亲属资送本籍无力者，亦由本店买地厝葬"③。与此同时，大运河（江浙地区）会馆特别注重发挥服务社会的义举功能：修建善堂、义仓、开办学校、兴修水利、认捐救灾等。比如，扬州江西会馆于光绪三十三年（1907）创办的运商旅扬公学，学制分为初、高等各一级。扬州安徽会馆于光绪三十二年（1906）创办了安徽旅扬公学，又于光绪三十三年（1907）在会馆内创办安徽公学。但目前已无相关遗存。宁波庆安会馆也曾开设庆安小学，仅收取书籍费。

① 《合建徽宁会馆缘始碑》，见江苏省博物馆：《江苏省明清以来碑刻资料选集》，生活·读书·新知三联书店，1959年，第449页。
② 《徽宁会馆碑记》，见江苏省博物馆：《江苏省明清以来碑刻资料选集》，生活·读书·新知三联书店，1959年，第447页。
③ 《长元吴三县永禁烟业铺户伙匠私立公所擅设行头店总名目巧为苛索把持垄断碑》，见江苏省博物馆：《江苏省明清以来碑刻资料选集》，生活·读书·新知三联书店，1959年，第382页。

三、大运河（江浙地区）会馆的个体差异与文化源流

从分布情况来看，大运河（江浙地区）会馆遗产主要分布于商贸重镇的核心城区，且濒临河道。会馆所在之处渐成市镇中心，商家麇集，房舍连片。比如会馆汇聚的扬州的东关街，苏州的平江路、山塘街，徐州的窑湾古镇、淮安的河下古镇、宁波的三江口等都是在商业贸易的发展中逐渐形成的。从会馆建筑的选址和分布情况可清晰断定会馆建筑与城镇肌理之间的关系：会馆的建造与商业城镇的兴盛相关，与河道水运的畅通相关。大运河（江浙地区）会馆遗产在整体布局上遵循统一格局，但不同会馆的单体建筑形制存在差异，受到创建年代、创建人员、地域文化等因素的影响，并通过建筑本身彰显深刻的文化特色与烙印。

（一）会馆建造者的主导意识在会馆建筑上的呈现

大运河（江浙地区）会馆的创建者基本由商人、手工业者、士子、官绅四大类构成。根据王日根的研究，在苏州的48所会馆中，有27所为商人专门出资兴建，其他21所为官商合建。[①]苏州的八旗奉直会馆是其中的典型代表——创建者全部由同乡官员组成。《八旗奉直会馆名宦题名碑》记载："吾乡官斯土者代有名贤，故游宦之人日萃集焉，八旗奉直会馆之设，为游宦者群集之所，亦以协寅恭敦乡谊也。"[②]官宦气息浓厚的八旗奉直会馆在建筑上也有突出呈现，其独树一帜的室内戏台便是一例。一般而言，戏台都是建在院落中，敞开在室外，无固定座位，演出过程中，观众、宾客、商贩等可以互相往来、自由走动。但位于太平天国忠王府内的苏州八旗奉直会馆（见图5.16），戏台"布置在由勾连的屋顶覆盖的大厅里……造成一个较大的室内回廊……同时还在观众区的后部设有三层的楼座"[③]，以供观戏。楼厅通过六扇格子门，分隔为若干包间，供商人、官员看戏时交流、洽谈。相比于工商业者建造的会馆，官宦建造的八旗奉直会馆更强调环境的庄严性和私密性，呈现出浓厚的等级意识和阶层色彩。

---

① 王日根：《中国会馆史》，东方出版中心，2007年，第121页。
② 《八旗奉直会馆名宦题名碑》，见苏州历史博物馆等编：《明清苏州工商业碑刻集》，江苏人民出版社，1981年，第365页。
③ 八旗奉直会馆第三次文物普查资料。

图 5.16 苏州八旗奉直会馆戏台

又如，在大运河（江浙地区）会馆中，通常一座会馆中只有一座戏台。而宁波庆安会馆和安澜会馆内，各有前后两座戏台（见图5.17、图5.18）。两馆的创建者均为商业船帮，在通过水路运输经营贸易，以及气象预测技术和航海技术有限的当时，商业船帮信奉航海保护神妈祖是势之必然。相比于其他行业的会馆，庆安会馆和安澜会馆船商的妈祖信俗与其自身的性命安危关联更密切，对神灵的敬仰和尊奉也就更为突出。有《建广业堂碑记》碑文为证："凡岁时伏腊及接见宾客，皆于神殿宴会，酒酣耳热，歌呼欢笑，甚非所以肃观瞻也。"可见，神灵奉祀在会商看来是庄严肃穆的。为更好地崇祀神灵，"神人各适，无相喧杂"，另建客堂供会商聚会娱乐，但"工费浩繁，势资众力"。[1]庆安和安澜两馆采取前后双戏台建制，前戏台酬神，戏台上的演出仅供神明观看；后戏台娱人，戏台上的演出供馆内商号、群众观看。前后戏台通常同时演戏，营造人神各适、人神共娱的欢乐场景，既表达了对天后妈祖的尊奉，也彰显了船商强大的经济实力。

---

[1] 《建广业堂碑记》，见江苏省博物馆：《江苏省明清以来碑刻资料选集》，生活·读书·新知三联书店，1959年，第338页。

图 5.17　庆安会馆前戏台

图 5.18　庆安会馆后戏台

　　再如湖州钱业会馆（见图 5.19），是在晚清"中外商战之秋""朝野均以理财为急"的历史条件下，由湖州金融行会组织创建的。该行会组织经济实力雄厚且拥有较高的社会地位。湖州钱业会馆的园林式建筑是同时期会馆建筑的上乘之作，是江南地区最大的一座园林式会馆。

图 5.19　湖州钱业会馆荷花池

（图片来源：湖州市文物保护管理所）

（二）地域文化在会馆建筑上的呈现

作为传统文化的重要载体，会馆建筑融寺庙、祠堂、戏场、馆舍、民居、园林等建筑类型的装饰手法于一体，砖雕、木雕、石雕是其最常见的装饰类型。而各具特色的建筑装饰也是突出呈现会馆地域文化、营造文化氛围的重要手段。比如，宁波庆安会馆的建筑装饰（见图5.20、图5.21），以朱金漆木雕最具特色，馆内2000余件朱金漆木雕作品，是宁波地域文化的彰显。朱金漆木雕作为国家级非物质文化遗产，是根植于浙江东部区域（尤其以宁波地区为代表）的优秀而古老的民间手工技艺，集木雕、髹漆、妆金于一体，通常采用宁波本地樟木、榉木、银杏等木料，运用浮雕、圆雕、透雕等多种雕刻技法，经由上漆、贴金、彩绘多道工序，并运用砂金、碾银、开金等工艺手段加工而成。[①]从朱金漆木雕的发展历程来看，其发展繁荣与宁波优越的港口位置、悠久的佛教文化密切相关，更与对日文化交流与贸易往来密切相关，是宁波海上丝绸之路的实物见证，彰显着浓厚的地域文化色彩。

此外，大运河（江浙地区）的大部分会馆为客商在异地修建，面对自身与

---

① 杨古城、陆顺法、陈盖洪：《宁波朱金漆木雕》，浙江摄影出版社，2008年，第6页。

居住地文化源流在经济、文化、风俗习惯等方面的冲突，客商会在保存自身文化根脉的基础上寻求与当地文化的协调和共存之道。这一特点也在会馆建筑上得到呈现。比如，徐州山西会馆的花戏楼由门亭、戏楼、戏台三部分组成。就建筑结构和形制而言，三者具有各自的构造方式，而此花戏楼将三者有机组合，呈现出亭、楼、台合一的独特建筑形式，既承袭了北方官式作法，也糅合了徐州所在苏北地区的民间匠艺。同时，花戏楼的门亭和戏楼屋面的"龙凤花脊筒"和"番草纹脊筒"，"是徐州幸存不多的完整花脊筒，对研究徐州黑活屋面的建筑构件具有重要借鉴意义"[1]。另外，源于江南苏杭地区的苏式彩画（其特征是梁枋的中段用圆形的包袱覆盖，包袱心内容多为山水、人物、禽兽、植物花叶[2]），广泛应用于苏州全晋会馆的建筑之上。

图 5.20　宁波庆安会馆戏台藻井上的朱金漆木雕

图 5.21　宁波庆安会馆朱金漆木雕
（图片来源：宁波庆安会馆）

（三）时间维度在会馆建筑上的呈现

根据笔者的调研，大运河（江浙地区）目前保存下来的会馆建筑所属年代多为清代中晚期到民国初年，部分会馆延续着会馆基本的建筑格局，沿中轴线

① 刘玉芝：《试论徐州山西会馆的建筑文物价值》，《江苏建筑》2008年第4期。
② 楼庆西：《雕梁画栋》，清华大学出版社，2011年，第56页。

顺次排列主要建筑。此类会馆主要有建于清道光六年（1826）的宁波安澜会馆、清咸丰三年（1853）的宁波庆安会馆、清光绪二十九年（1903）的湖州钱业会馆、清乾隆七年（1742）的徐州山西会馆、清嘉庆年间的苏州嘉应会馆、清乾隆三十年（1765）的苏州全晋会馆、清光绪十二年（1886）的苏州武安会馆、清初的苏州潮州会馆、清同治八年（1869）的扬州岭南会馆等。另一部分会馆开始彰显出与时俱进的时代特色，在建筑上呈现出中西合璧的特征。比如于民国三年（1914）落成的杭州绸业会馆，辅房临街开西式拱门，构成晚清至民初时期典型的中西合璧的建筑景观；建于晚清的杭州湖州会馆，现存主楼上挂落、栏杆等构件具有中西结合的装饰风格；建于民国时的宁波钱业会馆，前立面由中西合璧的清水青砖及砖雕构成；建于宣统元年（1909）的湖州绸业会馆，雕刻繁复，门窗墙面采用明显的西洋式风格；建于清宣统二年（1910）的湖州丝业会馆（见图5.22），临街处建有西式石拱门楼等。常州临清会馆（见图5.23）始建于清光绪二十六年（1900），现存建筑建于民国十年（1921），是一组中西合璧式建筑，主体建筑由西面临原青山路的主楼、北面的厢楼和东面的后楼组成，各楼相互连接，平面略呈凹字形，楼房向内面的门窗构筑均具有西洋风格。

图5.22　湖州丝业会馆

图 5.23　常州临清会馆

（图片来源：常州市文物保护管理中心）

　　大运河（江浙地区）会馆建筑布局及空间构成与其功能有着密切的关联，同时也受到地域文化的深刻影响。从建筑形制来看，会馆建筑以其精神纽带和文化源流深刻影响着馆内的陈设和装饰，使会馆整体环境和文化氛围相协调。从总体布局到单体建筑，会馆建筑都自成体系，采用四合院组织空间，通过院落划分区块，中轴对称且井然有序，巧妙利用建筑之间的组合，将院落有机地组织到整个建筑的内部；通过隔断的设置、门窗的开启，使室内外环境紧密关联，形成融合统一的整体。各单体建筑与会馆功能密切衔接，在充分发挥会馆基本功能的同时，凸显神明信俗的特征，彰显商人文化的主导地位，隐含着地域文化的细节，并以其兼容并包的特性，成为明清建筑的重要篇章。

第二节　管理结构

大运河（江浙地区）会馆的繁盛是商业经济兴盛的直观表征，而这与其自身发挥的重要社会功能密不可分。社会功能的发挥则与其严格规整的管理制度和体系密切相关。会馆之所以能成为地标性建筑，是因为其背后的商人团体不仅捐资创建会馆，而且规划设计了会馆的内部体系，使会馆成为一个有条不紊、正常运作的系统。

一、大运河（江浙地区）会馆的人员构成

在大运河（江浙地区），会馆兼有同乡、同业组合的双重特征，从其人员构成情况来看，主要有以下3类。

（一）商人、手工业者

商人、手工业者是大运河（江浙地区）会馆最重要的成员，通常也是该区域会馆建设最重要的承担者。

清人顾禄《桐桥倚棹录》卷六记载："岭南会馆，在（苏州虎丘）山塘桥西，明万历间广州商建"；"冈州会馆，在宝安馆东，清康熙十七年（1678）义宁商建"；"东齐会馆，在全晋会馆西，清顺治间胶、青、登商建"；"全晋会馆，在半塘桥，清乾隆三十年（1765）山西商建"。

苏州汀州会馆于"康熙五十七年（1718），吾乡上杭六串纸帮，集资创建"[1]。苏州宣州会馆创建之时，由"烟业首先倡捐，契买阊门内吴殿直巷房屋一所"[2]，吴江济宁会馆建造的地块"于康熙十六年（1677），济宁众商捐银买得，营造济宁会馆"[3]。

历史上宁波地区的会馆大多为商人创建。福建会馆的创建者为在宁波经营的闽商，"康熙三十五年（1696），奉前提宪蓝，首创闽商在甬东买地，鸠工建

---

① 《汀州会馆碑记》，见江苏省博物馆：《江苏省明清以来碑刻资料选集》，生活·读书·新知三联书店，1959年，第358页。

② 《苏州府禁止游勇地棍向宣州会馆作践滋事碑》，见江苏省博物馆：《江苏省明清以来碑刻资料选集》，生活·读书·新知三联书店，1959年，第384页。

③ 《重修任城会馆碑》，见江苏省博物馆：《江苏省明清以来碑刻资料选集》，生活·读书·新知三联书店，1959年，第445页。

设会馆，供奉天后圣母，奉宪立有碑记"[①]。"闽之商于宁者，有八闽会馆，兴、泉、漳、台之人尤多。故又自建会馆二。"[②]宁波庆安会馆，根据馆内现存《甬东天后宫碑铭》所载："吾郡□图之利，以北洋商舶为最巨。其往也，转浙西之粟，达之于津门，辽东也，运辽燕齐莒之产，贸之于甬东。"其创建者为当时兴旺发展的北洋船商，"此宫为北洋商舶所建，规模宏敞，视东门旧庙有过之。经始于道光三十年之春，落成于咸丰三年之冬，费缗钱十万有奇，户捐者什一，船捐者什九，众力朋举，焕焉作新，牲牢楮帛，崩角恐后"[③]。

（二）士子

大运河（江浙地区）的会馆人员组成中，除了最主要的商人成员，还有部分士子成员，士商合建的会馆也屡有出现。明清时期由于商业经济发展，传统四民阶层之间流动频繁，士子穷而弃儒经商已成为当时社会的一种常态。苏州的兴安会馆建于康熙年间，为福建莆田、仙游士商共建。[④]宛陵会馆建于康熙二十六年（1687），为江西宁国士商共建。[⑤]苏州岭南会馆创建之时，"或仕或商，皆欣然解助"[⑥]。

（三）官绅

有的会馆会请官绅作为会董，"官董其事，商司其册"是其基本的规范。外籍在该地设立会馆时，常与旅居该地的官僚与商人联合创建，由此获得在该地做官的同乡官员的支持，使官员成为会馆的重要政治庇护力量。这体现了官方与非官方的相互配合。而商人则捐得虚衔，刻在会馆碑记中，以壮己声威。《八旗奉直会馆名宦题名碑》中说："吴趋东南一大都会也。吾乡官斯土者代有名贤，故游宦之人日荟集焉，八旗奉直会馆之设，为游宦者群集之所，亦以协寅恭敦乡谊也。"[⑦]吴兴会馆"系乾隆五十四年浙湖闵峙庭中丞抚苏时建造。虽为

---

① 《闽商在甬建设会馆碑》，见章国庆：《天一阁明州碑林集录》，上海古籍出版社，2008年，第216页。

② 《重修福建老会馆碑》，见章国庆：《天一阁明州碑林集录》，上海古籍出版社，2008年，第243页。

③ 《甬东天后宫碑铭》。其碑现藏宁波庆安会馆。

④ 《乾隆吴县志》卷十八《艺文》。

⑤ 《乾隆吴县志》卷十八《艺文》。

⑥ 《建广业堂碑记》，见江苏省博物馆：《江苏省明清以来碑刻资料选集》，生活·读书·新知三联书店，1959年，第338页。

⑦ 《八旗奉直会馆名宦题名碑》（光绪十六年），见苏州历史博物馆等编：《明清苏州工商业碑刻集》，江苏人民出版社，1981年，第365页。

绸业集事之所，而湖人官于苏者，亦就会馆团拜，以叙乡情"①。岭南会馆的助金题名中，排列在前的便是"山东武定州正堂何多学，江南金山卫正堂蔡国玖"②，其后是各大商号。光绪七年（1881）创立的苏州两广会馆由官商、绅商、民商合建，捐建者中有"都察院左副都御史陈兰彬，前任江苏巡抚丁日昌，江宁布政使梁肇煌，江苏布政使谭钧培，直隶天津海关道郑藻如"③等，捐钱修建会馆的人包括同乡官员25人，同乡候补官员12人，以及一些地域性的同乡商业团体。苏州三山会馆的捐建者有"江苏布政司梁讳章钜捐洋贰佰元，江苏海门州分府陈讳经捐洋贰佰元，常州阳湖县正堂廖讳鸿苞捐洋壹佰伍拾元"④。苏州汀州会馆更是"改归在苏之上杭同乡官员督率经理，禀奉苏抚奎大中丞批准札饬府县立案，是为官商合办之始。是因议建大殿，经费不敷，观察慨捐五百元，以为首倡。……杭永两帮，各任一千三百元。凡旅居江浙之杭永等邑官商，咸各助金若干"⑤。

　　根据王日根的研究，苏州48所会馆中，由商人捐资创建的有27所，官商合建者达21所。⑥苏州的八旗奉直会馆是其中的典型代表，即创建者完全由同乡官员组成。吴兴会馆则由任职江苏的同乡官员和民商联合创建，宣州会馆由绅商和民商共建，东越会馆由民商、官商、绅商联合创建，此外还有以民商为主体创建的会馆。官员和商人共同组成了会馆建设的基本力量，官绅阶层对建设会馆非常热衷。"嗣是而仕与商，广其业于朝市间。"⑦基于此，当有本籍人士就任该地时，同籍会馆的创建也随即开始。比如苏州陕西会馆，是在时任苏州知府赵学山、苏州府同知陈如飞、吴县知县王式之三位陕西同乡官员的大力扶持下建立的。

---

① 《吴兴会馆房产新旧契照碑》（光绪二十五年），见苏州历史博物馆等编：《明清苏州工商业碑刻集》，江苏人民出版社，1981年，第48页。

② 《建广业堂碑记》，见江苏省博物馆：《江苏省明清以来碑刻资料选集》，生活·读书·新知三联书店，1959年，第337页。

③ 《苏州新建两广会馆记》，见江苏省博物馆：《江苏省明清以来碑刻资料选集》，生活·读书·新知三联书店，1959年，第347页。

④ 《重修三山会馆捐款人姓名碑》，见江苏省博物馆：《江苏省明清以来碑刻资料选集》，生活·读书·新知三联书店，1959年，第355—356页。

⑤ 《汀州会馆碑记》，见江苏省博物馆：《江苏省明清以来碑刻资料选集》，生活·读书·新知三联书店，1959年，第358页。

⑥ 王日根：《中国会馆史》，东方出版中心，2007年，第121页。

⑦ 《建广业堂碑记》，见江苏省博物馆：《江苏省明清以来碑刻资料选集》，生活·读书·新知三联书店，1959年，第338页。

宁波地区的会馆中，亦有官绅合建的案例。清康熙四十七年（1708）宁波药商在开明镇冲虚观左建立药皇殿，也即现今开明街的药业会馆。馆内《重建药皇庙碑》记载，康熙四十七年（1708），"前刺史陈公讳一夔及商士曹天锡、屠孝澄等捐资赡田，冲虚观左偏，建祀于玄坛殿后"①。

二、大运河（江浙地区）会馆的机构设置

大运河（江浙地区）会馆作为明清商品经济急速发展和政治、经济、文化变迁合力下的产物，并不具备稳定的经费来源。为保障自己的正常运作和功能发挥，会馆逐渐发展出管理团队捐款和团队产业的独特的内部运营机制规则。

（一）会馆的决策机构：议事大会

会馆通常由选举产生司月，组成委员会，委员会一般每年选举一次，可连选连任。司月委员会以召开会议的形式来管理会馆事务，通常一年召开一次会议。作为会馆的终极权力机构和决策机构，议事大会责任重大，在会上要商讨会馆内部的重大事务，形成解决问题的建议，并指定相关机构或人员负责处理。议事大会通常定期举行，要求大多数成员参会，以民主决定会馆内重大事宜。会议内容涉及会馆成员的共同利益，通常包括：确定捐款数额，用作会馆活动基金，会馆成员应在年会上及时上交年度捐款的财务报告书；接纳或罢免新会员，对未履行会馆规章制度或危害会馆利益的会员通过会议表决确定去留，对申请入会的新成员进行考核并宣布是否接纳；推选会馆领导人员，审议会馆财务状况；制定行业内部制度和发展规章；等等。

（二）会馆的执行机构：理事会或董事

由于会馆的议事大会是定期举行的，会馆的日常事务就交由议事会下的理事会处理或执行。通常在理事会下设一名或多名首事、总理或会董等，负责处理、执行馆内的一些具体事务。担任会馆首事、总理或会董之人，须经由议事大会民主选举产生，"所以敦请董事，必择才具贤能，心术公正之人，综理巨，

---

① 《重建药皇庙碑》。其碑现藏宁波药皇殿。

其责郑重"①。理事会通常设有多名理事或首事，轮流负责处理会馆事务，任期没有限制，且不支付薪水。当年负责会馆事务的理事被称为值年理事或首事，其职责除对会馆进行日常管理外，还需每年在议事大会上报告会馆当年的运行管理情况。"凡馆中事宜，一切恪守旧章，遵循规例，黾勉赞襄，未敢失坠。"②乾隆四十九年（1784）的《潮州会馆碑记》即说："延请董事经理，三年一更，七邑轮举，一应存馆契券，递交董事收执，先后更替，照簿点交，永为定例。"③嘉庆十八年（1813）的《嘉应会馆碑记》则不仅强调"凡经手收入及放出生息，必须经理得宜，始免侵亏之弊"，还有"汇簿日"的规定。每年在"汇簿日"当天，必须将"所有银钱，当众交出，公举殷实借领某分生息，须数人保结，至次年汇簿日，母利一并交出，再公举殷实领借，毋得徇情"④。苏州东越会馆的碑记中则云"如遇不公不正等事，邀集董司，诣会馆整理，议立条规，借以约束，惟岁甚非轻易，议以各店捐厘，店多地广难周。铺等因思各店凭行进货。兹向众行稽察岁销柏油各货多寡，议令每担扣存元银二分。按月向行对簿核收，交存会馆，厘属店捐，银归行扣，各相允议，永远遵行。从此成款有着，则神祀得以永安"⑤。此外，董事还代表会馆承担与官府沟通的责任，保障会馆权益。比如据《江苏抚院严禁游勇地棍向宣州会馆作践滋事碑》记载，负责向官府禀告游勇地棍破坏宣州会馆的正是其绅董汪应森。⑥

（三）会馆下设管理分支

为完善日常管理和运营，会馆下又设有"福""会""纲""堂""号"等子机构。徐州山西会馆内《创修五圣尊神碑记》记载："乾隆十九年，盐商大增号、充实号、义合号、乾元号、恒益号、元丰号、公升号、恒基号、济公

---

① 《潮州会馆记》，见江苏省博物馆：《江苏省明清以来碑刻资料选集》，生活·读书·新知三联书店，1959年，第340页。

② 《潮州会馆后序》，见江苏省博物馆：《江苏省明清以来碑刻资料选集》，生活·读书·新知三联书店，1959年，第344页。

③ 《潮州会馆碑记》，见江苏省博物馆：《江苏省明清以来碑刻资料选集》，生活·读书·新知三联书店，1959年，第340页。

④ 《嘉应会馆碑记》，见苏州历史博物馆等编：《明清苏州工商业碑刻集》，江苏人民出版社，1981年，第352页。

⑤ 《苏州府为烛业东越会馆规定各店按月捐款以作春秋祭费准予备案碑》，见江苏省博物馆：《江苏省明清以来碑刻资料选集》，生活·读书·新知三联书店，1959年，第217页。

⑥ 《江苏抚院严禁游勇地棍向宣州会馆作践滋事碑》，见江苏省博物馆：《江苏省明清以来碑刻资料选集》，生活·读书·新知三联书店，1959年，第384页。

号、双兴号，公议捐资钱七十二千，存贮公所，二十余年，营运滋息，共得本利六百一十六千七百三十文，三十六年重修会馆，用钱八十三千。"①苏州东越会馆有公善堂，"事事秉公，人人赞善，堂名'公善'……况堂基就会馆之余，议事仗会馆之众……建堂经费，除由会馆拨款千元以外，由列肆主翁分别捐助"②。

三、大运河（江浙地区）会馆的经营运作

会馆的建设，首要目的是实现同籍同业人士的内部整合。"会馆既立，五邑仕宦经过此邦者，皆得以瞻拜，明神，畅叙梓谊，而在此经营者，每遇良辰佳节，衣冠济楚，旨酒佳肴，粢盛丰洁，以报神祝。则神听和平，降福孔皆。数千里水陆平安，生意川流不息"③。建立会馆、设立内部相关机构以后，为确保经费来源的稳定以及日常运作的规范有序，需建立完备的款项管理规章和团队管理规章，大体涉及如下几个方面。

（一）领导的产生及职责

如前所述，负责处理和执行会馆具体事务的是董事，一般由会馆内部成员推举产生，"于是群推会中公而才者"④。董事任职的年限，根据会馆的具体情况而有不同。"延请董事经理，三年一更，七邑轮举，一应存馆契券，递交董事收执。"⑤

（二）经费来源及管理

会馆经费是会馆存在和发展的物质基础。从大运河（江浙地区）各会馆的创立情况来看，殷实的财富积累是会馆建立之本。《吴阊钱江会馆碑》记载："乾隆二十三年，始创积金之议。以货之轻重，定输资之多寡。月计岁会，不

---

① 《创修五圣尊神碑记》。其碑现藏徐州山西会馆。
② 《东越会馆公善堂碑记》，见苏州历史博物馆等编：《明清苏州工商业碑刻集》，江苏人民出版社，1981年，第274页。
③ 《姑苏鼎建嘉应会馆引》，见江苏省博物馆：《江苏省明清以来碑刻资料选集》，生活·读书·新知三联书店，1959年，第351页。
④ 《建广业堂碑记》，见江苏省博物馆：《江苏省明清以来碑刻资料选集》，生活·读书·新知三联书店，1959年，第337页。
⑤ 《潮州会馆记》，见江苏省博物馆：《江苏省明清以来碑刻资料选集》，生活·读书·新知三联书店，1959年，第340页。

十年而盈巨万，费有借矣。"①苏州金华会馆建筑规模不大，"统用银一千四百廿两，皆出吾郡五邑之士"②。宁波庆安会馆占地面积5000平方米，"经始于道光三十年之春，落成于咸丰三年之冬，费钱十万有奇"③。各会馆自成立起均把经费筹集作为首要任务，《苏州新建两广会馆记》碑云："请建两广会馆，乃为集资经营。"④各会馆形成了灵活机动的资金筹措机制。

第一，对同籍商人的抽厘和派捐。这也是会馆经费的主要来源。比如苏州山西会馆，从乾隆三十一年（1766）到四十一年（1776）的10年间，钱行众商"总共捐厘头七折串钱一千零九十八□正"⑤。苏州高宝会馆也是"合海淮洋泗四邦，捐厘公建"⑥。苏州东越会馆"城乡共计一百余家，道光二年九月，公同捐资"⑦。吴江盛泽徽宁会馆两郡七邑两年内捐银达"一万七千四百六十三千三百文"⑧。苏州杭线会馆自道光三十年（1850）黄河水决，生意衰退，为维持会馆，"月捐中加出而成经费，以作会馆开销"，维持数年后又"议得照前抽厘，始可支持一切"⑨。苏州潮州会馆"议定规条，将历置房产，设立册簿，所有现带租银，征收以供祭祀，余充修葺，诸款动用，并襄义举"⑩。扬州岭南会馆"原议运商无论何岸开纲办运，每引抽银壹分，场商每引抽银壹厘，以为年中各项需用。兹因经费不敷，复行公议，加倍抽捐"⑪。宁波药业会馆发展至乾隆年间，"幸诸君乐输，循例公捐月资"⑫。宁波庆安会馆所需经费，由南、北号商业船帮抽取各家各船经费，充作会馆事业基金，"经始于道光三十年之春，落成于咸丰

---

① 南京博物院编：《大运河碑刻集（江苏）》，译林出版社，2019年，第181页。
② 《重修金华会馆记》，见江苏省博物馆：《江苏省明清以来碑刻资料选集》，生活·读书·新知三联书店，1959年，第367页。
③ 《甬东天后宫碑铭》。其碑现藏宁波庆安会馆。
④ 南京博物院编：《大运河碑刻集（江苏）》，译林出版社，2019年，第201页。
⑤ 《山西会馆钱行众商捐款人姓名碑》，见江苏省博物馆：《江苏省明清以来碑刻资料选集》，生活·读书·新知三联书店，1959年，第372页。
⑥ 《海州帮众商修建高宝会馆碑记》，见江苏省博物馆：《江苏省明清以来碑刻资料选集》，生活·读书·新知三联书店，1959年，第409页。
⑦ 《苏州府为业业东岳会馆规定各店按月捐款以作春秋祭费准予备案碑》，见江苏省博物馆：《江苏省明清以来碑刻资料选集》，生活·读书·新知三联书店，1959年，第217页。
⑧ 《徽宁会馆捐输总数并公产基地碑》，见江苏省博物馆：《江苏省明清以来碑刻资料选集》，生活·读书·新知三联书店，1959年，第448页。
⑨ 《重修杭线会馆集益堂碑记》。其碑现藏苏州碑刻博物馆。
⑩ 《潮州会馆记》，见江苏省博物馆：《江苏省明清以来碑刻资料选集》，生活·读书·新知三联书店，1959年，第340页。
⑪ 南京博物院编：《大运河碑刻集（江苏）》，译林出版社，2019年，第205页。
⑫ 《药皇圣殿增置田地碑记》。其碑现藏宁波药皇殿。

三年之冬，费缗钱十万有奇，户捐者什一，船捐者什九，众力朋举"①。《重修福建老会馆碑》记载，为修建福建老会馆，"温陵糖帮捐银四百十一元，兴化帮捐银二百元，厦门帮捐银三百元，深沪帮捐银一百元，淡水帮捐银一百元"②。

第二，发挥官绅富户的首倡作用。会馆创设之初一般是由官绅富户倡其先，同乡商人助其后。富户捐资对会馆创设资金的聚集往往起着表率和带头的作用。苏州汀州会馆"观察慨捐五百元，以为首倡"，其后"于烟捐中筹拨二千二百元，杭永两帮，各任一千三百元。凡旅居江浙之杭永等邑官商，咸各助金若干"③。苏州全晋会馆创建时由"陆介公首先捐俸，同业从而乐输"④。苏州陕西会馆的创建经多年商议未果，"乾隆六年，长安赵君慨然任其事，于山塘购基地十二亩，同乡诸士商继之"⑤。苏州宣州会馆也是在首倡者的带头作用下，其他商人云集响应集资创建。宁波地区的会馆也存在相同情况，建于开明街的药业会馆是于"康熙四十七年间，前刺史陈公讳一夔及商士曹天锡、屠孝澄等捐资赡田……越一年，前侯曹公讳秉仁有志维新，又得商人曹奇锡等悉心□费，共力肩成……复捐田六亩五分"⑥。

第三，临时募捐。利用会馆的合乐功能，在聚会活动当天进行募捐，是会馆获得日常经费的重要途径。例如，始建于明万历年间的苏州岭南会馆曾于康熙年间借祭神之际，"设簿沿签，踊跃劝事，得金七百十两零"⑦，筹集经费用以扩建广业堂。苏州徽郡会馆亟须修缮建设，但经费匮乏，遂临时发起募捐，"爰邀涝油、密枣、皮纸三帮诸公，各输厘头，并捐人工，以为葺理之费"；此后，徽郡会馆数年以后仍未建造大殿，幸得詹元生"欣然以会馆缺凹之处，踊跃捐助，成全殿基之方正"⑧。苏州高宝会馆曾屡次募集捐款，用以修缮大王

① 《甬东天后宫碑铭》。
② 章国庆：《天一阁明州碑林集录》，上海古籍出版社，2008年，第243页。
③ 《汀州会馆碑记》，见江苏省博物馆：《江苏省明清以来碑刻资料选集》，生活·读书·新知三联书店，1959年，第358页。
④ 《建造全晋会馆碑记》，见江苏省博物馆：《江苏省明清以来碑刻资料选集》，生活·读书·新知三联书店，1959年，第375页。
⑤ 《苏州新修陕西会馆记》，见江苏省博物馆：《江苏省明清以来碑刻资料选集》，生活·读书·新知三联书店，1959年，第375页。
⑥ 《重建药皇庙碑》。
⑦ 《建广业堂记》，见江苏省博物馆：《江苏省明清以来碑刻资料选集》，生活·读书·新知三联书店，1959年，第338页。
⑧ 《修建徽郡会馆捐款人姓名及建馆公议合同碑》，见江苏省博物馆：《江苏省明清以来碑刻资料选集》，生活·读书·新知三联书店，1959年，第377、380页。

殿、粉刷油漆等。吴江盛泽徽宁会馆在修建过程中也屡次募捐，"旌邑原议捐资二千四百千"，后"又加捐二千千有奇，共捐四千五百余千"。[①] 此外，同籍商人违规时将处以罚款、过世后会馆有权经营其遗产等诸多规定的实施，为会馆资金的筹集和保障提供了条件。

（三）对会馆成员的约束与保障

为保障会馆组织内部有条不紊地运转，起到维持会馆运行、监管同籍商人的商贸活动、协调市场竞争秩序等功能，会馆通常设有内部规章制度，或勒石竖立于会馆内，或刊刻于会馆志等。针对不同的事项，规章的内容也不相同。根据会馆日常的管理运营，基本可分为专项事务、行为规范、综合事务、行业交易、行业限制等规章制度。规约对会员权利与义务的规定，使得众商整合在一个相对稳定的团体中，从而建立起有序的商业秩序。这里，同乡会馆亦具有同业会馆的性质，因为新来的同乡人往往会在一定程度上依附于先来者，很自然地会倾向于经营同一个行业门类。而且，在传统行业内，同业会馆必然在其内部保持议价、交割等方面的优先权和指导权，以便通过同乡同业垄断某一行业，获得商业经营的主动性与不败地位。这就为会馆的存在和扩大提供了进一步的保障。《民国鄞县通志》云："我国民众之有团体，盖滥觞于商贾，商贾以竞利为鹄的，垄断饮羊自周已然。而同行嫉妒一语亦为方俗口头禅。于是，其中有翘楚者出，知己相倾轧必至两败俱伤也，乃邀集同业订立行规，相约遵守，俾有利则均沾，有害则共御，此商业团体之成立所以为最古也。其资力较雄厚者，或建造会馆，或设立公所，以为同业集议联欢之所，公举董事柱首掌理评议经济之诸物务。"[②] 苏州嘉应会馆对于经费管理采取的举措是"所有银钱，当众交出。公举殷实领借某分生息。须数人保结。至次年汇簿日，母利一并交出。再公举殷实领借，毋得徇情"[③]。苏州杭线会馆则采取"适增新店，补助经费，分上中下三等，公议酌捐助入会馆"[④] 的方式管理会馆内部经费。苏州东越

---

① 《合建徽宁会馆缘始碑》，见江苏省博物馆：《江苏省明清以来碑刻资料选集》，生活·读书·新知三联书店，1959年，第449页。
② 《民国鄞县通志》卷二《政教志》。
③ 《姑苏鼎建嘉应会馆引》，见江苏省博物馆：《江苏省明清以来碑刻资料选集》，生活·读书·新知三联书店，1959年，第352页。
④ 《重修杭线会馆集益堂碑记》。其碑现藏苏州碑刻博物馆。

会馆主营烛业，"为同业公定时价，毋许私加私扣，如遇不公不正等事，邀集董司，诣会馆整理。议立条规，借以约束"，"嗣后各店进货，应凭行按销货多寡，务各照议捐输，实心经理，毋得私将捐项侵蚀，致扰公端。该经手行户等，亦不得遗漏滋弊，各宜永远遵守"。① 会馆建立后，"于是吾郡通商之事，咸于会馆中是议"②。同业行规的制定，使得行业内部"俾同业会议有地，谐价有所"③，对于同行生意的发展与兴盛起到了积极的作用。苏州江西会馆主营白麻，"公议白麻每担抽资四分"，一年以内"即可集资八百两有余"。④ 宁波鄞县《木石泥水各作柱首请禁止各作互相包揽给示勒石告示碑》记云："同治元年间，重整行规，公议木作不许包揽石作、泥作，而泥作亦不许包揽木作。"清代鄞县知县周延祚撰《给发庆安会馆告示》对庆安会馆约束其成员的规定有所记录："此系会馆公产，永无变更，公议不准变卖抵押"，"每年租息所入，以供祀事、修理、修缮等需，有余分存殷实钱庄，以备续增房产"。⑤

（四）祭扫与殿堂管理

在神灵圣诞日，会馆一般会组织演戏与仪式活动，但在经费不充裕的情况下可以暂不举行。供神场所要有专人洒扫，保持洁净，保持香烛燃明。"一年圣诞两次及三节敬神，每年修理及看管之人，其费向由杭庄扣除厘头"⑥，不得留宿亲友，不得容留匪类及赌徒之类；有同乡逢节日来烧香，须提供香火钱和车马费。

（五）对丙舍义冢的管理

大部分会馆都会设置丙舍义冢。如吴江盛泽徽宁会馆"买地创建积公堂殡舍"⑦。徽商在杭州塘栖镇创建新安会馆即有设置义冢的考量，"窃生等籍隶安

---

① 《苏州府为烛业东越会馆规定各店按月捐款以作春秋祭费准予备案碑》，见江苏省博物馆：《江苏省明清以来碑刻资料选集》，生活·读书·新知三联书店，1959年，第217页。
② 《重修金华会馆碑记》，见江苏省博物馆：《江苏省明清以来碑刻资料选集》，生活·读书·新知三联书店，1959年，第367页。
③ 《苏州新建武安会馆碑记》，见江苏省博物馆：《江苏省明清以来碑刻资料选集》，生活·读书·新知三联书店，1959年，第390页。
④ 《江西会馆万寿宫记》，见江苏省博物馆：《江苏省明清以来碑刻资料选集》，生活·读书·新知三联书店，1959年，第359页。
⑤ 陈茹：《宁波帮碑记遗存研究（会馆组织篇）》，金城出版社，2022年，第248页。
⑥ 《重修杭线会馆集益堂碑记》。其碑现藏苏州碑刻博物馆。
⑦ 《合建徽宁会馆缘始碑》，见江苏省博物馆：《江苏省明清以来碑刻资料选集》，生活·读书·新知三联书店，1959年，第449页。

徽，向在塘栖生理者，或有病故之后，其棺木一时未能回里，不免风霜雨雪，殊属堪怜，是以择在塘栖水北德邑该管地方，设立新安会馆，停泊棺木，又在南山设立义冢，掩埋寄存未能归里棺木"①。会馆设置的义冢属于其文化同源地的乡人，其他地方的人不得占用。吴江盛泽徽宁会馆规定，"徽郡六邑，宁国旌邑，各置地为义冢，分为两所，每岁季冬埋葬，具有程式"②，要求严格执行登记制度，对亡人姓氏、籍贯、男女、年龄等均应记录明确。因丙舍属于暂厝之地，约定最长停棺时间为三年。苏州宣州会馆规定"凡有患病身故，由店自行给资医药棺敛。如有亲属资送本籍无力者，亦由本店买地厝葬"③。苏州东越会馆"内建殡舍八大间，分别上次。遇有同业尊重先人灵枢，择寄上房，必须照章慨纳寄资，俾充本堂修葺经费。……其次则专寄同乡同业旅榇，不取寄资。俟购得冢地，再行代为掩埋，以成其善"④。宁波地区的会馆亦是如此，"爰采众议，相地甬江之北，建丙舍，置义山，岁造枢还，戒期趣葬"⑤。《四明公所甬北支所碑记》对于从沪返乡灵枢的安置有详细描述。不少会馆还对"贫困失业、年老孤苦的同乡给予生活补助；救济病故同业家属等"⑥。各种义举的履行，对捍卫会馆内部团结、宣传会馆形象起到了重要作用。

明清时期商业的勃兴是以社会经济的积累为基础、以外地商人的涌入与推动为动力的，而大运河（江浙地区）会馆是各地行商在经商的异地立足的据点。一方面，会馆紧抓内部整合，同籍同业商人形成团结有序的经济组织，资本实力增强，业务得以拓展；另一方面，会馆广泛参与到大运河（江浙地区）城镇商业发展、商业制度建立、商业贸易拓展等经济活动的诸多方面，为大运河（江浙地区）经济发展注入了活力，使该区域经济进入更具开放性的发展时期。大运河（江浙地区）会馆作为明清时期市场经济出现后自发产生的社会中间组织，对社会经济发展起到了重要的协调与推进作用。

---

① 《新安怀仁堂征信录·钦加六品衔、署杭州府仁和县塘栖临平分司陈为晓谕事》，光绪四年刊本。
② 《徽宁会馆碑记》，见江苏省博物馆：《江苏省明清以来碑刻资料选集》，生活·读书·新知三联书店，1959年，第447页。
③ 《长元吴三县永禁烟业铺户伙匠私立公所擅设行头店总名目巧为苛索把持垄断碑》，见江苏省博物馆：《江苏省明清以来碑刻资料选集》，生活·读书·新知三联书店，1959年，第382页。
④ 《东越会馆公善堂碑记》，见苏州历史博物馆等编：《明清苏州工商业碑刻集》，江苏人民出版社，1981年，第274页。
⑤ 陈茹：《宁波帮碑记遗存研究（会馆组织篇）》，金城出版社，2022年，第255页。
⑥ 王卫平：《清代苏州的慈善事业》，《中国史研究》1997年第3期。

第三节　精神结构

一、大运河（江浙地区）会馆的神灵设置

（一）大运河（江浙地区）会馆神灵设置基本情况

祭拜神灵、联络乡情，是会馆的基本功能之一。大运河（江浙地区）会馆基本上是工商类会馆，其神灵崇拜中寄托着流寓商人对家乡的思念之情和归属感，掺杂着商人对市场风险的忧虑和对发财致富的期盼，因此相比一般的神灵信奉更为复杂。

笔者通过历史文献资料的搜集整理，结合实地调研数据，发现大运河（江浙地区）会馆神灵的设置较为复杂。比如，苏州三山会馆"建自前明万历年间，崇祀天上圣母，迄今数百载"[1]；苏州嘉应会馆"南华六祖供于内楼，崇奉尤为洁净"[2]；苏州金华会馆"供奉关圣帝君，春秋祭祀"[3]；苏州徽郡会馆"敬奉先贤朱夫子"[4]；吴江盛泽任城会馆"正殿供奉金龙四大天王神像，又名大王庙"[5]；宿迁闽商会馆（泗阳天后宫）奉祀妈祖（见图5.24）；徐州山西会馆大殿内供奉关圣，大殿左侧供奉福神和财神，大殿右侧供奉火神，被称为"四圣会馆"……

宁波庆安会馆和安澜会馆作为商业船帮创建的会馆，主营水运商务，海上保护神妈祖遂成为其崇拜的神灵。据庆安会馆内部资料记载，南、北号商帮奉天后妈祖为保护神。南、北各号帆船内设有神龛，在帆船转载足额扬帆出海的第一天，诸船都挂起红黄小旗，中桅升起了"天上圣母"的白底红字大旗，锣鼓爆竹，响彻云霄。此外，会馆每年都要举办各类祭祀活动，以农历三月二十三日妈祖诞辰的祭祀大典最为隆重。当天，会馆内外整洁一新，旗帜飘舞，殿内珠灯齐明，祭台上供奉着各商号提供的丰盛祭品。祭祀典礼由地方官员或

---

[1] 《重修三山会馆捐款人姓名碑》，见江苏省博物馆：《江苏省明清以来碑刻资料选集》，生活·读书·新知三联书店，1959年，第355页。

[2] 《重建嘉应会馆碑志》，见江苏省博物馆：《江苏省明清以来碑刻资料选集》，生活·读书·新知三联书店，1959年，第355页。

[3] 《重修金华会馆记》，见江苏省博物馆：《江苏省明清以来碑刻资料选集》，生活·读书·新知三联书店，1959年，第367页。

[4] 《修建徽郡会馆捐款人姓名及建馆公议合同碑》，见江苏省博物馆：《江苏省明清以来碑刻资料选集》，生活·读书·新知三联书店，1959年，第380页。

[5] 《重修任城会馆碑》，见江苏省博物馆：《江苏省明清以来碑刻资料选集》，生活·读书·新知三联书店，1959年，第445页。

土绅主持，从祭人员依次参拜，祈求航海平安。

图5.24　宿迁闽商会馆（泗阳天后宫）祀奉的妈祖神像

（二）大运河（江浙地区）会馆神灵设置特点

王日根研究认为，京师的会馆多奉祀福禄神及乡土神，工商城镇会馆通常奉祀乡土神或行业神，移民集中区域的会馆多奉祀乡土神。但会馆奉祀的神灵，并不可简单区分为福禄财神、行业神和乡土神，三者间并没有严格的界限，有的神灵既可作福禄财神，也可作行业神和乡土神。比如福建商人的乡土神妈祖林默，是福建莆田人，在当地升仙，后成为官方认可的航海保护神。宁波、天津等地商业船帮将妈祖奉为行业神。大运河（江浙地区）会馆一般是工商业会馆，其神灵奉祀主要有以下特点。

1.乡土神的普遍设置反映了商人群体浓郁的故土情结

大运河（江浙地区）会馆设置的神灵，以乡土神居多。乡土神是凝聚乡土情结的重要载体，是同乡组织的集体象征。如江西人崇祀许逊（许真君），福建人祭奉林默娘（天后圣母），山西人信奉关羽（关圣大帝），浙江人崇奉伍员、钱镠（列圣），广东人祭奉慧能（南华六祖），长沙人奉祀李真人，等等。各地的乡土神，基本都是出自当地的圣贤。比如山陕商人的乡土神关公，是山西运城人，关公又于陕西改姓，由此山陕商人与关公取得乡土亲缘联系。又如伍员是春秋时吴国的大夫，字子胥，而钱镠是五代时吴越国的建立者，二者都是吴越地区的英烈圣贤。漂泊外地、远离故土的人生境遇，使得寓外人士最易对同乡籍神灵形成认同。商人群体通过奉祀共同的乡土神，化解乡愁乡思，让心灵有所寄托。

2.行业神崇拜反映了会馆神灵崇拜的独特需求

市场经济风云变幻，商情莫测，逆顺难料，对于远离故土亲人的客商而言，生活充满不确定性。他们希望业务妥善开展、生意顺风顺水，为此，会馆内设置行业神，为商人提供精神护航。比如，木石匠业供奉鲁班，缝衣业供奉轩辕，茶业供奉陆羽，药业供奉药王，酒业供奉杜康，等等。行业神崇拜在规范商人行业行为、协调市场秩序等方面也发挥了重要作用。明清时期，官府对工商业采取自由放任政策，商人从事贸易活动并无成法可依，因此祭祀和信奉行业神，可利用商人的敬畏之心，起到约束、惩治不正当竞争行为，规范市场秩序的效果。

3.单一神向多元神的转变体现了会馆祀神的发展演变

大运河（江浙地区）会馆神灵的崇拜经历了从单一神（多为乡土神）到以乡土神为主的"众神兼祀"的发展演变过程。会馆建立之初，为凝聚同乡商人，多设乡土神，随着时间的推移，开始出现众多神灵同处一馆的现象。这是因为会馆在发展过程中从互异走向一致和融合。在大运河（江浙地区），会馆内多元神灵的兼容体现出商人追求目标的多样性，有着极强的实用功利色彩。比如苏州江西会馆大殿奉祀许逊真君，后殿楼中则供奉天后妈祖[1]；吴江盛泽徽宁会馆"中为殿以祀关帝，东西供忠烈王、东平王，朔望香火，岁时报赛惟虔，殿东启别院，奉紫阳朱文公"[2]；苏州潮州会馆"敬祀灵佑关圣帝君、天后圣母、观音大士，已复买东西旁屋，别祀昌黎韩夫子"[3]。宁波《重修福建老会馆碑》记载，该会馆内祀奉的神灵有四位，"大殿崇奉天上圣母，后阁中设观音座，左右厅奉

---

① 《江西会馆万寿宫记》，见江苏省博物馆：《江苏省明清以来碑刻资料选集》，生活·读书·新知三联书店，1959年，第359页。

② 《徽宁会馆碑记》，见江苏省博物馆：《江苏省明清以来碑刻资料选集》，生活·读书·新知三联书店，1959年，第447页。

③ 《潮州会馆碑记》，见苏州历史博物馆等编：《明清苏州工商业碑刻集》，江苏人民出版社，1981年，江苏人民出版社，1981年，第340页。

文武帝，皆塑像"①。

二、大运河（江浙地区）会馆的祭祀功能

（一）团结会馆成员，营造和谐氛围

从会馆的本质来看，流寓人口是会馆创建和提供服务的主体人群。随着江浙一带城市商业的繁荣和市镇经济的发展，客商大量聚集，成为这一地区流动人口的主体。长期在外，寓居客地，远离亲人，时刻面临生意风险，客商亟须心灵上的护佑和依托。于是，会馆把神灵奉祀作为重要功能，以此牵系起客商联络乡情的精神纽带，并给予他们心灵上的庇佑。与此同时，共同的神灵信俗，为会馆内部实施整合提供了便利。会馆作为参与市场行为的主体，以组织的形式、集体的努力来协调本籍商人或同行之间的市场行为。在起落无常的生意场中，在没有法律手段的保护下，忠、诚、信、义等传统文化中的道德理念通常有助于在买卖双方以及商人内部之间建立起基本的信任。同识共尊的神灵既是联系商人的精神纽带，也以超自然与现实的力量威慑外来侵犯者，起到抚慰心灵的重要作用。可以说，会馆供奉的神灵具有汇聚人心、凝聚众力的强大功能，是明清会馆实现社会整合的精神中枢。

以宁波药业会馆为例，康熙四十七年（1708），宁波药商捐资建药皇殿，馆内供奉"药皇"，也即神农氏炎帝，"恭惟神农药皇圣帝，利兴未耜，粒我烝民，水火传赤松之术，道可卫身；太乙炼金液之精，功还及物"②。神农氏被誉为我国中医药文化的创始人，根据馆内碑文记载，药皇祭祀仪式庄严隆重，"每于四月廿七圣诞之前一日，荐牲告祀，演剧酬神，始于岁之癸酉，今二十载矣，奉行不怠"③。宁波庆安会馆既是行业商帮聚会议事的场所，也是祭祀航海保护神妈祖的场地。商帮建天后宫的目的，首先在于他们相信妈祖能保护其航运安全和免于疾病、破产等意外之灾，并且借出这种信俗来调节现实的经商环境给自我带来的心理紧张。妈祖信俗表达了船商对风调雨顺、丰衣足食、生活幸福的美好期待。

---

① 章国庆：《天一阁明州碑林集录》，上海古籍出版社，2008年，第243页。
② 《药皇殿崇庆会祀田永远碑记》。其碑现藏宁波药皇殿。
③ 《药皇殿崇庆会祀田永远碑记》。

（二）维护封建统治，协助教化民心

会馆内奉祀的神灵皆为传统美德的化身，因而能发挥教化民心的作用。比如关羽是忠、诚、信、义的典范；林默娘是舍己为人、慈悲为怀的圣女；许逊是除暴安良的英雄；烈圣，也即伍子胥、钱镠等皆为利国利民的英烈。作为传统文化中的完型人物，他们携带着优良的文化品德，深得民众的信赖和爱戴。对于处于流动中的客籍人士来说，会馆神灵成了一种有效的整合纽带。"以神设教"是统治阶级弥补行政管理不足的常用手段，到明清时期被引入会馆，利用神灵规范人们的言行、感化民众的心灵，从而起到巩固统治、维护秩序的作用。神灵设置的合法性得到确认，实际上也标志着统治阶级对流动人口管理的加强。此外，明清会馆供奉的神灵事实上并非会馆专有，其在会馆之外也被人们崇祀。会馆内的神灵祭祀活动一般会吸引当地民众前来观礼，进而将会馆的神灵崇拜功能扩散至整个社会。因此，封建统治者对民众信奉的神灵较为重视并多有褒封。比如，天后妈祖自北宋宣和年间首被钦赐"顺济"匾额，又于南宋绍兴二十六年（1156）封灵慧夫人，绍兴三十年（1160）封灵慧昭夫人，绍熙三年（1192）晋封为"灵慧妃"，由"夫人"升格为"妃"。元至元十八年（1281），被封为"护国明著天妃"。清代，妈祖先后被褒封16次，至康熙二十三年（1684）晋封为"护国庇民昭灵显应仁慈天后"，达到"天后"至尊地位。乾隆五十三年（1788），御敕妈祖庙春、秋两季致祭，妈祖信俗被列为国家祭典，与陕西黄陵黄帝陵祭典、山东曲阜祭孔大典并列为"中华三大祭典"。又如关羽崇拜，因明代《三国演义》的民间流传，关羽成为忠、信、义的典范，明万历二十二年（1594）晋爵为帝，四十二年（1614）被封为三界伏魔大帝、神威远镇天尊、关圣帝君。清代统治者同样尊崇关羽，顺治、雍正、乾隆、嘉庆、道光、咸丰等均有敕封，到光绪五年（1879），清廷加封关羽计有22字——"忠义神武灵佑神勇威显保民精诚绥靖翊赞宣德关圣大帝"。[①]对于封建统治者而言，通过宣扬忠义精神可以感化民众，维护既成的社会制度。对商人而言，借助关羽舍身为国的形象，可以提升会馆商民的社会形象；借助关羽的忠义品格，可以消除人们对商人重利轻义的固有印象，加强商人之间的互助互信关系。

---

① 王志远：《长江文明之旅——长江流域的商帮会馆》，长江出版社，2015年，第145页。

第六章

大运河（江浙地区）视野下宁波会馆遗产的价值分析

国际社会对文化遗产价值的全面认识始于20世纪60年代的欧洲。二战后，欧洲城市在面临重建的同时，经济、科技也迅速发展，城市的现代化翻新给传统历史文化的存续带来极大挑战。由此，各城市开始重视历史文化符号及其载体，涵盖工艺品、建筑物、历史街区、艺术与生活形态等。文化遗产价值的认知也随之深化。随着1972年《保护世界文化和自然遗产公约》的发布，遗产具有"历史、科学、艺术价值"成为国内外学界最基本而普遍的认识。而《保护世界文化和自然遗产公约》所确立的遗产价值判定的六条标准已被国际社会广泛认可。在国内，随着对文化遗产研究的不断深入，2015年修订完成《中国文物古迹保护准则》，明确提出"文物古迹的价值包括历史价值、艺术价值、科学价值以及社会价值和文化价值。社会价值包含了记忆、情感、教育等内容。文化价值包含了文化多样性、文化传统的延续及非物质文化遗产要素等相关内容"，大运河（江浙地区）会馆遗产是明清时期社会政治、经济、文化派生的产物，作为社会多元文化的重要组成部分，会馆以其内涵新、事象繁、取向广的文化特色，成为有崭新内容与衍化活力的社会群体文化事象的新因子。[①]

第一节　历史价值

《中国文物古迹保护准则》第一章第三条指出："历史价值是指文物古迹作为历史见证的价值。"文化遗产以其物质的或非物质的形态，通过对历史事件、

---

① 中国会馆志编纂委员会编：《中国会馆志》，方志出版社，2002年，第323页。

历史人物以及特定历史时期政治、经济、社会、文化、科技、军事等内容的记录和呈现，将先贤的智慧和经验传递至当下，激发人们的民族认同感、自豪感。人类的历史，主要是由文字记录下来的。但由于时代制约、作者局限、记录缺失或文献亡佚等主客观原因，现有古代文献中记述的人类历史，不仅非常有限，而且多是语焉不详，甚至还真假难辨。文化遗产是人类在社会历史实践活动中创造的财富，是人类历史的产物，也是人类历史的体现，可谓历史无言的记录、凝固的承载，以其实体的展现向人们传述历史的本相和变迁。

一、大运河（江浙地区）会馆与运河兴衰的见证

中国大运河作为明清时期的交通大动脉，推动了运河沿线市镇经济、文化、社会的繁盛。运河城镇成为全国人员、物资、钱粮的交流和转输中心，沿线主要城镇成为人流、物流、资金流汇聚之所。沿运城镇的交流传播和互动是区域的核心与其辐射圈之间相互影响和互动的过程，而会馆遗产正是这一交流过程的重要产物。运河的兴衰直接关联着会馆的兴衰。

（一）运河兴，会馆兴

明清时期是中国封建社会的最后阶段，也是传统社会发生重要变革的时期。其时，移民风潮席卷士、农、工等阶层，而大运河的畅通助长了人口的流动和迁徙，大运河（江浙地区）成为收纳移民较多的区域之一。运河地区除本地人口外，主要有三类民众聚集：一是各地移民；二是各地商贾；三是庞大的管理、维护和疏浚队伍。沿运城镇基于漕运、建设管理等需要，在一定程度上形成了接纳人口的客观条件。在移民集中的地区，土客矛盾、客客矛盾都有可能导致社会动荡不安，而会馆作为一种自发形成的社会团体，以地缘为联系纽带，贴近移民心理，成为异乡人在客居地的一种特殊的社会组织和活动场所。会馆是明清时期易籍同乡人士在客地设立的一种社会组织。而所有这些寓居在大运河（江浙地区）的客商，都是顺着运河水道而来的。运河为各地商人的贸易活动提供了平安顺畅且价格低廉的运输通道，也帮助商人群体聚敛了可观的财富。于是，大运河（江浙地区）的商人群体纷纷慷慨捐资，共同筹建属于同乡或同业者的会馆，以继续保障商业贸易、积累财富。明清时期大运河（江浙地区）商

业会馆的繁盛，也正是这一时期大运河繁荣发展的折射。

（二）运河衰，会馆衰

清朝末年，由于常年疏于治理、运河水量不足等，京杭大运河多有淤塞，河床变浅，漕运、交通功能日益弱化。咸丰五年（1855），黄河自河南兰封（今兰考）铜瓦厢决口北徙，夺山东大清河入海。自此黄河不再停经安徽和江苏，与运河改在山东交叉，打乱了大运河（江浙地区）格局，使大量工程失效。随着海运的强化和铁路的兴建，大运河在大运河（江浙地区）作为国家南北交通干线的作用逐渐减小，由主线通航变为局部分段通航，有的区段已断航。曾经便利的水路航运由此走向没落，商贸活动直接受到沉重打击，于是维护和延续会馆生存的经费和人员都受到影响，会馆由此走向衰落。作为至今依然存留于世的文化遗存，大运河（江浙地区）会馆以独特的视角，"唇齿相依"地记录了大运河在明清时期的兴衰变迁。

二、大运河（江浙地区）会馆与民间基层自治

作为明清时期政治、经济、文化发展变迁的产物，会馆又反作用于整个社会。大运河（江浙地区）会馆并不是一个孤立的存在，而是与明清时期大运河（江浙地区）的市场机制、人口迁移、社会风俗等重大事象紧密关联。研究和揭示会馆遗产的历史内涵与文化底蕴，也就是在深入探析明清时期江浙地域社会的内在运作机制和变动规律。

（一）从会馆与明清政府之间的关系来看

会馆作为明清时期民间自发的社会经济组织，协调和平衡着普通民众与政府之间的关系。王日根认为，会馆在封建行政体系之外演进成为官方的补充机构，及时弥补了明清时期官方统治的不足与空缺。[①]会馆追求内部团结、商业盈利和社会认同，政府追求社会安定、维护权威和巩固统治，目标的一致性与差异性使得会馆与官府之间始终处于一种抗衡与协调的博弈状态。

一方面，会馆为加强其民间自治的功能，积极寻求官府的合法承认与保护。明清时期，政府开始加强对市场的管理和规范，陆续出台相关政策，但大多执

---

① 王日根：《中国会馆史》，东方出版中心，2007年，第361页。

行不力，商人处境艰难。会馆是民间自发形成的自律性组织，旨在协调处理流寓商民可能遇到的各种矛盾和利益冲突。会馆创建者的目标是营造稳定有序的社会环境，以利于商业活动的发展壮大。这契合了政府对社会稳定的要求。明清时期由于社会成员流动频繁，人口管理已非传统户籍制度可操控。官府为强化自身在地方的统治，借助会馆之力维护社会的安定。《江苏抚院严禁游勇地棍向宣州会馆作践滋事碑》《苏州府禁止游勇地棍向宣州会馆作践滋事碑》《吴县谕禁游勇流民向宣州会馆阻挠作践碑》《长元吴三县严禁地棍向武安会馆滋扰碑记》等立碑示禁，既是政府权力的彰显，也是政府对会馆合法性的认定。同样的记录在宁波地区的碑刻资料中也有出现。根据《给发庆安会馆告示》，庆安会馆集资创建之时，曾陆续购置房产31所，当时曾议定这是会馆公产，应以每年的租金来维系庆安会馆的祭祀活动和各类修缮等。为确保这一制度的维系，鄞县知县给发告示："自示之后，倘敢故违，许该董等指名禀县，以凭惩办，决不宽贷。毋违，切切，特示。"①

另一方面，会馆充分发挥民间自治的功能，用规章制度管理事务、解决矛盾争端，用共同的神灵感化、教育客商和当地民众，为地方政府节省大量人力、物力、财力，行之有效地维护了地方社会的稳定。在明清商品经济的冲击下，原始狭义的地域观念也在不断拓展，乡土观念和乡土意识开始泛化，封建政府的管理调控职能不断削弱，在此背景下，会馆攫取了担当政府与流寓群体之间中介管理调控组织的机会，成为政府管辖下可依附的力量。此外，各省商人还自愿向朝廷提供银两以供各种差务之用。这是各省商人向皇帝表忠的手段，以两淮盐商、闽浙盐商的商捐最为多见。其中两淮盐商在乾隆第三次、五次、六次南巡中每次商捐均为100万两。②可以说，会馆发展演进的历史反映了中国传统社会的管理体制——基层的自治与中央集权的间接控制相结合的管理体制——对社会形势变迁的不断适应。会馆的建设、商业的繁荣被看做封建王朝兴盛的标志，而会馆的高屋华构、庄严敬肃，意味着基层自我管理体系运作的成功。

---

① 陈茹：《宁波帮碑记遗存研究（会馆组织篇）》，金城出版社，2022年，第248页。
② 陈薇等：《走在运河线上：大运河沿线历史城市与建筑研究（下卷）》，中国建筑工业出版社，2013年，第487页。

（二）从会馆与其内部商民的关系来看

中国古代是一个小农生产的农业社会，社会结构的分散性决定了公共建筑形式的特殊性。会馆作为服务于社会中某小团体的小型公共建筑，其特点是小而全。小，即只为小团体，小社会（同乡或同行）服务，不对全社会开放。全，即功能上的综合性，集祭祀、集会、文化娱乐、商务办公、住宿生活等多种功能于一身。会馆是同乡同行之间一切商务活动、社会活动的中心，也成了他们心理凝聚的中心。在客地发展的行商有着共同的诉求：在政治上，渴望获得庇护；在市场上，渴望获取盈利；在文化上，期待接纳与融合；此外还有自主管理、规避风险、捍卫权益等需求。[①]作为一种社会组织，会馆在明清以来社会的结构性变迁中，服务于科举，服务于工商，服务于社会整合，服务于社会事业的兴办与管理，充分发挥基层社会自治、管理的功能。

大运河（江浙地区）会馆在组织内部进行管理、协调、救助，实质上成为该区域管理社会流动人口、开展社会慈善事业的辅助力量。以会馆的义举为例，王卫平曾对苏州会馆的慈善事业展开研究，发现明清时期苏州地区的会馆通常会成立专门的分支机构来经营善举事务，且保障有固定的经费来源，善举内容涵盖贫困失业、年老孤苦者的补助，已故同乡的安葬、家属的救济，创办学堂，等等。为更好地服务于本籍商人，会馆也以馆舍为载体，延请硕学博儒，对本籍子弟进行教育。比如，清康熙四十二年（1703），两浙都转运盐使高熊征为方便侨寓杭州的徽商子弟读书科举，应徽商之请建立紫阳书院，建设及其日常维护费用均由寓居杭州的徽州盐商汪鸣瑞独力承担。[②]无锡也设有紫阳书院，"系祖籍新安的盐商创办"[③]。安徽会馆于光绪三十二年（1906）在馆内创办安徽旅扬公学，光绪三十三年（1907），又于馆内创办安徽公学，江西会馆也于光绪三十三年（1907）创办运商旅扬公学。[④]

而据《药皇殿崇庆会祀田永远碑记》，宁波药业会馆要求入会商人恪守规章、妥善经营，"倘倚势而营造霸占，或嗜利而易换私售，律有明条，共同鸣

---

① 中国会馆志编纂委员会编：《中国会馆志》，方志出版社，2002年，第1页。
② 梁仁志、李琳契：《徽商研究再出发——从徽商会馆公所类征信录谈起》，《安徽师范大学学报（人文社会科学版）》2017年第3期。
③ 李国钧等：《中国书院史》，湖南教育出版社，1998年。
④ 李家寅编：《名城扬州记略》，江苏文史资料编辑部，1999年，第173—174页。

究"①。根据宁波《药皇殿祀碑》记载，药业会馆的董事"酌定条款章程，历历可为后世法"②。该会馆对于宁波本地药业的发展起到了管理、协调等重要作用。作为工商业者为拓展业务而组建的民间自治组织，会馆在政治庇护、经济发展、内部互助等方面发挥重要作用，成为凝聚同籍商民的重要阵地。在此过程中也成功推动了民间基层自治及救助体系的建立，成为民间社会参与社会管理的成功范例。

第二节　文化价值

《中国文物古迹保护准则》对文化遗产的文化价值有明确的界定：①文物古迹因其体现民族文化、地区文化、宗教文化的多样性特征所具有的价值；②文物古迹的自然、景观、环境等要素被赋予了文化内涵所具有的价值；③与文物古迹相关的非物质文化遗产所具有的价值。贺云翱提出，文化遗产是一个完整的生命体，因此其文化价值应当"能够展现不同民族在不同时间和不同空间内因为不同目的而创造的文化多样性；展现文化作为人的本质的丰富性、复杂性、多样性、彼此的关联性；能够让当代人和未来人获得不同文化的滋养与启迪，直接成为人类文化创新的资源，成为现代文明创造的重要参与力量，成为连接过去、今天和未来的关键纽带"③。陆地从建筑遗产的角度对文化价值进行解读，认为建筑遗产可以保持与培固过去的特定传统、习俗和观念，可以作为传统活动的场所，可以赋予不可移动的自然元素特殊的文化内涵。④

会馆遗产的文化承载及民俗沿袭，既是对明清时期社会政治、经济、文化变迁的记录，也是地域社会多元文化的重要构成，具有崭新的内涵。

一、会馆遗产与非遗文化的延续

2003年颁布的《保护非物质文化遗产公约》对非遗进行了清晰的界定："口头传说和表述，包括作为非物质文化遗产媒介的语言；表演艺术；社会风

---

① 《药皇殿崇庆会祀田永远碑记》。
② 《药皇殿祀碑》。
③ 贺云翱：《文化遗产学论集》，江苏人民出版社，2017年，第57页。
④ 陆地：《建筑遗产保护、修复与康复性再生导论》，武汉大学出版社，2019年，第61—62页。

俗、礼仪、节庆；有关自然界和宇宙的知识和实践；传统的手工艺技能。"中国大运河覆盖沿线8省（直辖市）的27段河道和58个遗产点，全长近3200千米（含遗产河道1011千米）。沿运河的各个城市聚落被大运河串联为一体，在历史长河中互相交流、影响和融汇。遗存在大运河（江浙地区）的会馆，把原生地的文化风俗带到异地，在客籍人士与土著群体之间的相互影响、整合与协调中，开展戏剧、饮食、商贸等交流活动，特殊的生活方式、传统习俗已与商帮文化糅合成独特的区域文化环境。这在丰富江浙地带文化内涵的同时，使其呈现出兼容并包的特色，体现着文化的碰撞与对接，反映出运河对地域文化的深刻影响。如在扬州，外籍商人"久而占籍，遂为土人，而以徽人之来为最早，其时代，当在有明中叶。扬州之盛，实徽商开之，汪、程、江、洪诸姓皆徽人流寓而占籍者也。故丧祭者有徽礼、扬礼之殊，而食物中如徽面、徽饼、徽包，至今犹以徽为名"[①]。

大运河非物质文化遗产的认定标准是："必须体现与大运河密切相关的特性，具有充分展示大运河文化多样性的价值，其所标志的运河文化必须是植根于运河本体或运河沿岸，经由运河广泛传播，世代传承，已经成为运河地区的独特标志，为广大民众所认可。"[②]因而，在《大运河（宁波段）遗产保护规划》中，妈祖信俗、百年龙舞、麻将牌起源的故事、姚剧、甬剧等5个项目被纳入宁波大运河非物质文化遗产。宁波城得运河之利，因运河而兴，其整体的文化面貌与运河密不可分。

（一）祀神文化

明清时期的大运河（江浙地区）会馆内一般都供奉着神祇，多为家乡神，可以根据会馆内供奉的神灵推测会馆创建商的地域来源。比如山西、陕西会馆供奉的是关圣大帝，福建、广东等沿海地区信奉的是海神妈祖，江西会馆供奉的则是许真君……为适应社会发展的需要，会馆的神灵崇拜从最初的单一乡土神发展到乡贤、名士等多元神，其崇祀的功能也从精神联结扩大为社会教化。会馆奉祀的神灵多能获得政府的封赠，这使会馆逐渐发展成为民间信俗的重要

---

① 《民国江都县续志》卷二十《杂录》。
② 国家文物局：《〈大运河遗产保护规划〉第一阶段编制要求（试用稿）》，2008年。

场所之一。会馆借由祀神团结人心、护佑行业发展，同时也保存和延续了民间信俗。

妈祖信俗，民间信俗类非物质文化遗产。妈祖，又称天妃、天后、天上圣母、娘妈，是历代船工、海员、旅客、商人和渔民共同信奉的神祇。古代，海上航行经常受到风浪的袭击，船员把希望寄托于神灵保佑。在船舶启航前要先祭天妃，祈求保佑顺风和安全，在船舶上还立天妃神位供奉。

在宁波庆安会馆和安澜会馆，各号商帆船内均有神龛供奉，在帆船装载扬帆出海的一天，诸船都挂起红黄小旗，中桅升起"天上圣母"的白底红字大旗，锣鼓爆竹，响彻云霄；神龛供牲，香烛缭绕，船上众人顶礼叩拜，人人缄口，不许胡言乱语；操作行动须极谨慎，如吃饭时筷子不能搁在匙上，碗、碟、盆、匙都不许侧置倾倒；北上南归，都要在进港时照例向神龛拜祷，船上炉香一路上点烧不断。每当有新船下海，须置一船模供于庆安会馆妈祖像前，意为常得妈祖神佑。由此窥见，独特的人文和地域背景，造就了宁波别具一格的海事风俗和祭祀海神妈祖的节庆礼仪。

（二）戏曲文化

会馆是客商在异乡自建的故乡。为达到"连乡情、敦乡谊"的目的，缓解会馆成员内部的各种矛盾和利益冲突，增强同籍人士对共同乡土的认同感和自豪感，戏台演出便成为会馆内一项独特而重要的活动。戏班在江南的活跃，很大程度上得力于商人的召请、赞助或捧场。为洽谈商务、招待客户、奉承官府、交好士民，或是获取声誉、扩大名声，延请戏班前来会馆演出是商人采取的重要手段之一。[①]戏剧是一门融文学、语言、美术、舞蹈等于一体的综合艺术。由于戏曲中使用的多为方音土语，戏曲声腔的特点与方言的特点一脉相承，这是辨别个人乡籍的最直观表征。地方戏通常取材于当地发生的故事，反映出该地域的风土人情和生活习俗，因此也成为最能彰显地域特色的艺术形式，在丰富所在地民众社会生活的同时，又通过不同剧种和艺术文化的相互切磋实现自身的发展。区域文化的交流正是通过形式多样的活动展开的。

比如，苏州全晋会馆内的昆曲演出极具影响力（见图6.1）。昆曲发源于苏

---

① 李伯重、周春生主编：《江南的城市工业与地方文化（960—1850）》，清华大学出版社，2004年，第101页。

州昆山一带，原名"昆山腔"，简称"昆腔"，进入明代以后逐渐成形，苏州逐渐成为昆曲中心，演艺界呈现"四方歌曲必宗吴门"的盛况。[1]到清康熙、乾隆年间，昆曲已广泛得到皇宫、官吏、文人、百姓的喜爱，因此也成为苏州地区会馆演剧的常见剧种，呈现出居住地文化与客商原籍地文化的交融与渗透。目前全晋会馆已被辟为中国昆曲博物馆，不但围绕昆剧历史发展制作了主题陈列，还定期举办昆曲演出，会馆内的古老戏台集优美的声学效果和合理的空间布局于一体，为昆曲表演观赏提供了极佳场所。古戏台建筑艺术价值与昆曲艺术的无穷魅力相互交融、相得益彰，在新时代延续着自己的原初功能，焕发着生机。

图 6.1 苏州全晋会馆昆曲演出

又如，宁波庆安会馆戏台上频繁演出甬剧、姚剧等。甬剧是起源于宁波的地方戏。地方戏曲的形成一般源于当地的生产生活方式，是地方生活情境的真实反映。最初的甬剧是在船民、木匠、泥瓦匠等平民百姓休闲时自娱自乐的表现形式，旨在介绍当地发生的新闻、民间故事等，因其亲民的特性拥有极佳的群众基础。起初，甬剧并无伴奏、表演或定式，后吸收马灯调、四明南词等民间曲调，又受到了苏滩的影响，逐渐形成了"串客"。[2]在没有任何现代化传播手段的古代，不同地域的戏曲互相影响的前提条件一定是直接接触，也即演唱

---

① 荀德麟、刘志平、李想等：《京杭大运河非物质文化遗产》，电子工业出版社，2014年，第31页。
② 宁波市地方志编纂委员会：《宁波市志》，中华书局，1995年，第2380页。

这些戏曲的人们彼此交流过。同样，在古代江南地区，水运是主要的通道。苏州、宁波同为大运河沿线城市，往来于南北的船民在演唱甬剧时受到当时发展繁荣的苏州地方戏曲"苏滩"的影响，悄然改良甬剧，也恰成为大运河促进地域文化交流的见证。

（三）饮食文化

大运河（江浙地区）会馆还保存着不少地域民俗和文化传统。从饮食文化来看，各地商帮在大运河（江浙地区）区域创建会馆后，也将家乡的特色饮食带到所在城市。品尝一地风味菜肴，也是接受地域文化洗礼、了解地域文化的重要方式。在争尝共品之中，颇具地域特色的各类菜肴，也成了宣传会馆特色文化的窗口。以淮扬菜为例，淮安是淮扬菜的故乡，其发展与淮安食客密切相关。漕运官员、在淮安经营的客商尤其是挥金如土的淮北盐商在饮食上的超高要求，使得酒楼菜馆竞相推陈出新，淮安厨师行业从业人数之多、整体水平之高、技术竞争之激烈令朝野瞩目。淮扬菜成为八大名菜系之一，其间离不开会馆及其背后的商人群体的推进作用。

二、大运河（江浙地区）会馆与文化创造

会馆是中国明清社会商业贸易和地方文化交流碰撞的产物。大运河（江浙地区）会馆不仅是流寓商民寄托情感、团结发展的固定场所，也是维系流寓商民本土文化的重要窗口，更是推进土客文化交流互动的有效平台。

（一）本土文化的维系与土客文化的交融

明清时期大运河（江浙地区）的会馆，由于地域文化、经济实力等不同，在建筑样式和设计风格上各有特点。但这些会馆都有着共同的功能——祭祀、合乐、议事、聚会，都是商人或与官绅、士子等共同创建的文化空间，彰显着地域文化的精神与品格。会馆自创建起，便以相同的地域乡情和精神信奉为旗帜，团结同地域或同行业的商人，是家乡观念和地域文化的集中体现。对于会馆商人而言，该建筑是行商在异地形成群体组织、建立社会依存的基石；对于本地民众和坐商而言，会馆是行商展示其文化源流地文化特征和人文精神的窗口，也是开拓市场、谋求发展与合作的基地。"城市中为数众多的各类会馆、帮

会的存在，一方面将同乡与同行这两条人际关系纽带交织在一起，把移民的乡土情感和经济利益联系在一起；另一方面又使城市移民的本体文化结构发生变异。在这一过程中，城市成为不同文化聚集的熔炉，造成一种多元文化的渗透与相互吸收，进而形成了多元文化的重建与并存。"①

会馆以乡情乡俗为纽带，让客居异乡的人们团结在一起，用共同的方言、共同的习俗、共同的乡土神崇拜，将故土文化延续和保存下来，这也是保存会馆商人文化身份的根基所在。与此同时，会馆促进了不同地域文化的交流。由于地域文化背景的差异，流寓商民与土著群体之间势必存在文化、风俗、习惯等诸多不同，而会馆始终立足于保持自身地域文化，继而谋求土客矛盾的协调以及更深层次的经济、文化交流。在发展之初，会馆是原籍文化的集中体现物，并逐渐寻求与其他地域文化的交流和融合。同时，作为客居同籍人的社会组织，它容纳了不同社会阶层，为士绅文化与市民文化的交流融合创造了良好的平台。此外，会馆在城乡文化的交流融合中也发挥了独特作用。会馆文化在明清文化的重构方面显示出发扬传统与追求更新的双重文化趋向，从而影响了中国近代历史的发展进程。②

（二）传统文化与先进文化的碰撞和调适

作为流寓商民原籍文化的物质载体和与土著文化交流的窗口，大运河（江浙地区）会馆既秉持着文化源流地的地域文化与政治观念，又深刻受到江浙地域文化与观念的影响，既要面临土著群体与流寓群体以及流寓群体内部在利益分配上的各类冲突，又承担着民间与政府之间统治与被统治的协调与对抗，还需通过不懈的努力复制出异乡的故乡，实现对商业利益的追求。③

为充分发挥会馆的功能，实现流寓商民的追求，会馆致力于占据商业市场、争取支持与认同，将商贸活动做大做强，因此也需不断展示自己的综合实力。比如，商人从家乡运来建筑材料，延请家乡的匠人来建造会馆，构建出一个乡土的环境，这便是其实力的展示和寻求地位认同的表现。吴江盛泽镇由济宁商人创建的会馆便是一例："其庙制也，一仿北地祠宇，凡斧斤垩墁以及雕绘

---

① 行龙：《人口问题与近代社会》，人民出版社，1992年，第158页。
② 王日根：《会馆史话》，社会科学文献出版社，2015年。
③ 王日根：《乡土之链——明清会馆与社会变迁》，天津人民出版社，1996年，第24页。

诸匠，悉用乎北，故其规模迥别，眼界聿新，有非寻常诸庙所得而伦比者。"①
为提高知名度与威望，会馆也积极参与公共建设和慈善事业，以深化地域民众
的认同，加快会馆与地域社会的整合。施坚雅先生认为，公益事业的推进既是
会馆经济实力和经营态度的彰显，也能谋取社会民众与地域商界的认同和支持，
将有效推动威信与权力扩展至整个社会领域。②

除此之外，大运河（江浙地区）大部分会馆运行商人出资、官绅管理的经
营体制，本身即是对传统四民观念的挑战。作为民间自发组织，会馆承担起政
治事务、社会事务的协调管理职能，以传统美德为精神信条和道德约束，为传
统文化的承继做出巨大贡献，在弥补封建政府管理空隙的同时，有效推动了中
国的近代化进程。而会馆履行的义举既是对传统美德的延续，也是倡导向善好
义社会风气的推动力量，彰显出会馆在文化继承与更新中的重要功能和坚实基
础。在中国明清时期传统社会的变迁中，大运河（江浙地区）会馆不仅见证了
文化的交融与碰撞，也在保存传统地域文化的同时推进了地域社会的变迁。

第三节　经济价值

2016年3月，国务院颁布《关于进一步加强文物工作的指导意见》，提出要
"发挥文物资源在促进地区经济社会发展、壮大旅游业中的重要作用，打造文物
旅游品牌，培育以文物保护单位、博物馆为支撑的体验旅游、研学旅行和传统
村落休闲旅游线路，设计生产较高文化品位的旅游纪念品，增加地方收入，扩
大居民就业"。毋庸置疑，文化遗产在推进旅游发展和地方经济增长的价值正日
益凸显，已成为各地争相挖掘和利用的重要文化资源。

一、大运河（江浙地区）会馆遗产与旅游经济的发展

一般来说，文化遗产管理部门切实关注的是遗产本体的保护，旅游管理部
门则重视遗产旅游价值的深度挖掘与有效利用。而随着全球范围内旅游业的迅
速发展，当下的文化旅游已成为文化遗产价值传播与有效利用的重要途径。在

---

① 江苏省博物馆：《江苏省明清以来碑刻资料选集》，生活·读书·新知三联书店，1959年，第442页。
② 中国会馆志编纂委员会编：《中国会馆志》，方志出版社，2002年，第290页。

文化遗产经济价值备受关注的大背景下，通常将文化遗产的经济价值分为直接价值和间接价值。直接价值，也即直接开发文化遗产获取经济收益。比如将文物建筑辟为旅游景点，门票、文创纪念品销售而来的收入就是文化遗产带来的直接经济价值。文化遗产旅游对于一个国家和地区的文化重建、文化传播有着重要意义，有助于培育文化认同、文化自信、文化自尊。国际古迹遗址委员会（ICOMOS）在1999年通过的《国际旅游文化宪章》中达成共识：旅游与文化遗址之间是相互依存的动态关系，旅游为国内外的游客提供了解历史和其他社会的现实体验机会。旅游可以发挥遗产的经济价值，使当地民众受益，又通过教育民众，使当地居民成为文化遗产保护与利用的重要力量。

以我国文化遗产旅游市场为例，相关研究资料显示，故宫、颐和园、五台山、都江堰、庐山、平遥古城、武当山、布达拉宫、龙门石窟、丝绸之路、秦始皇陵等世界文化遗产的旅游关注度年均搜索量已达百万人次，特别是故宫和颐和园超过了200万人次。[①]这些文化遗产场馆，通过遗产本体展示、陈列展览和文化惠民活动，吸引了众多国内外游客前往。文化和旅游部发布的《2022年文化和旅游发展统计公报》数据显示，2022年，全国各类文物机构共举办陈列展览32357个，其中，基本陈列17399个，临时展览14958个，接待观众63973万人次，文物系统管理的国有博物馆接待观众45647万人次。文化遗产旅游具有可观的经济价值，而文化遗产级别的高低直接影响到旅游经济价值的高低。

中国大运河作为世界文化遗产，其沿线文化遗产旅游活动的开展也日益兴盛。比如，2023年12月30日，无锡运河艺术公园整体焕新开园；2024年元旦，北京大运河博物馆开放了运河风物、运河书屋、码头小叙、运河食舫和运河小铺五大文创空间，文创产品达500余种；2024年1月1日，"新年走大运"苏州迎新活动在大运河畔、狮子山下拉开帷幕，上千名参与者以"走大运"的形式亲近母亲河，健步新征程。

2014年，中国大运河成功申遗，大运河（江浙地区）会馆中的宁波庆安会馆、湖州南浔古镇丝业会馆、苏州全晋会馆作为大运河沿线的重要遗存，均被列为世界文化遗产点，其旅游经济价值不言而喻。作为大运河的重要遗存，分

---

① 孙晓东、陈嘉玲：《我国世界文化遗产旅游关注度时空特征及营销策略研究》，《华东师范大学学报（哲学社会科学版）》，2022年第2期。

布在沿运各城市的会馆各具特色，拥有建筑、曲艺、信俗、风俗等内涵丰富的旅游资源。运河沿线的遗产点是零散的，呈点状分布，如能将沿线会馆遗产资源与其他文化遗产资源统一规划、开发建设、形象传播，发挥整体效应，突出个体优势，会馆遗产的旅游经济价值将得以有效发挥。

二、大运河（江浙地区）会馆遗产与相关文化产业的勃兴

文化遗产的经济价值除直接价值外，还有间接价值，也即将文化遗产视为特殊的文化资源，并将其作为其他行业发展的核心生产要素，带动相关产业链的发展，如文化产业、文物建筑业、交通运输业、住宿餐饮等，从而为经济发展做出间接贡献。[①] 从相关产业开发来看，大运河（江浙地区）会馆遗产文化资源的利用有以下几种路径。

（一）文创产品的开发

文创产品，也即"文化创意产品"。联合国教科文组织认为文创产品是一种消费性产品，包含着创意思想、符号和生活方式。2016年5月1日，国务院办公厅转发《关于推动文化文物单位文化创意产品开发若干意见的通知》，旨在推动文化文物单位立足于馆藏文化资源，研发文创产品，推进对传统优秀文化资源的传承、传播与共享。2017年1月，文化部又发文确定国家图书馆、故宫博物院等154家文化文物单位作为文化创意产品开发试点单位。同年2月颁布的《文化部"十三五"时期文化产业发展规划》又提出"文化创意产品扶持计划"。国家对于文创开发的重视程度可见一斑。以杭州文创产业中的软件开发、动漫游戏设计服务为例，"全市文创产业增加值由2007年的432亿元增长到2017年的3041亿元，达到世界创意产业先进城市水平"[②]。目前宁波庆安会馆、苏州全晋会馆等已开始积极尝试文创产品的开发。比如庆安会馆开发的妈祖挂件、邮册、折扇、茶具等，全晋会馆开发的手账、丝巾、摆件等。但会馆文创仍处于起始阶段，涵盖的内容、涉及的领域有限。以英国国家博物馆为例，其文创产品与人们的日常生活密切相关，有珠宝首饰、图书音像、家居办公、服装配饰、

① 王晨、王媛：《文化遗产导论》，清华大学出版社，2019年，第93页。
② 吴欣主编：《中国大运河发展报告（2019）》，社会科学文献出版社，2019年，第242页。

儿童玩具等。[①]唯有将文化遗产与社会生活紧密结合，才能推动文化遗产以符合大众需求的形式实现其作为文化资源的价值。

（二）文化演出的开发

戏台是明清会馆建筑内的基本配置，而戏台演出是会馆的传统项目。大运河（江浙地区）会馆可以利用自身独特资源，开发有地域文化特色的文化演出。目前，大运河（江浙地区）会馆中保留戏台演出传统的会馆，其演出多为文化惠民性质，并不以创收为直接目的。比如，苏州全晋会馆连续多年举办的"昆曲星期专场"展示演出、"吴苑深处"书场展演等，已成为该馆传播昆曲文化和评弹文化的重要窗口，在社会上有较大影响力。又如，每逢重大传统节日，庆安会馆都会推出一系列活动，其中最具特色的便是越剧折子戏演出。每年的大年初一，庆安会馆都会邀请宁波知名越剧团队在前戏台演出传统剧目，台下坐满观众，大家一起感受节日的气氛，领略传统戏剧的魅力。从2001年开馆至今，每一年的春节系列活动中必定有越剧戏曲演出。庆安会馆还曾于2018年4—7月举行了庆事安俗系列活动，通过整合、互动，利用现有的空间、内容，以现代时尚的文化创意、活动互动和市场推广，让传统海洋文化习俗走进社会公众的生活。此外，庆安会馆和东胜街道共建支持，以"三江文化民俗潮"建设为背景，结合海商文化、运河文化、妈祖文化的具体内容等，坚持每年在会馆内开展民俗文化教育节活动。该活动融宁波本地美食、社区居民自编自导文艺演出、知识问答、非遗展示等于一体，参与性、互动性极强，受到社区居民和市民游客的高度赞赏。

（三）住宿餐饮业

会馆大多是外地人所建，因此会设有专门接待同乡住宿的生活用房，负责接待同乡、同行的住宿、生活。其一般布置在会馆主体建筑的旁边，另成院落。可以利用会馆独有的建筑文化，在保障安全的前提下，开辟若干房间，满足市民游客的住宿餐饮体验需求。如杭州洪氏会馆开辟了茶室，扬州山陕会馆开设了若干独立的餐饮小铺，扬州岭南会馆辟为高档酒店。它们均还原了会馆用于

---

① 王毅、林巍：《英国国家博物馆和国家图书馆文化创意产品开发现状及启示》，《国家图书馆学刊》2019年第2期。

餐饮住宿的部分功能，但与会馆本身的历史内涵关联不够。若能从会馆历史文化底蕴、内涵功能全局把握，对会馆内的合适场地进行住宿和餐饮开发，将更能吸引消费者。

（四）青少年知识普及市场的拓展

文化遗产是源自过去、立足当下、面向未来的学科。我们从历史获取生命经验、生活智慧，是为了改善和美化当下与未来的生活。而未来属于青少年儿童。2017年，国家文物局公布年度"互联网＋中华文明"示范项目名单，共69个项目，其中12项与面向青少年普及文化遗产教育相关。会馆可以在这一领域有所作为。其一，组织会馆遗产儿童书籍编写创作。针对少年儿童不同年龄段的理解接受能力和兴趣点，编写绘本、小说等，将枯燥的历史文化知识穿插在图片和故事当中。其二，利用会馆遗产资源创作动画。在信息传播强调动态化、互动化、符号化的时代，动画形象以其独特的视觉效果与审美体验被人们认可、接受和追求。其三，提取文化遗产中的精神要素，融入青少年相关文化产品的开发中，实现对传统文化的传承与延续。①

以宁波庆安会馆、安澜会馆为例，近年研学教育兴起，两馆积极探索实施"展、学、游"一体化研学模式，于2021年正式开启"庆兮安澜"青少年系列研学活动。每场研学活动由两位讲解员以一问一答的对话方式解说庆安会馆和安澜会馆的相关历史文化知识，学生们根据自己对会馆的理解，选择自己感兴趣的内容，以自己喜欢的绘画方式记录庆安会馆。绘制的成品有单幅插画，有长卷，也有绘本故事，而描绘的对象有船舶、会馆建筑、会馆吉祥纹饰、妈祖等。学生们的作品最后在会馆作为临时陈列展出，呈现出参与研学的学生们心中的庆安会馆，也可作为研学活动的成果。这种创新的研学模式激发了学生学习与创作的热情，将学与研无缝对接，让学生们在体验中感知，在总结中巩固新知。

然而，我们也必须清醒地认识到，文化遗产的价值虽可转化为经济价值，却是以有效保护与合理利用为前提。文化遗产本体是其价值产生的源泉，若开发不当或过度开发有损文化遗产，则其衍生和附属的价值将荡然无存。唯有合

---

① 王晨、王媛：《文化遗产导论》，清华大学出版社，2016年，第81页。

理开发和利用，一切以保护文化遗产为前提，才有可能实现文化遗产的经济价值。

第四节　情感价值

情感价值是指文化遗产积淀，表现了一个群体、民族、族群的共同心理结构、思维方式、价值取向、文化情结和生活习俗，是该群体、民族、族群传统文化传承的"遗传基因"。在情感价值的牵引下，同一群体、民族或族群的成员会萌生亲切感、归属感与融合感，引起心理上的共鸣和情感上的依恋，令人们对所属的民族文化与居住的生活环境增加认知度和自豪感。[①]英国国际古迹遗址理事会前主席贝纳德·费尔登（Bernard M. Feilden）在其著作《历史建筑保护》中提出，历史建筑最初给我们的冲击总是情感上的，因为它是我们文化认同感和连续性的象征——我们遗产的一部分。[②]他认为历史建筑所包含的情感价值主要涵盖了惊奇、认同感、延续性、精神和象征价值四个方面。遗产的情感与象征价值主要包括文化认同感、国家和民族归属感、历史延续感、精神象征性、记忆载体等，而文化认同是其核心。[③]

一、会馆遗产与地域商帮的历史延续

中国人自古就有强烈的乡土观念。一个地方的人对其他地方的人在不同程度上具有排斥心理，旅居外地的人也必须组织起来对抗当地的势力。民间信俗、生活习惯等的不同，都成为会馆产生和发展的文化心理原因。会馆就是创建商帮在客地拥有的"故乡"和"家园"，也是商人在异地经商时抱团取暖、共谋发展的阵地。

（一）会馆承载着厚重的商帮历史与文化

大运河（江浙地区）现存会馆中，以徽商、浙商创建的会馆最多，此外还有晋商、粤商、闽商、鲁商、湘商、豫商等商帮创建的会馆。会馆集情感寄托、自我管理、市场协调等功能融于一身，充分发挥出维系商帮感情、保护商民利

---

① 程圩：《文化遗产旅游价值认知的中西方差异研究》，南开大学出版社，2015年，第12—13页。
② Bernard M. Feilden，Conservation of Historic Buildings，Routledge，2003，p.1.
③ 秦红岭：《乡愁：建筑遗产独特的情感价值》，《北京联合大学学报（人文社会科学版）》2015年第4期。

益、传承商帮文化、推动经济发展等重要作用。徽商即徽州商人。徽商所经营的"盐、茶、木、典当"四个大宗行业中，盐业居于首位，因此在大运河（江浙地区）徽商众多，以两淮盐商最富。徽商广建会馆与其他商帮展开商业竞争。晋商又称山西商帮，主营盐、丝、粮食、铁器、棉布等，后期又经营钱庄和票号。大运河（江浙地区）作为鱼米之乡、丝棉生产重地和盐务要塞，也成为晋商会馆林立之地。比如，徐州山西会馆是明清时期山西商人在徐州举行集会庆典、组织商会活动、祭拜神灵之地，以关公为精神新风，秉持信义从商、以诚心从商的理念。豫商多出身社会底层，多为白手起家，鲜有官府背景，经营以本地土特产为主，人数众多、实力不强。作为豫商重要一支的武安商帮也在大运河（江浙地区）建有会馆。武安会馆于光绪十五年（1889）落成，为武安商扎根苏州，发展商贸活动提供馆舍空间。不同于徽商、晋商，湖商并没有奔波于异地，而是在湖州这块土地上孕育脱胎并自然生长，湖商在广义上包含了居家坐商和旅外行商，且以坐商为主，其从业人数与规模都远远超过旅外行商。南浔商人群体崛起是湖州商帮鼎盛的标志，而其创建的丝业会馆，也成为湖州商帮议事、聚会、发展的核心处所。①1949年前的宁波钱业会馆，就是宁波金融业聚会议事的场所。《鄞县通志》等记载，甬上金融向以钱庄为枢纽，方其盛时，资金在6万元以上的大同行有36家，1万元以上的小同行有30余家，几百元以上的兑换庄有440余家，其势力直达沪、汉各埠。从清中叶开始行的过账制，就是宁波钱庄业首创。现在的钱业会馆内以主题展陈的形式，图文并茂地详细记录了这段历史，是宁波金融业历史发展的见证。

（二）会馆扮演着记忆载体的重要角色

文化遗产的重要性在于，它能形成一种文化身份认同，也即人们由于将特定的遗产视为共同遗产、共同的根，构建出某种想象的共同体，感到自己属于某个集体，从而表现出集体认同感。②这种深层的归属感，会将独立的个体团结凝聚成一体，形成相互认同、团结一致、拥有共同目标的社群，个体将致力于维护群体的稳定，并通过群体实现更大的利益。

① 嵇发根：《"湖商"源流考——兼论"湖商"的地域特征与士商现象》，《湖州职业学院学报》2018年第3期。
② 陆地：《建筑遗产保护、修复与康复性再生导论》，武汉大学出版社，2019年，第64页。

大运河开挖、畅通所形成的生存环境和生活条件，造就了运河沿岸的漕运群体、商人组织等独特社会群体及其特殊的生活方式，并形成巨大的生活磁场，深刻影响这些群体中的人们的世俗理性观念。[①] 会馆作为大运河（江浙地区）区域商帮文化的见证，不仅是历史时期商帮聚会议事之地，也是当下商帮后人缅怀过去、传承商帮文化与记忆的纪念之地。在大运河（江浙地区）地域经营的商帮，其人文思想、神灵崇拜、商业精神以及独特的水运文化都在会馆这一物质载体中得以传承和延续，成为该地区特殊的文化符号、独特的城市地标。斗转星移，移步当下。会馆所形成的集体认同感依然影响着商人群体，其承载着的地域商帮文化依然大放光彩。修复后的江苏无锡惠山古镇婺源会馆（徽国文公祠）作为景点对外开放并规划由徽商商会入驻，延续婺源会馆（徽国文公祠）的原初功能，不失为一个创举。徐州山西商会于2016年8月在中国晋商俱乐部的见证下召开第一次会员大会，选举出第一届商会领导。这是在徐晋商发展史上崭新的里程碑，而徐州山西会馆正是其历史与当下的重要衔接。宁波帮商人一直持有爱乡、建乡的优良传统，历年来捐赠内容涉及教育、医疗卫生、公益福利和文化体育等社会事业，对宁波城市建设、社会发展起到了不可磨灭的重要作用。作为宁波商帮文化源头的见证，庆安会馆不仅积累着宁波商帮的历史文化，同时也经由妈祖信俗吸引了在甬福建商帮前来聚会，让历史记忆与当下生活相连接。会馆遗产已成为商帮专属的集体符号，承载着商帮文化自源头走向未来的文化渊源与历史积淀。

二、会馆遗产与民族自豪感、自信心的萌生

认同感，指的是人们对建筑环境产生深度共鸣，与具体的生活环境尤其是建筑环境之间建立起复杂的心理联系和情感体验，在共同体验、共同记忆和共同空间中形成特殊的伙伴关系。大运河（江浙地区）会馆以其承载的内涵，成为生发文化认同的重要场所，由此萌生出地域的乃至民族的自豪感和自信心。美国实用主义哲学家约翰·杜威（John Dewey）曾说：“只有对过去及其遗产的了解进入当下，遗产的重大意义才得以真正实现。”[②]

---

① 吴欣主编：《中国大运河发展报告（2019）》，社会科学文献出版社，2019年，第21页。
② David Lowenthal，The Heritage Crusade and the Spoils of History，Cambridge University Press，1998，p.125.

（一）会馆成为培养地域文化自信的平台

城市生态学认为，生态环境系统是一种复合生态系统，由自然环境、社会环境和文化环境共同组成。人与人的关系和人与自然的关系是生态系统两大基本的关系，文化遗产是人文自然生态系统中重要的子系统。[①]文化遗产作为城市的记忆，是维护城市个性特色的需要，也是延续城市文化的需要。[②]大运河（江浙地区）会馆承载着厚重的历史文化，见证着社会历史的变迁，凝聚着地域文化和商帮文化的特点与精髓。勇于开拓是一种积极向上的进取精神，也是推动各地商帮不断开拓创新的共同支撑。古代晋商开创票号先河，走南闯北开拓市场业务，成就了晋商的辉煌；宁波钱庄业开创的过账制度，为商业贸易的兴旺发展提供了坚实保障，也为宁波金融业谋下一席之地。诚信公平、团结互助，是推动各地商帮商贸活动的共同根基。商业活动以诚信公平为前提。以信誉为本，义利双行，由此才能团结起来，互为臂膀，共同前进。在面对商业危机之时，会馆协调内部的不同意见，严格遵守约定的准则，保障经营秩序的有条不紊，进而营造和谐发展的环境。这种诚信互助的精神，就凝固在会馆的建筑空间中，在会馆文化传承中沿袭至今。此外，明清时期，大运河（江浙地区）会馆的神灵设置多以统治者的政治要求为指向，通过奉祀象征着传统美德的神灵，规范人心，从而有效整合与管理流寓商民。因此，会馆也在很大程度上保存和延续了传统文化中的优良品德。原本旨在为商业活动提供便利的会馆，也承担了各地文化传承和传播的功能，借由会馆的平台，让所在地商民熟悉和了解该商帮及会馆的精神信奉、生活习俗，同时又在与异地文化的碰撞中，有所坚持，有所兼容，成为展示商帮会馆文化和融入所在地生活的窗口。会馆遗产给人以社会的延续和历史的连续，满足人们情感怀旧需要，增强社会稳定性。

（二）会馆成为爱国主义教育的重地

中华优秀传统文化是我们最深厚的文化软实力，也是中国特色社会主义植根的文化沃土。我国高中历史课程标准在说明"情感态度价值观"时明确表述，通过从历史角度认识中国具体国情，认同中华民族的优秀文化传统，增强民族

---

① 唐纳德·L.哈迪斯蒂：《生态人类学》，郭凡、邹和译，文物出版社，2002年，第16页。
② 单霁翔：《城市文化遗产保护与文化城市建设》，《城市规划》2007年第5期。

自信心和自豪感。大运河（江浙地区）会馆遗产作为留存至今的明清建筑，见证了历史上大运河（江浙地区）区域社会、文化、经济的发展兴衰，其承载的会馆文化、民俗文化、地域文化等是爱国主义教育的重要题材。在大运河（江浙地区）活跃的商帮都拥有共同的特质：讲信义、重乡情、襄义举、办公益，在商业活动中做到严格约束商业行为，在面向社会大众时做到乐善好施。这些优良品质和传统在当下仍具有积极的现实意义：通过在校园开设相关课程和活动，让学生们深入领略当地商帮的文化内涵与精神追求，以从中获取的认同感来影响学生世界观、人生观、价值观的形成；将商帮文化中的创业精神和在行业、制度上的创新精神加以提炼，发挥其在提升人文素养、增强文化自信方面的积极作用；通过对创建会馆的各大商帮的精神价值的传承与弘扬，推进现代企业形成与整个社会和谐统一的价值观，重新认识企业收益与社会责任的关系。此外，作为明清江浙地域历史的实物见证，大运河（江浙地区）会馆也曾是一些重大历史事件的发生地，对于推进地域历史教育、培育地方文化自信具有重要意义。比如，杭州湖州会馆曾经是鲁迅先生的暂居之所（见图6.2），见证了1909年浙江两级师范学堂（如今的杭州高级中学）因新旧文化之争爆发的"木瓜之役"。留存至今的湖州会馆与照片，就是这段历史的鲜活见证。

图6.2　1910年鲁迅先生在杭州湖州会馆
（图片来源：杭州湖州会馆）

第七章

宁波会馆遗产的典型代表

第一节　庆安会馆：宁波运河与海上丝绸之路的重要衔接

庆安会馆位于浙江省宁波市江东北路156号，地处奉化江、余姚江、甬江的三江口东岸，始建于清道光三十年（1850），落成于清咸丰三年（1853）。为甬埠北洋船商捐资创建，既是祭祀天后妈祖的殿堂，又是行业聚会的场所，现为全国重点文物保护单位、国家三级博物馆和浙江省爱国主义教育基地。2014年6月，中国大运河在第38届世界遗产大会上获准列入世界文化遗产名录，成为中国列入《世界遗产名录》的第46个项目。作为大运河（宁波段）的重要组成部分，三江口（含庆安会馆）遗产区列入世界文化遗产名录。作为大运河（宁波段）与海上丝绸之路的重要衔接，庆安会馆在宁波河海联运、海事民俗、商帮文化的传承与发展过程中起到了独特的作用。

一、庆安会馆的地理优势

（一）庆安会馆所处的三江口是衔接海道的重要区域

以宁波余姚井头山遗址为代表的我国沿海地区新石器时代中期文化遗存，是中国海洋文化的主要源头之一。在8000多年前，居住在这里的人们已经开始近海航行。随着浙东地区经济的开发和技术的发展，春秋战国时期，甬江流域出现了最早的港口——句章港（今宁波）。6世纪后，句章古港逐渐衰落，甬江流域的港口开始东迁。唐开元二十六年（738），明州州治移到三江口，逐渐形成三江口新港址。[1]这标志着宁波作为海上丝绸之路港口城市的正式建成。三江口港区在唐代开始就是明州港主要停靠国内外使舶、商舶的国际码头。明州港去往日本的航路也已开通，从明州出发，横渡东海，到日本的值嘉岛，再进入博多津。[2]北宋时期，明州是朝廷规定的五个对外贸易港之一，并设置市舶司管理海外贸易和办理船舶进出口签证事宜。时至南宋，得益于紧邻都城临安（今杭州）之便，明州港的海外贸易非常昌盛。元时，庆元府（今宁波）已成为其在东方重要的第二贸易大港。在历史的长河中，宁波因优越的地理位置，承担着衔接海道、开展对外经济文化交流的重任，而三江口作为州治所在的核心港区更是通海交外的重要区域。2010年7月，在江东三江口北侧书城工地出土明代早期的铁锚，为研究明代在宁波港活动的船舶提供了实物依据，同时也证实了三江口作为衔接海道的港口的重要地位。

（二）庆安会馆所处的三江口是连通运河的关键区域

隋唐时期，宁波地区的农田水利与内河水运紧密结合，形成以州治三江口为中心、呈放射状的内河水运网，既可灌溉，亦可通航，构成后世称为"三江六塘河"的内河航运基本格局，成为明州与腹地之间货物集疏的通道。[3]船只从三江口出发，经鄞县、慈溪、余姚，至余姚江上游的通明堰，再经梁湖堰、风堰、太平堰、曹娥堰、西兴堰和钱清堰，抵曹娥江、钱塘江，到达杭州，与大运河相连。从南岭、福建来的船只在三江口停泊后，自内河航行，经杭甬运河到达杭州，并通过运河与杭州、洛阳、涿郡（今北京）及京城长安（今西安）连接起来。两宋期间，宁波运河体系进一步完善，南宋迁都临安后，北方的运河屡遭兴废，而浙东运河得到了空前大发展。"苏湖熟，天下足"的局面使得江南地区成了全国粮食的主要供给地，浙东运河承担着重要的漕运功能，成了重要的水上交通枢纽，"堰限江河、津通漕输。航瓯舶闽，浮鄞达吴。浪桨风帆，千艘万舻"[4]。与此同时，海上丝绸之路也在宋时得到进一步发展，明州港实际上成了杭州的外港，来往于杭州与明州的商旅交通十分繁忙。受杭州湾和长江

---

①　宁波市文化遗产管理研究院：《城·纪千年——港城宁波发展图鉴》，宁波出版社，2021年，第4页。
②　朱建君、修斌主编：《中国海洋文化史长编：魏晋南北朝隋唐卷》，中国海洋大学出版社，2013年，第323页。
③　乐承耀：《宁波古代史纲》，宁波出版社，1995年，第97页。
④　王十朋：《王十朋全集》卷十六，上海古籍出版社，1998年，第852页。

口的暗沙和潮汐影响，来自华南及海外的远洋大帆船只能在明州卸货，转驳给能通航内陆航道的小轮船或小帆船，再由这些小船经运河转运到杭州、长江沿岸港口以及中国北方地区，而长江下游地区的产品则经运河水道运往明州出口。南宋《乾道四明图经》描述了作为浙东运河门户的宁波的繁荣："明之为州，实越之东部，观舆地图，则僻在一隅，虽非都会，乃海道辐凑之地。故南则闽广，东则倭人，北则高句丽，商舶往来，物货丰衍。东出定海，有蛟门虎蹲天设之险，亦东南之要会也。"①

历史表明，三江口优越的地理区位因素，对明州城市的发展起着关键而持久的作用。三江口距海20余千米，甬江直通大海。甬江水位随潮涨落，远洋大帆船可以溯江抵达三江口；而内河舢板船借运河之便，可抵达内地绝大部分地区。可以说，三江口地带能够形成港区的关键，不仅在于三条大江的沟通、腹地的进一步扩展，而且在于海道与河道的沟通。河海联运，使浙东地区乃至长江沿岸广大地区获得了物资的流通，遂使三江地区水上交通枢纽逐步形成，成为江海内外物资的集散地。因此，庆安会馆选址于三江口东岸（见图7.1）创建可谓占据了极佳的地理优势，其选址本身便沿袭和昭示着宁波河海联运的历史传统。

图 7.1　庆安会馆与三江口
（图片来源：宁波庆安会馆）

---

① 《乾道四明图经》卷一《分野》。

二、庆安会馆的创建契机

（一）漕粮海运为宁波商业船帮提供机遇

漕运是我国历史上一项重要的经济制度，是利用水道（河道和海道）调运粮食（主要是公粮）的一种专业运输，是调运地方粮食保证京城给养的机制。早在秦汉，史书上已有漕运的记载。[1]隋唐以来，随着大运河的开凿通航，漕运得以迅速发展。漕粮的主要产地就在江浙地区，自东晋以后，经历代的不断开发，此区域已成为我国农业最发达的地区，粮食产量居全国之首。唐韩愈《送陆歙州诗序》云："当今赋出于天下，江南居十九。"

1974—1975年，宁波市区和义路一带发现大面积的唐代堆积地层，发现造船场遗迹一处，以考古实物资料证明，宁波在唐代已设有官办造船场。良好的水运地理优势与发达的造船技术相互促进、和谐发展，自元代始，宁波成为当时南方漕粮北运的重要运输港，河海联运是其重要特征。由于"明、越当海道要冲，舟航繁多甲他郡"[2]，元初就在庆元设置专门的漕粮海运管理机构。明洪武元年（1368），朱元璋更是下令汤和"造舟明州，运粮直沽，以给军食"[3]。清中叶以后，随着自然条件和社会条件变化，河运漕粮难以维系，道光六年（1826）和道光二十七年（1847），清政府实行了最初的两次漕粮海运，自此海运成为漕粮运输的主要形式。便利的水运交通，丰富的漕运经验，加上过硬的造船技术，使得漕粮海运的实行成了宁波商业船帮发展的重要机遇。根据林士民的研究，创建于清代的宁波疍船，曾作为上海至天津的海漕运输船。鸦片战争前，宁波拥有疍船400余艘，仅宁波至上海的运输船便达200余艘。疍船主要航行于上海至宁波之间，但也能远航大连、福州、台湾，同时又能溯江而至武汉，航行区域广。由于适用范围广，宁波疍船成了漕粮海运的主要力量，宁波商业船帮因势迅速发展。

（二）南北号商帮崛起创建庆安会馆

宁波海商是清代沿海地区主要的地域海商群体之一，船运业是宁波地区

---

[1]　李治亭：《中国漕运史》，文津出版社，1997年，第47页。
[2]　程端学：《积斋集》，广陵书社，2006年，第1053页。
[3]　夏燮：《明通鉴》，中华书局，1959年，第179页。

商人的传统营生。根据阮元在嘉庆时期为筹备重兴漕粮海运而做的调查，当时停泊的宁波船通常有百余艘。乾嘉之际，宁波地区出现了颇为活跃的经营海上航运业的热潮，这也就是蜚声一时的宁波南号和北号商帮。经营南方贸易的称"南号"，或称"南帮"，主要采购福建木材，同时还夹带烟叶、白糖、药材等土产到宁波转口发售；在宁波放空回去，又把绍酒、螟蜅鲞、棉花等宁波土特产销往福建的南台、泉州、厦门等地。经营北方贸易的称"北号"，或称"北帮"，主要采购山东的红枣、核桃、豆油等，经过宁波销往南方各地；而以宁波所产之茶叶、毛竹、黄酒、鱼胶、海蜒、海蜇等，运往营口、青岛、烟台、上海等地出售。[①]浙江漕粮海运实施后，宁波南北号的疍船开始发挥重要作用。浙江首次海运漕粮，受雇出运的北号商船约130只，其中能单独派船6只以上的就有11家。由于浙江的海运运米量保持在六七十万石的水平，需船较多，而承运的商船不仅可以获得数十万两白银的运费和数万石的耗米收益，并且按规定每次出运漕米可得两成免税货物（约合10万担）；商船运漕米抵津卸空后，又可以前往辽东装载豆油等北货南归（约100万担），获利颇多。[②]宁波南北号商家皆"自置海舶，大商一家十余号，中商一家七八号，小商一家二三号"[③]。随着利润的日渐丰厚，为更好地团结协作谋求共赢，咸丰三年（1853），宁波所辖的鄞、镇、慈三邑九户北号船商，捐资修建了"辉煌恒赫，为一邑建筑之冠"的庆安会馆。庆安会馆内所存的《甬东天后宫碑铭》载："吾郡回图之利，以北洋商舶为最巨。其往也，转浙西之粟达之于津门。其来也，运辽燕齐莒之产贸之于甬东。"业务之繁盛可见一斑。

漕粮海运对沿海区域经济的发展起到了积极的推动作用，成为宁波城市经济繁荣的重要因素。随着漕粮海运的发展，宁波南北号商帮的海运业在咸丰、同治时期维持了近20年的兴盛局面。"舟楫所至，北达燕鲁，南抵闽粤，而西迤川鄂。皖赣诸省之物产，亦由甬埠集散，且仿元人成法，重兴海运，故南北号盛极一时。"[④]基于沟通运河与海道的独特优势，庆安会馆见证和记录了宁波南北号的辉煌。

---

① 林雨流：《早期宁波商业船帮南北号》，中国文史出版社，1996年，第701页。
② 倪玉平：《清代漕粮海运与社会变迁》，上海书店出版社，2005年，第437页。
③ 段光清：《镜湖自撰年谱》，中华书局，1997年，第92页。
④ 《民国鄞县通志》卷五《食货志》。

三、庆安会馆的历史功能

（一）庆安会馆的创建确保宁波航运业的健康发展

王日根认为，会馆发展与商帮发展是相辅相成的。从会馆内部整合看，祀神、合乐、义举、公约是其基本功能；同时，作为行业内的联系纽带，会馆具有强大的凝聚力，它使同业人士团结起来，共同商讨行业发展规划、公共设施建设、地方治安等议题，并推动地方社会风俗的变迁。庆安会馆于清咸丰三年（1853）由北号商帮捐资建成，组织会馆的目的是联络感情，保持同行团结，制定业务章规，共图事业发展。会馆公推行内年老长者为号长，并高薪聘请当地负有盛名的缙绅为总办或"公行先生"，专职联络官府，谋保号商不受欺侮，同时也与各有关方面联络感情，搞好关系，借谋业务的扩展。与此同时，会馆内部管理井然有序，设习账、文案、司书、庶务、办事员、勤工、厨司等20余名工作人员。会馆规定行内每一只船往返一次，缴纳银圆60元，充作会馆所需经费和事业基金。可以说，正是有了庆安会馆承担起协调内部关系、疏通外部脉络的工作，北号商帮的航运业才得以顺畅发展。会馆还办有社会福利事业。如成立了保安会消防组织、设立庆安小学（现为江东区木行路小学）等，在维护行业发展的同时，也致力于福泽地方，为同业人士的精神需要寻求共同的依托。

（二）宝顺轮的购置为宁波海运保驾护航

清咸丰四年（1854），太平军革命烈火燃烧东南各地，清廷只着力于镇压农民起义，而对沿海巡哨漠然置之，导致海上盗匪横行。漕粮海运后，虽有兵船护送，但并不能震慑海盗，每劫一舟索费尤甚，令船商的营运步入困境。清咸丰五年（1855），庆安会馆的北号船商以7万两白银定价从广东外商处购得火轮一艘，命名为宝顺轮（见图7.2），设立庆成轮船局，训练船勇，装备枪炮，随船护航，此为我国航运史上第一艘华商轮船。宝顺轮的购置，为宁波海运的保驾护航做出了重要贡献，标志着我国航运史上从帆船时代向机动船时代的过渡。在宝顺轮投入运行后的第二年，前后不到4个月的时间里，共击沉击毁南北洋海盗船68艘，击毙海盗2000多人。从此，海上丝绸之路又恢复了往日的安宁与畅通，宝顺轮由此名震四海。

清代甬籍著名学者董沛曾撰写《宝顺轮船始末》（见图7.3），详细记载了宝顺轮的购买经过，并刻碑立于庆安会馆中，此碑至今仍完好无损屹立在会馆中，向世人述说着宝顺轮的故事。

图 7.2　宝顺轮
（图片来源：宁波庆安会馆）

图 7.3　《宝顺轮船始末》碑记
（王博雷拍摄）

据此可见，庆安会馆建立以后，制定业务规章，汇集同业力量不断推动宁波商业船帮的事业发展，更以购买宝顺轮之举，为维护宁波河海联运、保障水运道路的畅通平安、推动宁波航运业的发展做出了突出贡献。

四、庆安会馆的当代价值

（一）绵延至今的妈祖信俗是庆安会馆海事活动的历史见证

会馆神灵是明清会馆赖以生存的精神支柱，能发挥规范人心的作用，对于有着各自境遇的会馆成员而言，是一种有效的心理整合纽带，起到"以神道设教"之效，为会馆这一社会组织树立集体象征。庆安会馆作为商业船帮创建的会馆，主营水运商务，海上保护神妈祖势之必然地成了其崇拜的神灵。据庆安会馆内部资料记载，南北号商帮奉天后娘娘为保护神，除设有天后神像外，还有圣迹图四幅。会馆每年都要举办各类祭祀活动，以农历三月二十三日妈祖诞辰的祭祀大典最为隆重。当天，会馆内外整洁一新，旗帜飘舞，殿内珠灯齐明，祭台上供奉着各商号提供的丰盛祭品。祭祀典礼由地方官员或士绅主持，从祭人员依次参拜，祈求航海平安。2024年1月，完成馆内陈列改造提升的庆安会馆重新对公众开放，大殿中海神妈祖像以柔和灯带环绕，真实还原了庆安会馆前戏台"为神演戏"的功能，令游客在了解妈祖文化内涵和祭祀习俗的同时，深刻感受到妈祖信俗作为精神依靠对昔日船商的重要意义。通过文化惠民活动、专题陈列展览以及海峡两岸妈祖学术交流活动等多种形式，庆安会馆为宁波乃至浙东地区妈祖信俗的绵延与深入研究做出了重要贡献。

（二）世代传承的会馆文化是庆安会馆往来河海商贸活动的永久记载

自2001年对外开放以来，庆安会馆一直以承继会馆文化、弘扬宁波商帮传统为重任。就内部文化底蕴挖掘而言，为全面搜集庆安会馆相关背景资料，庆安会馆在向社会各界征集宁波会馆文化文物的同时，不断寻找历史线索，对会馆创建人现存后代进行口碑调查，寻访会馆创建人家族所在地，访问曾经亲身生活于历史现场的见证人等，搜集到庆安会馆昔日的成员从事河海运输商贸活动的珍贵资料。就外部横向联系拓展而言，会馆屡次派员参加中国会馆联谊会，与各地会馆广泛联系、深入交流，引进"中国会馆图片展"，参与以会馆为载体，展现明清五百年中国十大商帮的创业史实的大型历史纪录片《风云会馆》的拍摄等。在2013年12月举办的中国会馆保护与发展宁波论坛上，庆安会馆见证了中国文物学会会馆专业委员会完成换届改选，继续为会馆文化保护与发展的不断推进贡献力量。庆安会馆的创建者及其主营的业务是会馆文化的核心所在，承继庆安会馆的历史文化，便是承继南北号商业船帮的商业文化。

第二节　安澜会馆：宁波妈祖信俗的传播场地

妈祖信俗是我国历史悠久的非物质文化遗产，也是中国首个信俗类世界遗产。妈祖信俗也称为娘妈信俗、天妃信俗、天后信俗、天上圣母信俗，是以崇奉和颂扬妈祖的立德、行善、大爱精神为核心，以妈祖宫庙为主要活动场所，以庙会、习俗和传说等为表现形式的民俗文化。作为最早接纳和传承妈祖信俗的重要地区之一，宁波地区天后宫的数量，曾经多达200余座。而宁波地区第一座有史可循的妈祖信俗宫庙，就是位于今海曙区东渡路与江厦街交会处的宋·天妃宫。

一、宋·天妃宫：妈祖信俗在宁波的历史开端

程端学《积斋集》卷四《灵济庙事迹记》载："浙鄞之有庙，自宋绍兴三年（1133），来远亭北。舶舟长沈法询往海南遇风，神降于舟，以济。遂诣兴化，分炉香以归。见红光、异香满室，乃舍宅为庙址，益以官地，捐资募众，创殿庭像设，有司因俾沈氏掌之。"宁波乃至浙东地区第一座妈祖庙——宋·天妃宫，也即灵慈庙，由此诞生。

随着妈祖信俗在宁波地区的持续传播，天妃宫几经重建及扩建，规模不断扩大，地位不断上升，相关考古成果、碑刻资料和往日旧影也可证实。1982年8月至11月，为配合城市建设，浙江省文物考古所和宁波市文管办联合发掘江厦街天妃宫遗址，考古发掘表明：元代天妃宫为面宽、进深皆为三开间的单体建筑；明嘉靖至天启时期由前殿和大殿组成；清康熙年间，结构包括了放生池、前殿、戏台、甬道、月台和大殿，大殿由原来的三开间扩建为五开间；咸丰年间重建时沿用了康熙时期的建筑布局。又，写于清康熙十四年（1675）的《重

建敕赐宁波府灵慈宫碑记》载："幸逢今上恩弛海禁，各省商贩云集，蛟宫龟窟中，赖妃默相保佑，灵异尤著。值定镇蓝公理暨提协张君天福、陈君佳、前镇标原名尔怀、鄞邑令黄君图巩，皆妃里人，同莅兹土，偕吾乡诸君子，鸠财协募，清旧基，扩新宇，重建庙殿四进，前后楼阁巍焕一新。"19世纪中叶，大批西方传教士、商人和旅行者陆续来到宁波，对江厦街天妃宫恢宏壮丽的建筑风采和精美绝伦的雕刻神韵惊叹不已，德国建筑师斯特·柏石曼还曾摄下珍贵照片（见图7.4、图7.5）。

图 7.4　19 世纪 70 年代的宁波天后宫大殿

（图片来源：哲夫：《宁波旧影》，宁波出版社，2004年，第130页）

图 7.5　19 世纪 70 年代的宁波天后宫戏台

（图片来源：哲夫：《宁波旧影》，宁波出版社，2004年，第130页）

1949年，江厦街天妃宫毁于战火，殊为遗憾。但这座宁波地区的第一座妈祖庙，在历经其创建、发展、辉煌与磨灭的过程中，也带动和见证了宁波地区妈祖信俗的兴起与发展。

二、宁波：妈祖信俗的重要传播地

我国独有的妈祖信俗起源于宋代航海业发展的鼎盛时期，是海上丝绸之路不断发展、航海活动频繁的必然产物。发达的造船技术和指南针的应用推广，大大提高了宋代的航海技术，宋朝与海外各国的贸易往来也不断增多。其时，与南宋通商的国家有50多个，南宋商人出海贸易的国家也有20多个，9个口岸被朝廷指定从事外贸活动，并为此成立了市舶司。海上活动的频繁，使船民产生了对海神的特殊要求。据宋代史料记载，距今1000年以前，地处台湾海峡中部的福建莆田湄洲屿，有一位姓林的青年女子，一出生不哭不闹，因而取名为默，小名默娘。默娘自幼聪颖灵悟，平素乐善好施，成人后懂天文地理，通医术药理，生前能"乘席渡海"，屡屡救助海上遇险船只。宋雍熙四年（987），在一次救助过程中，林默不幸遇难，当地乡民为感念她而建庙祭祀，这就是最早的福建省莆田市湄洲妈祖祖庙。从此以后，当地出海的人们纷纷传说在狂风恶浪中，常见到有位红衣女子闪现在桅杆上导航，直到化险为夷。于是，人们就视她为"通灵神女""护海之神"，这就是关于海上保护神妈祖传说的最初形态。

北宋宣和以前，妈祖信俗只在妈祖故里莆田广为传播，当地沿海民众认为妈祖能保护航海安全和保佑人们远离水旱、疾病、战争、海寇之灾，是一位多功能的神祇。据宋人徐兢撰写的《宣和奉使高丽图经》记载，宣和五年（1123），给事中路允迪等奉使高丽，打造的神舟（一曰凌虚致远安济，二曰灵飞顺济，三曰鼎新利涉怀远康济，四曰循流安逸通济）均为宁波制造。返航途中，遭遇风浪，因有神佑，得以安全返程。因妈祖对于航运的庇佑，北宋朝廷特赐"顺济"庙额。这是官方首次对妈祖予以褒封和倡导，妈祖由此从民间区域性的神祇逐渐晋升为全国性的海神。随后，南宋朝廷偏安江南，海上贸易成为其重要的经济命脉，对妈祖更是一再加封。从此，妈祖的名号便传扬开来，成为官定的中国海上保护神。妈祖信俗得到朝廷的认可，影响范围从区域逐渐扩大到全国。由此妈祖与海上丝绸之路结下了不解之缘，成为百姓世代供奉的航海保护神。

　　宋绍兴三年（1133），寓居宁波的闽商沈法询在当时宁波城东门外、来远亭北舍宅为庙捐建妈祖庙，据说这是由福建舶商从莆田湄洲祖庙分灵在福建省外建造的第一座妈祖庙。宋绍熙三年（1192），宋光宗诏封妈祖为"灵惠妃"，妈祖晋升为"妃"。其后散布在宁波各地的妈祖庙，是对妈祖信俗的一种延续。

　　元代的漕运，使妈祖信俗的传播进入第二个高峰期。元朝承袭和发展了南宋鼓励海上贸易的政策，漕运在元朝经济生活中产生了至关重要的作用，朝廷对保护海上航运安全的妈祖特别崇敬，进一步对其进行褒扬。庆元是元代漕粮海运航线上的重要港口，此时庆元已建有妈祖庙数座。天历二年（1329），皇帝还遣使赴庆元天妃宫祭祀。

　　清朝妈祖信俗的传播与发展，更超过了宋、元、明三个朝代，尤其在清康熙开放海禁之后，海上丝绸之路复兴，妈祖信俗更是广为传播。清廷对于嘉封、祭祀妈祖诸事多予应允。作为全国著名的沿海港城，此时宁波有大大小小的妈祖庙40余座，如甬东天后宫（庆安会馆）、安澜会馆、福建会馆、慈溪观城天妃宫、象山东门岛天后宫等。随着妈祖庙的不断建立，妈祖信俗在宁波进一步传播。

三、安澜会馆：妈祖信俗在宁波的当代延续

　　据不完全统计，在原宁波辖区内（包括原为宁波所辖的舟山群岛和三门县），共有大小妈祖庙200多座，其中影响最为深远、绵延至今仍为妈祖文化传承重地的，当数安澜会馆。

　　历史上，妈祖文化在浙东地区的传播主要经由福建商帮、从事沿海捕捞业的渔民以及主营海运业务的宁波本地海商。宁波海商是清代沿海地区主要的地域海商群体之一，而船运业是宁波地区商人的传统营生，乾嘉之际，宁波地区出现了颇为活跃的经营海上航运业的热潮，这也就是蜚声一时的宁波南号和北号商帮。浙江漕粮海运实施后，宁波南北号的趸船开始发挥重要作用，为更好地发展业务、谋求庇佑，咸丰三年（1853），宁波所辖的鄞、镇、慈三邑九户北号船商，便捐资修建了"辉煌恒赫，为一邑建筑之冠"的甬东天后宫（庆安会馆）。它既是祭祀妈祖的殿堂，又是同业联络、共谋发展的场所。每逢农历妈祖诞辰和升天之日，都要举行盛大的祭祀活动，各类地方戏剧竞相上演。

图 7.6 宋·天妃宫遗址碑

现今的安澜会馆，通过馆内"妈祖祭祀场景展示"、《天后圣迹图》等陈列，借助每年农历三月二十三日妈祖诞辰和九月初九妈祖升天日的祭祀仪式，肃穆呈现祭祀妈祖的虔诚氛围和妈祖救助海难的感人事迹，叙说着妈祖信俗作为精神依靠对昔日船商、渔民的重要意义。同时，安澜会馆立足妈祖文化资源，积极开展与全国各地妈祖宫庙的交流，不仅与福建莆田湄洲祖庙、上海天妃宫、天津天后宫等频繁交流，还与台湾善化庆安宫合作开展妈祖信俗宣传交流活动。随着海峡两岸妈祖文化研讨会、宁波妈祖访台湾、台湾"天佑人间——海神妈祖传统木刻水印版画展"、妈祖文化论坛等活动的开展，安澜会馆积极促进甬台两地妈祖文化交流，有效推动宁波乃至浙东地区妈祖信俗的绵延与深入研究，持续实现物质文化遗产与非物质文化遗产的融合共生与活态利用。

2018年6月15日，作为宁波市"文化和自然遗产日"系列活动之一，在安澜会馆隆重举行宋·天妃宫遗址标志碑（见图 7.6）的揭碑仪式。遗址碑高2.4米，由青石制成，雕刻有妈祖像和相关碑文，分基座、塔身、灯体和灯幢，立于江厦街与东渡路交会处。

第三节　钱业会馆：宁波钱庄业的历史见证

钱业会馆（见图 7.7）是全国重点文物保护单位，位于宁波市海曙区战船街10号，总占地面积1512平方米。钱业会馆坐北朝南，由门厅、正厅、议事楼及左右厢房组成，是昔日宁波金融业聚会、交易的场所，现为宁波钱币博物馆。

图 7.7　宁波钱业会馆

一、创建：源于宁波钱庄业的繁荣

"三江六塘河，一湖居城中"，明清时期的宁波江河交织如网，水运交通发达，内河转运经济得以迅速发展，水埠集镇大量形成。宁波位居我国海岸线中段，扼守大运河南端出海口，以其河海联运的独特优势，完美衔接了贯通全国水路交通动脉的大运河与世界水路大通道的海上丝绸之路，成为中国最早开放的贸易口岸之一，商品经济迅速发展。

明末清初，中国传统金融机构钱庄兴起，初时主营银钱兑换业务，后兼营存款、放款和汇兑等业务，是封建社会商品经济发展中满足信贷需求的产物。此时，宁波的钱庄业随之兴起。

宁波人历来就有重商的传统，由宁波商人组成的"宁波帮"足迹遍布大江南北，在近代史上留下"无宁不成市"的佳话。至清乾隆三十五年（1770），市中滨江一侧已出现了一条全部开设钱庄的钱业街，而钱业街所在的江厦地区不仅是宁波本市的商业中心，还是全国性的海洋渔产、中药材的集散地，也是其时东南一带唯一的金融中心，有"走遍天下，不及宁波江厦"之美誉。鸦片战争后，上海发展成为全国海上对外贸易中心，宁波商帮利用毗邻上海的地理优势，将商业与金融业紧密结合，以新兴近代商人群体的姿态，迅速跻身于全国十大商帮之列，形成了以宁波帮为核心的江浙财团，其支柱产业之一的宁波钱庄业，也在这一时期达到鼎盛。清道光、咸丰年间，宁波钱庄达100多家，融资范围遍及全国各大商埠，北京著名的"四大恒"（恒利、恒兴、恒和、恒源）钱庄，上海的半数钱庄，均由宁波人开设。《光绪鄞县志》云："鄞之商贾，聚于甬江，嘉道以来，云集辐辏……转运既灵，市易愈广，滨江列屋，皆钱肆矣。"《民国鄞县通志》载，甬上钱庄盛时，资金在6万元（银圆）以上的大同行有36家，1万元以上的小同行有30余家，几百元以上的兑换庄有40余家，势力直凌驾于沪汉各埠。其时钱庄业的兴盛可见一斑。

钱庄业的繁荣，一方面为经济的发展提供了支付平台，另一方面为宁波帮发展壮大提供了资金保障。在经济实力强盛、商业资本益显活跃之时，宁波商人在各地兴建会馆，以协同议事、共襄发展。为统一管理钱庄业，宁波江厦街滨江庙一带设有钱业同业公所，进行钱市交易。清同治三年（1864）在重建被太平军兵火所毁的滨江庙公所时，订立了《宁波钱业庄规》。民国十二年（1923），因原有公所"湫隘不足治事"，由敦余、衍源等62家大小同行共出资91910.36元（银圆），建造钱业会馆，至民国十五年（1926）竣工。钱业会馆建成后，成为当时宁波金融业聚会、交易的场所和最高决策地，协调全市钱业同行业务开展，有力促进了宁波钱庄业的规范发展。

二、价值：见证首创过账制度的辉煌

论及宁波钱庄业，太平天国时期创立的过账制度是其重要地位的表征。清咸丰年间，"滇铜道阻，东南患钱荒……有谋以善其后者，法令钱庄凡若干家，互通声气，掌银钱出入之成，群商各以计簿书所出入，出界某庄，入由某庄，就庄中汇记之，明日各庄互出一纸，交相稽核，数符即准以行，应输应纳，如亲授受，彼此赢绌，互相为用。自此法出，数月而事平。厥后市场交易，遂不以现银授受，一登簿录，视为左券云"[1]。这段文字对过账制度进行了阐释：各业商人间的商业往来，不以现款结账，而由相关的钱庄通过过账方式完成账款的清算和资金的转移，亦即商人各自在与自己相关的钱庄进行交易登记，第二天由该钱庄与对方相关的钱庄进行结算。过账制度实际上是一种汇划制度，始

---

[1] 《宁波钱业会馆碑记》。

于宁波钱庄，后普及于整个钱庄业，对于便利流通、节省货币有重要作用，宁波码头由此获称"过账码头"。

过账制度的优点在于：办理手续灵活方便，过账簿既可以委托钱庄付款，亦可以委托钱庄收款，不仅适用本埠，同样适用异地。以过账代替货币，使得流通环节节省大量现金。一方面，节省出来的现金被用来向外埠提供贷款或投资，高额利息进一步促进了宁波钱庄的发展；另一方面，免除了鉴别、运输现金的烦劳和危险。此外，过账制度为收付双方在过账簿上留下永久凭证，使得交易有据可查，让商人在放心交易的同时，也注重个人信用的维持。过账制度在经营活动中逐步创建和完善，一直推行到1942年宁波沦陷时止。1946年，抗日战争胜利，过账制度才被票据交换等制度取代。

三、新生：传承金融历史文化的重地

1953年3月，在最后5家钱庄（晋祥、晋恒、通源、立信、慎康）清产核资后，钱业会馆宣布倒闭，将会馆本体房屋连同所有的财产移交给宁波市民政局。其后，会馆曾被用作招待所、幼儿园，直至1987年，中国人民银行宁波市分行自筹资金40万元修缮会馆，用作分行所属的金融研究所的办公之地。1989年，钱业会馆被浙江省人民政府公布为"浙江省文物保护单位"。1994年，宁波钱币博物馆在钱业会馆内成立，并于同年9月28日，作为金融系统自办的博物馆，正式对社会公众开放。2006年，钱业会馆被国务院公布为第六批全国重点文物保护单位。虽历经九十余年风雨，钱业会馆除戏台被拆毁并于2004年重建外，总体格局与建筑风貌至今保存完好。

作为全国范围内唯一保存完好的早期钱庄业聚会议事场所，钱业会馆见证着宁波金融业九十余年的发展历史，在呈现宁波金融概貌的同时，为研究我国尤其是宁波的金融和贸易发展、宁波钱庄业与"宁波帮"兴起和发展的关系等提供了翔实资料。与此同时，钱业会馆是宁波钱庄业首创过账制度的实物载体，而过账制度标志着现代金融业票据交换在我国的开端，远远早于除英国伦敦以外的世界各国实行的票据交换形式。

承载着宁波帮搏击商海、勤于创业的智慧，秉持着宁波人勇于创新、不懈奋斗的精神，现今的钱业会馆已成为弘扬宁波金融历史与文化的重地：以宁波钱庄金融史迹陈列，图文并茂地陈述宁波钱庄业的兴起、繁盛与过账制的创建、普及；同时设有中华历代货币展、钱币常识与分级展、货币书法艺术展、红色货币展等，形成多元化的钱币知识普及方式。此外，通过钱币学会组织开展以钱币研究为主题的学术交流活动，编印《宁波金融志》《浙商与中国近代银行》《宁波市钱币学会论文专辑》等资料，积极推动宁波钱币学、货币史和金融史的研究；办有《宁波钱币》杂志、《中华泉阁》刊物，定期举办钱币文化沙龙，在彰显宁波钱币文化特色的同时，也为钱币收藏者与爱好者搭建起学习交流的平台。

第八章

宁波会馆遗产的可持续发展

作为明清时期发挥重要作用的民间自治组织，宁波会馆遗产曾推动本地经济、文化、社会发展，具有重要的文化遗产价值。但近年来，会馆遗产的保护与利用并未得到足够的重视。宁波会馆遗产的保护与利用已成为亟须展开的重要课题。究竟该如何把会馆遗产纳入现代社会的发展之中？如何弘扬并创新发挥其价值？如何建立具有一定操作性的保护与利用模式？这都是后文试图探索的问题。

第一节　会馆遗产保护与利用的基本原则

历史文化遗产的保护始于个体的文物建筑保护，而其保护和修复工作于18世纪末开始受到重视，相关理论及原则则于19世纪中叶起，历经100多年的发展演变逐渐形成。[①]那么，究竟何为文化遗产的"保护"？在汉语中，仅有"保护"一词，而在国际通用的英文中表示保护含义的单词最常见的有3个：conservation、preservation、safeguarding。有学者曾对英文版的国际宪章中"保护"的用词进行详细整理，发现preservation意味着更严格地保存现状；conservation适用对象更广，保护手段更灵活，且多了一层拯救的含义，因此更频繁地被国际社会使用；safeguarding不仅适用于物，也适用于与人相关的一切，包括历史街区中的原住民、社会结构、文化习俗、身份认同、场所精神等。[②]因其将无形的元素加入有形的建筑遗产价值体系，能更全面地阐释保护的范围，

---

① 阮仪三：《历史环境保护的理论与实践》，上海科学技术出版社，2000年，第1页。
② 陆地：《建筑遗产保护、修复与康复性再生导论》，武汉大学出版社，2019年，第130页。

在国际上出现偏好使用safeguarding的趋势。但无论是哪种"保护"，都包含两个核心：保持和拯救。所谓保持，也即保存其原初状态和所有有价值的遗产元素，并始终延续下去。而拯救，也即防止和排除所有破坏、损毁文化遗产的负面影响，从而达到保持的目的。成功的遗产保护利用，应当能让遗产发挥出鲜活的作用，在现实社会重获新的生命和价值，在文脉化或是重新文脉化的过程中，保持与社会生活的互动关系。作为建筑遗产之一的大运河（江浙地区）会馆遗产，根据学界基本达成共识的保护利用理论，在保护和利用过程中应有以下基本原则可循。

一、原真性原则

原真性原则最早见于1931年的《关于历史性纪念物修复的雅典宪章》，即"保证修复后的纪念物原有外观和特征得以保留"。具体而言，指尊重建筑遗产在采取保护行动之前的状态，保存并传承其历史真实性和承载的全部历史信息。在《关于古迹遗址保护与修复的国际宪章（威尼斯宪章）》中，原真性原则得到强化，其强调遗产的保护利用"决不能改变该建筑的布局或装饰"。《奈良真实性文件》申明，真实性是有关价值的基本要素，"对于真实性的了解在所有有关文化遗产的科学研究、保护与修复规划以及《世界遗产公约》与其他遗产名单收录程序中都起着至关重要的基本作用"。

二、整体性原则

《关于历史性纪念物修复的雅典宪章》最早提出整体性原则，即临近文化遗产时"应给予周边环境特别考虑"，"杜绝设置任何形式的广告和树立有损景观的电杆"。遗产与其周边环境之间存在着紧密而复杂的关联，只有环境的完好保存才能完整维护遗产的价值。联合国教科文组织颁布的《实施〈保护世界文化与自然遗产公约〉的操作指南》提出"设立足够大的缓冲区以保护遗产"，目的就在于在保护遗产本体的同时保护其周边环境。在遗产保护区和缓冲区的建设中，要做到在核心保护范围内，不随意改变遗产的空间格局、建筑立面、材质、色彩等；除确需建造的建筑附属设施，不得进行新建、扩建活动；对现有建筑进行改建时，应当保持或恢复其历史文化风貌。缓冲保护区范围是为了与核心保护区范围的历史文化风貌相协调而规定的实施规划控制的周围区域。在缓冲区控制范围内新建、扩建、改建建筑时，其体量、高度、色彩等须与遗产本体建筑风貌相协调。

三、必要性原则

必要性原则也称最小干预原则，指对建筑遗产的干预降低到最小限度。《巴拉宪章》提出，有些情况下不需要采取行动就能达到保护目的，并不是每一处遗产都需要额外的措施和保护，如果遗产的保存现状较好，在可预见的将来都能顺利地保存下去，则应当尊重它当前的生存状态，切不可因干预而造成破坏。此外，若处于资金、手段有限的状态，也不应当轻易启动文化遗产的保护工作。结合大运河（江浙地区）会馆遗产的现状，其中个别会馆本可继续闲置，但商业开发公司在文物部门介入之前便开启了修复工程，导致会馆内部结构完全被破坏，文物价值尽失。从长效性、本质性解决问题的角度考虑，若暂时没有合适的资金和干预手段，不宜强行干预，应积极考虑让会馆遗产"带病延年"。

四、可识别性原则

可识别性原则即在对文化遗产进行修复的过程中，应注意其历史信息的可读性，任何当代的加固、修补、原物归位和不可避免的添加都应当在保持整体和谐的前提下与原有部分有所区别。当文化遗产的本体或是某些部分已无法维持现状及其现有的使用功能，需采取及时的修复措施以延续其本体的存在及功能发挥，这就是保护性修复。出于保持、拯救的目的对遗产本体的材料、结构等进行必要的稳固、加固，使其能抵御各种劣化因素，并防止进一步劣化。[①]保护性修复通常从材料、构造、结构三方面着手。材料性修复，也即恢复遗产材料的强度及其他保持遗产本体的性能指标，阻止遗产本体进一步糟朽剥落。这种修复方式是大运河（江浙地区）会馆遗产中砖石刻修复较为常用的手法，比如宁波庆安会馆（见图8.1）临近地面的石构件片状剥落，已造成文物价值损失。

---

① 切萨雷·布兰迪：《修复理论》，陆地译，同济大学出版社，2016年，第246页。

构造性修复，也即整修失效的屋面防水保温层，为本体顶部增加顶盖，修复檐沟、水落管等。大运河（江浙地区）会馆遗产均为年代久远的老建筑，尤其是文保级别较低以及尚未定级的会馆遗产，较多出现墙体破坏、水落管缺失导致建筑墙体糟朽等情况（见图8.2、图8.3）。结构性修复，也即从某种程度上恢复遗产本体结构性能的干预措施。一般而言，建筑基础的加固属于内置式干预，而在遗产本体之外增加额外的构件以恢复本体的结构功能，为外置式干预。由于外置式干预会对遗产外观造成影响，而内置式干预会造成遗产本体材料组成的改变，因此在修复过程中，需要仔细权衡利弊优劣，遵循最小干预、最小替换的原则，以维持遗产本体价值。大运河（江浙地区）会馆遗产中，在笔者调研时，已属危房的绍兴嵊州的烟商会馆、杭州金衢严处同乡会馆，亟须进行结构性修复，以防遗产本体倾倒。

图8.1　宁波庆安会馆石构件的片状剥落
（图片来源：傅亦民、金涛：《宁波庆安会馆石刻（雕）病害调查与保护构想》，
《中国文物科学研究》2010年第3期）

图8.2　扬州钱业会馆墙体多处沉降裂缝
（图片来源：扬州市文物局）

图8.3　无锡婺源会馆（徽国公文祠）椽子糟朽严重
（图片来源：惠山古镇文化旅游发展有限公司）

五、预防性保护原则

预防性保护指的是能起到本体保护作用，但不直接在遗产本体上实施的干预措施，也被称为间接保护。早在《关于古迹遗址保护与修复的国际宪章（威尼斯宪章）》中，就提出"古迹的保护至关重要的一点在于日常的维护"。比如公布国家、省、市（县）各级文物保护单位名单，划定保护范围与监控地带，竖立保护标志碑（见图8.4），建立文保单位私有档案，安装监控设施和消防器具，开展文物宣传、普及文化遗产保护知识，等等。在可控范围内，提前充分考虑到所有防患于未然的相关措施，并形成工作机制或操作体系。比如，大运河（江浙地区）会馆可分为国家重点文保单位、省级文保单位和市（县）级文保单位、第三次全国文物普查登

图8.4　湖州丝业会馆保护标志碑
（图片来源：南浔区文物保护管理所）

陆点、历史建筑、保护建筑等，大部分会馆内配备了监控、安防、消防等设施。此外，日常维护也是重要的间接保护措施。

第二节　大运河（江浙地区）视野下宁波会馆遗产
保护与利用现状

根据田野调查，结合第三次全国文物普查名录，可知目前大运河（江浙地区）会馆遗产共计49处，因文保级别和经营管理单位的不同，其保护利用现状也各具特点。

一、文保级别视角下的大运河（江浙地区）会馆遗产本体保护

（一）大运河（江浙地区）会馆遗产文保级别现状

《中华人民共和国文物保护法》规定："国务院文物行政部门在省级、市、县级文物保护单位中，选择具有重大历史、艺术、科学价值的确定为全国重点文物保护单位，报国务院核定公布。省级文物保护单位，由省、自治区、直辖市人民政府核定公布，并报国务院备案。市级和县级文物保护单位，分别由设区的市、自治州和县级人民政府核定公布，并报省、自治区、直辖市人民政府备案。尚未核定公布为文物保护单位的不可移动文物，由县级人民政府文物行政部门予以登记并公布。"

目前，大运河（江浙地区）49处会馆遗产中，属于全国重点文物保护单位的会馆遗产为5处，占大运河（江浙地区）会馆遗产总数的10.20%，其中浙江省3处，江苏省2处。

属于省级重点文物保护单位的会馆遗产为7处，占大运河（江浙地区）会馆遗产总数的14.29%，其中浙江省3处，江苏省4处。

属于市（县）级文物保护单位的会馆遗产为24处，占大运河（江浙地区）会馆遗产总数的48.98%，其中浙江省5处，江苏省19处。

此外，在大运河（江浙地区），另有占比26.53%的会馆遗产，其中尚无保护级别的会馆为10处（浙江省3处，江苏省7处）。此外，还有无锡市文物控制单位1处，扬州市历史建筑1处，杭州市历史建筑1处。

截至2020年9月，宁波全市有各级文物保护单位600处，其中全国重点文物保护单位33处，省级文物保护单位87处，市级文物保护单位10处、县（市）

区级文物保护单位470处；各级文物保护点1080处，其中市级文物保护点147处，县（市）区级文物保护点933处。在这丰富的文化遗产资源中，宁波会馆遗产中属于全国重点文物保护单位的有2处，即宁波庆安会馆和钱业会馆；属于市级文物保护单位的有1处，即安澜会馆；属于区级文保单位的有1处，即药业会馆；另有尚无保护级别的会馆1处，即象山三山会馆。

（二）大运河（江浙地区）会馆遗产本体保护现状

田野调查发现，大运河（江浙地区）会馆遗产根据其所处文保单位的不同级别，本体保护情况存在较大差距。一般而言，国保优于省保，省保优于市（县）保，市（县）保优于尚未定级的。会馆遗产所处的保护级别与其保存情况成正比，即保护级别越高，保存情况越好。

从本体保存来看，国保单位本体保存较为完整，基本经过修复后对外开放。比如苏州全晋会馆已历经多次维修，1983年，实施第一次全面抢救修复工作，其后又进行过10多次局部维修。但受自然力影响，单体建筑屡次出现油漆剥落、檐口糟朽、漏雨等情况。2014年10月，按照《全晋会馆整体保护规划》的部署，全晋会馆保护性整体维修工程正式启动，修缮范围包括全晋会馆中路头门、钟鼓楼、戏楼、厢楼、半轩及廊，西路沿街门面，桂花厅、楠木厅、花篮厅、半亭、廊、各院落天井等，并编制完成《全晋会馆维修保护方案》。该工程于2015年10月竣工验收，与其后的中国昆曲博物馆陈列提升工程无缝衔接。湖州钱业会馆因历史原因，曾遭破坏，先后经1986年第一期工程修复和2002年第二期工程修复后，总体工程修复告竣，还其园林式会馆建筑之全貌。徐州山西会馆于2007年由云龙山管理处委托相关单位编制了《徐州市山西会馆修缮方案》，获江苏省文化厅批准。并先后于2009年、2010年对馆内花戏楼、关圣殿等进行修缮。常州临清会馆于2007年5月由常州市政府组织修缮，并于同年12月底竣工。扬州岭南会馆楠木大厅1999年在风雨中倒塌，2003年由扬州市文管办筹资修复。然而，文保级别较低的市（县）保会馆遗产以及尚未定级的会馆遗产，保存情况不容乐观。杭州金衢严处同乡会馆（见图8.5）已属危房多年，幸于2020年被列入杭州主城区第七批历史建筑加以保护和利用。绍兴东后街三省烟商会馆旧址的保存情况堪忧，处于危房空置状态。

宁波庆安会馆（见图8.6）仪门、前戏台、前看楼（厢房）于20世纪70年代被拆毁，根据1956年房管处测绘草图和1953年南京工学院（东南大学前身）测绘简图于2001年在原址修复了仪门、前戏台和前厢房。近年又开展庆安会馆修缮工程方案设计项目，做好费宅、包宅、安澜会馆日常维护保养项目及白蚁防治项目等。宁波钱业会馆于2004年对会馆内戏台进行了复原修建，对附属生活用房按原有图纸进行了重建，恢复了会馆的原来面貌。基于近年来出现的明显下沉、虫蛀、倾斜等现象，于2014年向浙江省文物局申报维修工程立项，启动议事厅综合维护。2016年，宁波国医堂投资千万元对药皇殿进行了保护性修缮和恢复，并联合其他几家和医药有关的学会或协会在民间举办的药皇祭祀仪式的基础上，重新进行了梳理，使得宁波药皇祭祀仪式得以公开化和正规化。2017年，丁酉年药皇圣诞祭祀时隔70多年后重回药皇殿举行。2018年，药皇圣诞祭祀仪式被列入第五批宁波市级非物质文化遗产代表性项目名录。

图8.5　杭州金衢严处同乡会馆

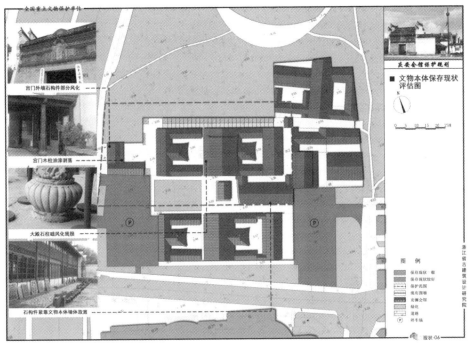

图 8.6 宁波庆安会馆保护现状

（图片来源：宁波庆安会馆）

从保护规划的编制来看，文物保护单位保护规划是实施文物保护单位保护工作的法律依据，是各级人民政府指导、管理文物保护单位保护工作的基本手段。保护规划涵盖了对文保单位价值，重要性，环境、社会与人文影响，管理利用现状等内容的综合评估，保护范围与建设控制地带的划定，以及相关保护措施等，是文保单位生存和发展的重要保障。宁波庆安会馆2004年开始编制《庆安会馆保护规划》，于2015年完成，并上报国家文物局。苏州全晋会馆的保护规划也于2014年上报国家文物局。目前保护规划的编制主要在全国重点文物保护单位这一级别实行，因此省保、市保等文保单位暂无保护规划。

从安防消防来看，由于会馆遗产多为木结构建筑，且年代久远，消防工作尤为重要。各馆基本已落实馆内安全责任制，建立应急情况处置预案，落实人防、技防安保措施，配备专职安全保安人员24小时值班。徐州云龙山管理处实施一岗双责的安保制度，每位职工同时充当安全员，负责自己管辖范围内的安全工作。常州临清会馆也已安装监控设施，配备有监控摄像机、红外线、警棍、手提式灭火器等设备，目前为常州市公安局内保处重点防护单位。岭南会馆除配备基础消防器材外，还在建筑物屋脊等突出部位安装了防雷系统，定期检测和维修。防台举措亦不松懈。宁波庆安会馆启动庆安会馆消防工程（见图8.7），编制《庆安会馆安全管理手册》，不断加强对安保人员的培训工作。此外，近年台风"烟花""灿都""梅花"等袭击宁波，庆安会馆面临极大考验。闭馆期间，相关工作人员严格执行24小时值班制度，连续奋战，守护文物。特别是台风登陆期间，庆安会馆值班人员连同市政、街道工作人员，严防死守，抢排馆内积水，严堵馆外积水，有力保护了庆安会馆本体安全。

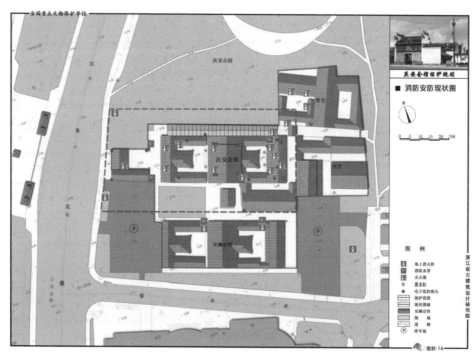

图 8.7　宁波庆安会馆消防安防现状
（图片来源：宁波庆安会馆）

二、经营管理视角下的大运河（江浙地区）会馆遗产利用

（一）大运河（江浙地区）会馆遗产经营管理现状

目前大运河（江浙地区）会馆遗产的管理机构主要分为如下三类。

第一类，归属当地文化部门管理。比如宁波庆安会馆、宁波安澜会馆、苏州全晋会馆、苏州八旗奉直会馆、湖州钱业会馆、常州临清会馆都归属市文化广电旅游局管辖。

第二类，归属其他行业部门管理。比如宁波钱业会馆归属中国人民银行管辖，徐州山西会馆归属市市政园林局管辖，苏州惠荫园安徽会馆目前归属学校使用和管理。用作民居的会馆基本由所在地房管所管理。

第三类，归属企业管理。比如徐州窑湾古镇的苏镇扬会馆、山西会馆、江西会馆等归属骆马湖旅游发展有限公司管理，扬州岭南会馆目前作为高端酒店经营，宁波药业会馆归属宁波国医堂中医药产业集团有限公司管理。

而从经营模式来看，主要可分为七类。

第一类，作为文化场馆开放，共计11处。宁波庆安会馆和安澜会馆场馆联合辟为浙东海事民俗博物馆，展示宁波地区会馆文化、妈祖文化和海事民俗。宁波钱业会馆由中国人民银行管辖，辟为金融系统自办的博物馆对外开放。苏州全晋会馆作为苏州戏曲博物馆、中国昆曲博物馆、中国苏州评弹博物馆对外开放。苏州八旗奉直会馆作为苏州博物馆馆舍，经整体修缮后重新对外开放。浙江杭州的湖州会馆，作为南宋钱币博物馆（民营博物馆）对外开放。绍兴钱业会馆统属于书圣故里景区，作为绍兴中国钱币（纸币）博物馆，2012年起对外开放。绍兴布业会馆曾作为绍兴市老干部活动中心，后被辟为绍兴纺织博物馆，于2021年启动文化布展工程，预计于2024年正式对外开放。苏州济东会馆目前作为吴江县图书馆使用。苏州嘉应会馆现为嘉应会馆美术馆对外开放。另有苏州汀州会馆，作为苏州商会博物馆对外开放。

第二类，作为旅游景点开放，共计8处。湖州南浔古镇丝业会馆，现作为古镇景点对外开放。徐州山西会馆作为云龙山风景区的景点开放。苏州徽州会馆作为常熟市古里镇历史文化街区景点对外开放。徐州窑湾古镇山西会馆、苏镇扬会馆、江西会馆作为古镇景点对外开放。宿迁泗阳天后宫（闽商会馆），庙宇与景点结合，对外开放。无锡婺源会馆（徽国文公祠）作为惠山古镇景点对外开放。

第三类，作为办公地点使用，共计3处。湖州钱业会馆设为湖州市文保所的办公场所。常州临清会馆设为常州市文物管理中心办公用房。杭州绸业会馆用作浙江大学医学院附属第一医院的院史陈列、新闻发布和职工活动场所。

第四类，作为民居使用，共计12处。分别为淮安江宁会馆、扬州厂盐会馆、扬州旌德会馆、扬州山陕会馆、扬州盐务会馆、扬州浙绍会馆、扬州小流芳巷4号徽州会馆、扬州湖南会馆、杭州金衢严处同乡会馆、镇江芦洲会馆、苏州徽宁会馆、宁波象山三山会馆。

第五类，作为学校使用，共计2处。[①]苏州惠荫园安徽会馆目前属于苏州市平江学校分部。苏州潮州会馆现归属苏州市第五中学，作为学校的戏曲教育基地，戏台、戏楼仍用作学生戏剧表演活动的场所。

第六类，作为商用，共计5处。杭州洪氏会馆作为茶楼经营；扬州漆货巷酱业会馆为金昌商贸有限公司办公地点；扬州岭南会馆作为酒店经营；宁波药业会馆，成为集宁波中医药文化陈列、名医坐堂、健康消费于一体的场所；苏州宣州会馆辟为民俗，现为古城活化项目的重要组成部分。

第七类，处于空置或修缮状态，共计8处。湖州绉业会馆、淮安润州会馆、扬州湖北会馆、扬州钱业会馆、扬州仪征商会会馆、扬州高邮京江会馆、苏州武安会馆、绍兴三省烟商会馆，处于空置或修缮状态。

（二）大运河（江浙地区）会馆遗产利用细节分析

目前，大运河（江浙地区）的会馆遗产主要通过以下五种方式来展示其文化遗产的价值与内涵。

一是以陈列展示阐释和传播文化遗产内涵。陈列展览是博物馆的重要基础功能，也是诠释和展现文化遗产内涵价值的重要手段。大运河（江浙地区）会馆遗产中，辟为博物馆和旅游景点的会馆，基本设有主题陈列，结合该会馆遗产及相关文化内涵进行展示。比如，宁波钱业会馆设有"宁波钱庄实景展示""中华历代货币展""红色货币展"，结合宁波钱庄金融史迹陈列，形成多元化的钱币知识普及方式。宁波庆安会馆围绕其承载的会馆文化、妈祖文化、海洋文化等内涵，馆内曾设有"中国·宁波船史展""宁波妈祖文化与会馆文化""妈祖祭祀场景展示"等专题陈列。为深入诠释、全面呈现庆安会馆（安澜

---

① 根据江苏省第三次全国文物普查资料，扬州岭南会馆作为培智学校校址，而笔者在调研中发现，该会馆已辟为酒店。

会馆）的历史文化内涵，庆安会馆于2022年启动陈列改造提升工程，并于2024年1月试开放。焕然一新的庆安会馆基本陈列"商行四海——会馆与宁波商帮文化"，以会馆遗产的历史脉络和文化内涵为切入点，揭示宁波河海交汇的城市特色与区位优势及其对宁波商帮兴起与繁盛的历史关联和重要意义，展示宁波城市在运河文化与海丝文化交融中的发展与繁盛。安澜会馆基本陈列"大爱无涯——妈祖与浙东海事民俗"，以妈祖信俗的缘起与传承为切入点，展现宁波乃至浙东地域的海洋文化、商贸文化与特色民俗。

　　苏州全晋会馆内藏有昆曲及其他剧种的各类文物古籍与珍贵史料，设有昆曲史话展区、晚清民国昆曲展区、新中国昆曲展区、昆曲服饰与器乐展区、昆曲生活馆等。作为文保机构办公地点的湖州钱业会馆和常州临清会馆，均设有基本陈列展示。湖州钱业会馆财神阁和钱业公所内制作了"钱业寻踪"陈列展览，并将财神阁楼下作为临展厅不定期举办文物展览。常州临清会馆自2011年6月起，在会馆内开设"常州木业发展史"陈列（见图8.8）。

图 8.8　常州临清会馆内陈列展示

　　二是组织特色活动，增强公众参与。历史上的会馆本身即具有"合乐"功能，参与性的公众活动的开展既能传承传统文化，也能增加社会公众对文化遗产的认知和兴趣，已成为遗产地宣教板块的重要内容之一。庆安会馆立足于海事民俗，自2002年起，每年与庆安社区联合举办民俗文化教育节，将民俗类活动融入特殊节日活动，将会馆打造成民俗文化的传承重地。宁波钱业会馆自1987年开始，定期举办钱币文化沙龙，编写相关著作，多年来积累了一批珍贵史料和货币文化研究成果。2016年，宁波国医堂在南塘老街国医堂内恢复举行丙申年药皇圣诞祭祀。2018年，药皇圣诞祭祀仪式被列入第五批宁波市级非物质文化遗产代表性项目名录。举办药皇祭祀仪式，旨在纪念药皇创立中华医药的伟大功绩，表达民众对药皇舍己为民、造福后人精神的崇敬之情。

苏州全晋会馆自2005年11月起组织"昆曲星期专场"展示演出活动，至今已坚持10余年，于每周日下午2时定期演出，由专业演员演出观众喜闻乐见的经典昆剧剧目。苏州八旗奉直会馆主要作为苏州博物馆的组成部分，免费对外开放。室内戏台仍在使用中，有定期的戏曲演出或各类文化惠民活动。苏州徽州会馆利用馆舍空间，设有培训基地，开设国学培训、道德讲堂。苏州潮州会馆的戏台目前用作学校学生戏剧表演活动的场所，是学校的戏曲教育基地。

三是利用会馆场地及文化资源进行商业经营。大运河（江浙地区）会馆遗产的商业经营主要分为两大类。一类是作为博物馆内的文创产业经营，目前刚刚起步。比如苏州全晋会馆的折扇、帆布袋、红包等，湖州丝业会馆（见图8.9）的丝绸服饰、手拎包等。另一类是将会馆租赁给企业进行商业经营，经营项目与会馆自身的文化内涵并无太多关联，且收益一般。比如，杭州洪氏会馆作为茶楼经营，淮安润州会馆出租给商户，但两所会馆的经济效益都不甚理想。

四是将会馆辟为民居，供市民居住。在大运河（江浙地区），作为民居的会馆普遍居住条件较差，且居住在内的多为老年人。经调查发现，会馆内居民分为三类：第一类为会馆后人，扬州旌德会馆、扬州盐务会馆均由会馆后人居住，苏州徽宁会馆由徽商商会委派的徽商后人居住，负责看守该会馆建筑。第二类为公司或单位职工家属，如扬州山陕会馆、扬州湖南会馆、杭州金衢严处同乡会馆等。第三类为普通租户，出租方为房管所。

五是空置。在大运河（江浙地区）会馆遗产中，空置的会馆分为以下情况：部分归属

图8.9　湖州丝业会馆文创产品展销

于国家单位，处于闲置状态，比如隶属于扬州税务局的扬州钱业会馆，隶属于苏州市平江区房管局的苏州宣州会馆，隶属于苏州房管局的苏州武安会馆等；一部分租赁给企业，但处于空置状态，基本没有发挥文化遗产的价值功能。

三、大运河（江浙地区）会馆遗产保护与利用存在的问题

根据前文对大运河（江浙地区）会馆遗产保护和利用现状的梳理，可见会馆遗产保护情况堪忧，遗产利用有限，唯有摸清当前遭遇的和未来保护利用过程中仍将面对的主要问题，深入分析原因，方能为解决问题提供思路。

（一）会馆本体保护困难重重，会馆遗产法律保障不够

目前，我国已颁布多部有关文化遗产保护的法律法规，并在新修订公布的文物保护法中，把"保护为主、抢救第一、合理利用、加强管理"的十六字方针写入法律，但这只是文物工作总体的指导方针，缺乏明确的指导性原则。在文化遗产保护的法律法规中，虽已就保护对象进行调整，将古墓葬、古建筑、石窟寺、石刻、壁画、代表性建筑、艺术品、手稿等内容囊括进去，但在国家层面并未明确提及会馆遗产。而大运河（江浙地区）会馆遗产中，部分会馆暂无保护级别，其保护无法可依，且保存状态堪忧。法律条款宽泛，加之立法保护对象狭窄，对于会馆这种处于边缘地带的文化遗产保护工作的开展，极为不利。

1.会馆遗产文保级别普遍偏低

在我国文化遗产组成体系中，明清会馆遗产并未受到足够的重视，在中华人民共和国成立初期仍有大量保留，后在城市化进程中逐渐消亡，目前会馆遗产已寥寥无几，在国家重点文物保护单位中所占比例也微乎其微。自1961年国务院公布第一批全国重点文物保护单位开始，至2019年国务院公布第八批全国重点文物保护单位止，共计公布全国重点文物保护单位5058处（不含合并数量），其中会馆建筑仅有26处，而位于大运河（江浙地区）的仅5处（见表8.1、表8.2）。

表 8.1　国务院公布全国重点文物保护单位数量统计

单位：处

批次	公布时间	国保单位总数	古建筑遗产	会馆遗产
第一批	1961 年	180	72	1
第二批	1982 年	62	28	0
第三批	1988 年	258	111	3
第四批	1996 年	250	110	2
第五批	2001 年	518	248	5
第六批	2006 年	1080	513	8
第七批	2013 年	1943	795	4
第八批	2019 年	762	280	3

资料来源：根据国家文物局网站公布资料统计编制。

表 8.2　列入全国重点文物保护单位的会馆遗产名录

编号	批次	名称	创建年代	地点
1	第一批	忠王府（八旗奉直会馆）	清代	江苏省苏州市
2	第三批	自贡西秦会馆	清代	四川省自贡市
3	第三批	聊城山陕会馆	清代	山东省聊城市
4	第三批	社旗山陕会馆	清代	河南省社旗县
5	第四批	周口关帝庙（山陕会馆）	清代	河南省周口市
6	第四批	烟台福建会馆	清代	山东省烟台市
7	第五批	天津广东会馆	清代	天津市南开区
8	第五批	庆安会馆	清代	浙江省宁波市
9	第五批	山陕甘会馆	清代	河南省开封市
10	第五批	潞泽会馆	清代	河南省洛阳市
11	第五批	荆紫关古建筑群(山陕会馆)	清代	河南省淅川县
12	第六批	北京安徽会馆	清代	北京市西城区
13	第六批	全晋会馆	清代	江苏省苏州市
14	第六批	洛阳山陕会馆	清代	河南省洛阳市
15	第六批	重庆湖广会馆	清代	重庆市渝中区
16	第六批	成都洛带会馆	清代	四川省成都市

编号	批次	名称	创建年代	地点
17	第六批	云南会泽会馆	清代	云南省会泽县
18	第六批	甘肃张掖会馆	清代	甘肃省张掖市
19	第六批	宁波钱业会馆	民国	浙江省宁波市
20	第七批	复兴江西会馆	清代	贵州省遵义市 赤水市
21	第七批	骡帮会馆	清代	陕西省商洛市 山阳县
22	第七批	瓦房店会馆群	清代	陕西省安康市 紫阳县
23	第七批	大运河丝业会馆及丝商建筑	清代	浙江省湖州市 南浔古镇
24	第八批	怀覃会馆	清代	山西省晋城市 城区
25	第八批	怀邦会馆	清代	河南省禹州市
26	第八批	北京湖广会馆	清代	北京市

资料来源：根据国家文物局网站公布资料统计编制。

从表8.1、表8.2可以看出，全国重点文物保护单位名录中，从第三批开始出现会馆，到第八批共有26处会馆遗产进入国保名单。会馆建筑由于大多为明清时期初建，在建筑年代上处于价值评判的劣势地位，造成对其价值认识不全面，对其保护利用重视不够。大运河（江浙地区）曾是会馆繁盛发展的地域，但会馆遗产部分尚未纳入文物部门的保护体系，部分尚无文保级别，无法实施保护工作，现存状况相当严峻，整体生存环境堪忧。大运河（江浙地区）会馆遗产中，列入国家重点文物保护单位名录者，基本具备完善的保护管理机构及详细的管理措施，总体保存状况较好。处于更低一级保护单位的省级文物保护单位和市县级文物保护单位的文物建筑保护状况相对落后，存在各种复杂问题。有些会馆建筑坍塌严重，如不及时抢修，随时面临彻底毁坏的后果。比如，杭州湖州会馆、绍兴东后街三省烟商会馆等保存情况堪忧。另有3处本列于三普名录中的会馆，其中杭州的宁绍会馆于2013年毁于火灾，杭州的南阳坝会馆和绍兴的安徽会馆近年被拆除。

2. 会馆遗产保护与利用经费有限

随着文物事业的发展，我国保护不可移动文物的力度也在逐步增加。国家专门设立文物保护专项资金，这是中央财政为支持全国文物保护工作、促进文物事业发展设立的具有专门用途的补助资金。专项资金的年度预算，根据国家文物保护工作总体规划、年度工作计划及中央财政财力情况确定。补助范围主要包括：全国重点文物保护单位保护，省级及省级以下文物保护单位保护，考古、可移动文物保护，财政部和国家文物局批准的其他项目，等等。根据中国文化遗产研究院李春玲的统计，中央文物保护专项转移支付资金从1978年的0.07亿元增加到2009年的36.03亿元，30年间增长了514倍。从1992年开始，"中央抢救性文物保护设施建设专项资金"启动，每年投入2500万元用于文物保护单位管理工作。[①] 各级地方政府也设立了文物保护专项资金。比如杭州自2004年起，政府每年投入1.3亿元，专门用于全市的文物修缮保护。徐州市于2013年出台《徐州市人民政府关于进一步加强文物工作的意见》，每年从宣传文化发展专项资金或城市维护费中列支300万元，以满足国家级及省级文物保护维修配套、市级文物保护单位等的保护、维修、安防等要求，并要求各地方政府加大文物保护投入力度。[②]

然而，作为文保单位中的弱势群体，大运河（江浙地区）会馆的维修经费依然堪忧。以市保单位杭州湖州会馆为例，其用作南宋钱币博物馆（民营博物馆），自2002年起开始免费对外开放，已20余年。目前会馆整个地面已倾斜，倾斜角度超过30度，窗门已无法关闭。会馆毗邻浙江大学医学院附属第一医院24小时停车场，每当车过，如有余震，文物安全堪忧。又如苏州嘉应会馆，现为嘉应会馆美术馆，免费对外开放，会馆建筑维护经费由嘉应会馆全权承担，较为困难。市保单位的维修经费筹措尚且如此，级别更低甚至尚无定级的会馆遗存情况更是窘迫。

3. 会馆遗产周边环境堪忧

现代文化遗产的保护理念认为，不可移动文物与其周边环境应从整体上视为一个相互联系的统一体。因此，从保存其历史特征和风格的角度出发，应对

---

① 李春玲：《全国重点文物保护单位制度研究》，文物出版社，2018年，第114页。
② 根据杭州、徐州等地政府官方网站发布的信息整理。

不可移动文物与其周边环境进行一体保护，以确保不可移动文物与其周边环境的和谐并存。为了贯彻这一理念，《中华人民共和国文物保护法》规定，各级文物保护单位，分别由省、自治区、直辖市人民政府和市、县级人民政府划定必要的保护范围（见图8.10），全国重点文物保护单位的保护范围由省、自治区、直辖市人民政府文物行政部门报国务院文物行政部门备案。《中华人民共和国文物保护法实施条例》指出，文物保护单位的保护范围，是指对文物保护单位本体及其周围一定范围实施重点保护的区域，它

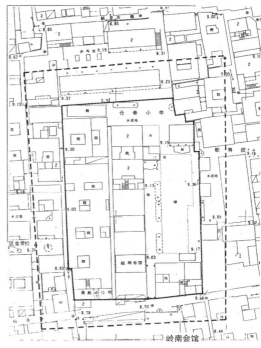

图 8.10　扬州岭南会馆保护范围和建设控制地带
（图片来源：扬州市文物局）

应根据文物保护单位的类别、规模、内容以及周围环境的历史和现实情况合理划定，并在文物保护单位本体之外保持一定的安全距离，确保文物保护单位的真实性和完整性。保护范围依法划定之后，即应得到贯彻和实施，而破坏这一范围内的周边环境的，即属于违法行为，应予制止或进行相应的处罚。[①]文物建筑与历史文化名城名镇甚至非物质文化遗产等都是一个有机的整体，立法管理的割裂则严重影响文化遗产的保护。由于大运河（江浙地区）大部分会馆的文保级别较低，会馆又通常集中分布于城市的核心城区，往往是城市建设的中心地带，因此其周边环境的破坏程度较高，遭受破坏的概率相对更高。

（二）管理缺位，人才队伍参差不齐

1.管理体系尚需厘清

经实地走访发现，目前会馆遗产隶属的主管部门较为混乱。大运河（江浙地

---

① 王云霞主编：《文化遗产法教程》，商务印书馆，2012年，第30—31页。

区）会馆遗产中，归属文广系统管理的有6家，占遗产总数的12.24%，其余分属房管所或其他行业管理部门，这给会馆遗产的专业管理和保护造成了重重障碍。部分会馆建筑破坏严重，历史风貌基本丧失。某些会馆由于商业运作公司先于文物管理部门介入会馆建筑的修复工程，虽意图修复文物建筑，恢复其历史功能，但由于文物知识的欠缺，在修复过程中已破坏会馆建筑的原有风貌。部分会馆建筑本体的装饰雕刻、馆内碑刻等缺乏有效的保护措施，自然侵蚀严重。

在市场经济运行的环境下，文化遗产经营权和管理权的转让正处于探索性尝试阶段，存在较多争议。一方面，作为公共性资源，文化遗产具有公益性特质，又兼含文化价值。若交由追求利润最大化的企业进行营利性经营，民众以旅游的方式形成文化遗产消费意义上的经济价值，势必损耗文化遗产的有效传承。另一方面，文化遗产既是文化资源又是经济资源，按市场规则经营转让，可从资金筹集、管理水平等层面受益，推进其保护利用。在大运河（江浙地区），部分会馆遗产就是交由企业经营：有的交与开发商经营并签订合同20年，目前离合同到期仍有5—6年时间，却早已空置；有的是旅游公司在其修缮过程中就先于文物部门介入，馆内建筑原貌已完全改变；也有的辟为宾馆经营，建筑原貌维系较好。

2.人才队伍亟须建设

文化遗产行业是一个从事保护、科研、展示、宣传和公共服务的综合领域，涉及人文学科和自然学科，需要多学科交叉和科技支撑，因此该领域需要的不仅是文博专业的人才，也需要复合型人才。当前文化遗产保护人才队伍与保护任务很不相称，已成为文化遗产事业发展的瓶颈问题。

就大运河（江浙地区）会馆遗产的管理现状而言，人才队伍建设亟须加强。首先，工作人员数量少，会馆内专业人员紧缺，比如宁波庆安会馆和安澜会馆，两馆合一作为浙东海事民俗博物馆对外开放，在编工作人员仅6名；宁波钱业会馆正式在编工作人员仅有3名，人员力量严重不足且流动性较大。这也意味着，研究人员必须同时承担起会馆内宣传、布展、活动等相关事务，极大剥夺了研究工作的时间和精力。其次，工作人员专业水平有待提高，大运河（江浙地区）只有6处会馆隶属于文物部门，仅占该区域会馆遗产总数的12.24%，作为商用、民居、空置的会馆，只能依托当地文物部门的工作人员来进行研究梳理，但又并非直接管辖，使得对相关会馆的研究和重视不够，这也直接导致相关会馆文化资源的埋没和无人问津。此外，工作人员的专业基础、知识结构、学历水平都尚难以满足会馆专业领域研究工作的开展，对会馆未来发展造成阻碍。目前，大运河（江浙地区）会馆遗产管理研究机构中，人才结构尚不合理：一方面，高学历和高级职称人才的数量在逐渐增加；另一方面，高层次、复合型人才尤其是专家级学科带头人，科技保护、文物保护等方面的人才还比较缺乏。职工专业素质和管理能力与文物事业发展的需要仍存在较大差距。

（三）利用有限，文化内涵亟须挖掘

1.展陈水平仍需提高

大运河（江浙地区）会馆遗产作为天然的博物馆，其文物本体建筑以及承载的文化资源构成了旅游资源的主体，基本以静态展示为主，表现形式单一，互动性不强，依赖导游和讲解员的讲解，导览系统尚不完备。会馆不同于现代博物馆的内部空间，多为开放式的院落，可供展陈的空间非常有限，展线布置因此受到影响；展陈条件差，难以展示级别高的文物，极有可能造成保存和安全隐患。临展作为博物馆内常设展览的重要补充，具有周期短、时效强、形式多、内容广等诸多优势，对于博物馆持续保持吸引力具有重要意义。然而，开辟成博物馆的会馆，通常由于展陈条件有限，引进临展的文物级别不高，展陈多局限于图版形式，由此也限制了会馆作为博物馆的进一步发展。对于散客来说，在短时间内较难掌握会馆文化的内涵，使得旅游体验大打折扣。由于参观人员较少，会馆内的活动举办常需要刻意去招募参与人员，辐射面太窄，产生的社会效益有限。

2.遗产档案亟待整理

1962年8月22日，文化部文物局在《关于博物馆和文物工作的几点意见（草稿）》中第一次完整而明确地提出文物保护单位的"四有"工作，要求："迅速实现第一批全国重点文物保护单位的'四有'工作（有保护范围，有标志说明，有科学记录档案，有专人管理）。"1982年11月19日发布的《中华人民共和国文物保护法》第九条明文规定："各级文物保护单位，分别由省、自治区、直辖市人民政府和县、自治县、市人民政府规定必要的保护范围、作出标志说明，建立记录档案，并区别情况分别设置专门机构或者专人负责管理。"我国文物保

护实践工作证明，"四有"工作的推行，对于文保单位的有效保护、合理利用和加强管理发挥了重要作用。

但是，大运河（江浙地区）会馆的"四有"工作仍存在较大差距。一般而言，大运河（江浙地区）会馆遗产大部分都有专人管理、标志说明等，主要问题都出在记录档案。记录档案是用各种方式和手段收集、记载与文物保护单位有关的科学技术资料，分为科学技术资料和行政管理文件。记录档案是完整获取文物保护单位当代与历史信息的重要资料，通过文字、音像制品、图画、拓片、摹本、电子文本等形式对该文保单位进行全面、科学的记录。记录档案的缺失，对于全面掌握文化遗产信息，深入学术研究、保护利用等都会造成阻碍。调查发现，苏州八旗奉直会馆由于历史原因，部分场馆归属苏州博物馆管理，部分区域归属拙政园管理，作为国保单位，并没有建立完整的记录档案。宁波安澜会馆、药业会馆、三山会馆等亦无完整的记录档案，目前宁波市文化遗产管理研究院已着手开展庆安会馆记录档案的增补、安澜会馆记录档案的编制等工作。

3.遗产研究尚需加强

在大运河（江浙地区）会馆遗产中，部分对外开放的会馆内展示主线并未围绕会馆，会馆历史面貌未能得到全面系统的展示。如苏州八旗奉直会馆虽为国保，但目前作为苏州博物馆的组成部分，并未展示其自身的会馆历史文化；苏州全晋会馆主要展陈昆曲相关内容。部分会馆以会馆历史文化为主题陈列，如宁波庆安会馆、常州临清会馆等，但会馆的原始资料、历史文献等资源匮乏，对会馆的研究仍不够深入，因此也直接影响到馆内的展陈水平。从会馆方面而言，一则因为经费紧张，在会馆文物征集和陈列展示中筹措有限；二则由于保管不善或交接疏漏等问题，会馆馆藏史料流失严重，虽有意呈现会馆原有风貌，却无据可依。研究工作的缺憾，使得会馆遗产自身文化资源的保护与开发陷入困境。

经实地调研发现，目前大运河（江浙地区）会馆中常态化推进学术研究工作的会馆较少，且研究的重点并不在会馆本身。比如宁波庆安会馆的研究重点是妈祖文化、运河文化、海丝文化，会馆文化由于遗存资料较少，展开研究也较少。钱业会馆的研究重点在金融行业，其本身也隶属于人民银行。苏州全晋会馆的研究集中于昆曲和评弹。徐州山西会馆并无专职研究人员，偶有研究涉及该馆建筑。对于会馆的历史脉络，创建商帮的经营活动及发展，会馆与当地经济、社会、文化发展的关联等，甚少涉及，由此会馆的专题研究展开难度很大，会馆的文化遗产资源也未能得到足够的挖掘和探讨。

大运河（宁波段）承载着时代的舟舸，培育了灿烂辉煌的浙东文明，营造了优美怡人的江南运河风景，从古至今推动着宁波的经济发展与社会进步。庆安会馆、安澜会馆、钱业会馆、药业会馆等宁波会馆遗产集中分布在大运河（宁波段）沿线，蕴含着宁波民众多年来积累和形成的独特的精神价值、思维方式和文化意识，体现着本地文化的生命力和创造力。形成以大运河为依托的线性旅游空间，将原有旅游景点整合，使之成为运河功能群中独具特色的一块，既可形成整体效应，又能发挥个体特色陈述历史细节。

第三节　宁波会馆遗产保护与利用的模式探讨

总体而言，宁波会馆遗产的利用尚处于探索阶段，会馆遗产的内涵尚未得到全面发掘，会馆遗产的利用仍有较大发展空间。基于会馆遗产本身的文化内涵和特点，结合国际社会关于文化遗产保护的基本要求和原则，下文试对会馆遗产的保护与利用模式进行探讨。

一、专题博物馆模式

萌芽于17世纪、成熟于19世纪的博物馆学，旨在通过保存、研究和利用自然标本与人类文化遗存，进行社会教育。博物馆的设立是为了保护和利用社会与自然中价值高的物品，其研究也以保存和利用人类文化遗存为重要内容。因此，文化遗产学的研究与博物馆学的研究重合面极大，文化遗产管理的重要目标之一就是博物馆事业的发展。

作为国家法定的文化遗产保护专门机构，博物馆的基本任务涵盖对文化遗产的搜集、保护、管理、研究、展览和提供利用。《中华人民共和国文物保护法》第三十六条规定，国有博物馆、纪念馆、图书馆是国家文物的主要收藏单位。博物馆等文物收藏单位对所收藏的文物，负有科学保护管理、整理研究、公开展览和提供利用的责任。改革开放以来，我国文物系统博物馆在文化遗产保护方面发挥了重要的作用，在文物收藏、保护设施建设、藏品保护、藏品管理及其科学研究方面取得了显著的成果。

专题博物馆模式在国内会馆保护利用中运用最为普遍，已成为保护会馆遗产最常用的经典手段。相比其他模式，专题博物馆集收藏、研究、展示、教育于一体，一方面可以持续挖掘会馆遗产内涵，另一方面可以在保护会馆遗产的基础上适度展开展示、教育活动，实现会馆遗产的当代价值。相比现代化的综合性博物馆，会馆类专题博物馆均以会馆遗产本体设为馆舍，带有浓厚的明清时代气息，游客在进入博物馆前，已被其自身的环境氛围感染，入馆后，通过陈列展示等细节信息，全面浸润于传统历史文化中。将作为文保单位的会馆辟为博物馆对外开放，一方面，可以通过展陈阐释和传播会馆承载的历史文化；另一方面，由于会馆建筑本体就是博物馆最大的藏品，其在展示中得以妥善保护。

（一）自贡西秦会馆

西秦会馆位于四川省自贡市市区解放路，清乾隆元年（1736）至十七年（1752）大批陕籍商人来自贡经营盐业致富后集资修建。道光七年（1827）至九年（1829）又扩建了西秦会馆正殿，历时十六载竣工。全馆占地3451平方米，于1988年被列为全国重点文物保护单位。1959年3月，在邓小平同志倡议下，以西秦会馆为馆址，组建盐业历史博物馆，由西秦会馆、吉成井盐作坊遗址和王爷庙三处组成，并于同年10月正式对外开放。该馆以收藏、研究、陈列中国井盐历史文物和资料为主，收藏珍贵文物3879件（套），是中国较早的专业博物馆之一。该馆充分利用会馆的建筑空间，将井盐发展的史籍、文献、实物、工具等珍贵文物和资料，有机组合陈列起来，融参观学习、互动体验于一体，被颁定为"全国科普教育基地"，并于2017年被正式评定为国家一级博物馆，同时也是我国最早建立的专业史博物馆之一。

1.基本陈列形式新颖，互动性强

自贡西秦会馆的基本陈列"井盐生产技术发展史"，围绕深井钻凿技术，通过大量文物、工具群、文献、史料等，突出钻井、采卤、采气、制盐等重点，将陈列展墙与展柜、文物、史料、模型、声光电设备等融为一体，建立立体起伏的场景。[①]其中展出的几十个大、中、小型模型，大多可以进行操作、表演，

---

① 李伟纲：《陈列大变样　馆容添新装》，《盐业史研究》1986年第1辑。

陈列内容生动丰富。同时，在会馆外，结合盐业生产的现场和遗址，开设盐业历史现场陈列馆，比如保护和复原了世界上第一口超千米深井——燊海井，并展出了高达八十米的木制井架——天车。馆内外陈列相互呼应，独具特色，令人耳目一新。

2.注重资料搜集，重视学术研究

自贡西秦会馆建馆三十周年（1990）之际，馆藏文献资料已达上万册（卷），盐业生产相关照片资料有上万张，还有数量可观的盐业生产历史及遗址的视频、音频资料等。馆刊《井盐史通讯》于1976年创办，现已成为国内唯一的盐史研究核心期刊《盐业史研究》。1982年，又成立自贡市井盐史研究会，就井盐科技史、经济史和盐工斗争史等专题展开研究。博物馆内成立井盐史研究部，先后发表数十篇论文。从20世纪80年代中期至90年代初，又启动井盐史专题研究，出版《中国井盐科技史》《自贡盐业志》《川盐史论》《中国古代井盐工具研究》等著作（见图8.11）。同时，多次组织盐业遗址、遗迹考察，在获取第一手资料的同时，征集和收藏了一批珍贵的工具和设备。扎实的研究基础，为社会教育活动的展开提供了理论支撑。

图8.11　自贡西秦会馆部分研究成果

（图片来源：自贡西秦会馆）

3.用心科普，活动如火如荼

自2000年被命名为"全国科普教育基地"后，自贡西秦会馆打造了"走近科学——博物馆与青少年""神奇的盐都、可爱的家乡""感知千年盐都""话说盐都""盐的知识"等一系列有特色的科普活动（见图8.12），在长年的科普工作中卓有成效。青少年在听取讲解的同时，可以自行操作体验井盐生产技术的模型。可以说，自贡西秦会馆的科普教育极具实效。

图8.12　自贡西秦会馆讲解员演示打捞落物模型
（图片来源：自贡西秦会馆）

（二）宁波庆安会馆

庆安会馆（见图8.13）位于浙江省宁波市江东北路156号，地处奉化江、余姚江、甬江的三江口东岸，占地面积约1万平方米，建筑面积8000平方米。庆安会馆由宁波北号商帮建成于清咸丰三年（1853），既是船业商帮聚会议事之地，又是祭祀海神妈祖的殿堂。1997年，庆安会馆和安澜会馆被辟为浙东海事民俗博物馆。2001年6月，庆安会馆被国务院公布为第五批全国重点文物保护单位，并于同年12月正式对外开放，现为国家三级博物馆、浙江省爱国主义教育基地。2014年中国大运河成功申遗，庆安会馆作为大运河（宁波段）的重要文化遗存，成为宁波首个世界文化遗产点。

图 8.13　宁波庆安会馆航拍

1.以一座公共开放的历史空间迎接现代生活

历史上的庆安会馆曾是公共开放的空间，周边居民也来祭祀妈祖、祈求平安。将庆安会馆修复，辟为博物馆重新开放，象征性收取门票费用10元，正是让文化遗产重新回归到普通人的生活当中的重要举措，既能妥善保护和管理会馆，也能向世人展示文化遗产的精彩。庆安会馆作为有形的历史物证，为人们解读和阐述历史记忆提供了有形的空间和视觉环境。

2.以一种学习的方式浸入现代生活

庆安会馆将展陈作为遗产知识传播的主要途径，紧密围绕会馆文化遗产价值内涵和原始功能，馆内曾设有"中国·宁波船史展""宁波与'海上丝绸之路'""宁波妈祖文化与会馆文化""妈祖祭祀场景展示"等专题陈列。2022年，宁波市文化遗产管理研究院启动庆安会馆（安澜会馆）陈列改造提升工程，并于2024年1月重新开馆，推出"商行四海——会馆与宁波商帮文化"陈列（见图8.14）、"大爱无涯——妈祖与浙东海事民俗"陈列（见图8.15），对会馆承载的历史知识和文化功能进行系统、全面的阐释。针对海丝文化、运河文化、会馆文化、妈祖信俗、船舶文化等主题，庆安会馆近年还先后引进"中国非物质文化遗产保护成果展"、"千年海外寻珍图片展"、"中国会馆图片展"、"妈祖信俗成功申报世界'非遗'图片展"、"丝路帆影——源自英国皇家格林威治的影像图片首展"等临时陈列60余项。通过召开海峡两岸妈祖文化研讨会、中国会馆保护与发展宁波论坛、"行舟致远"航海日文化论坛等会议，出版《庆安会馆》《信守与包容——浙东妈祖信俗研究》《宁波会馆研究》等著作，发表研究论文40余篇，建立专题网站，拍摄微电影、宣传片等，以不断深入的学术研究和不断更新的文化产品，为市民深入了解庆安会馆提供丰富的资料和拓宽知识视野的平台，使庆安会馆成为行之有效的第二课堂。

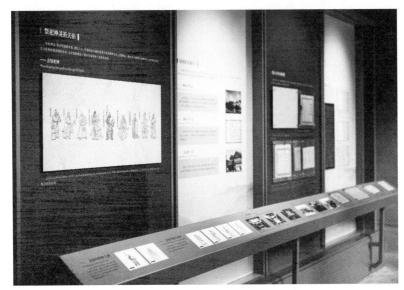

图8.14 "商行四海——会馆与宁波商帮文化"陈列

图8.15 "大爱无涯——妈祖与浙东海事民俗"陈列

3.以一种文化聚会的生活习惯融入现代生活

文化遗产的活化应以保护和继承合理的文化基因为基础，植根于现代的土壤，并与时俱进地对其进行新的认知和解码，以当下人们能接受的文化形式来实现。"合乐"作为会馆的原始功能之一，也是会馆融入现代生活的重要方式。沿袭会馆原有的戏台演出传统，结合传统节日，庆安会馆一直坚持在春节、国庆期间组织越剧折子戏演出，在端午节、元宵节、中秋节等传统节日期间办文化派对，连续十年与周边社区合作举办民俗文化教育节，每年在妈祖诞辰和升天日举办妈祖祭祀仪式，并借由共同的妈祖信俗，于2011年起与台湾善化庆安宫结对交流，连续开展甬台两地妈祖文化交流活动，让人们聚集在文化遗产的建筑空间，感受节日气氛，传承民族文化，形成文化习惯。庆安会馆的文化活动持续丰富着宁波市民和游客的精神文化生活，连接起了这座城市的过去、现在与未来。

二、开放式旅游景点模式

1999年10月在墨西哥通过的《国际旅游文化宪章》指出：旅游与文化遗址之间是互相依存的动态关系，国内、国际游客可以通过旅游，了解和体验历史和其他社会的现实生活。而文化遗产在旅游中呈现的经济价值，又可转换为教育资源和保护资金，使得文化遗产的保护与利用进入良性循环。[①]旅游业的发展是城市文化遗产新的机遇和挑战，文化遗产若能作为旅游吸引物转化为文化资本，则既可以维系自身生存，也将创造巨大效益。应致力于提升遗产的可参观性，营造合适的文化氛围，增加遗产的可消费性、丰富性和吸引力。

当前，国内会馆遗产已逐渐成为旅游经济的组成部分，具有文物价值、历史价值的会馆先后被修复，并对外开放。比如，北京地区在20世纪末率先修复台湾会馆、平阳会馆戏楼、浙江银号会馆正乙祠戏楼、湖广会馆戏楼、安徽会馆戏楼等。北京在会馆遗产保护上的做法成为各地范例。在中国文物学会会馆专业委员会引领下，各地会馆正处于逐步发展的态势，比如江西抚州市的福州会馆、安徽泾县的扶风会馆、广西龙州的粤东会馆、重庆市的湖广会馆、广州

---

① 戴伦·J.蒂莫西：《文化遗产与旅游》，孙业红等译，中国旅游出版社，2014年，第2页。

市的绵纶会馆、河南南阳社旗县的山陕会馆等。旅游作为一种经济性活动，要产生良好的经济效益和社会效益，需涵盖的不仅是游，还有食、娱等。将会馆融入文化旅游的大家庭，就要寻找到最适合该会馆发展的形式。

北京湖广会馆（见图8.16）位于北京市西城区骡马市大街东口南侧虎坊桥西南隅，始建于清嘉庆十二年（1807），道光十年（1830）重修，建筑面积2800平方米。原为私宅，最后由叶名沣捐建为湖广会馆，谭鑫培、余叔岩、梅兰芳诸名伶皆曾在此演出。湖广会馆是目前北京仅存的建有戏楼的会馆之一，也是按原有格局修复并对外开放的第一所会馆。经修复后，湖广会馆于1996年5月8日对外开放，次年9月，以湖广会馆为基础成立北京戏曲博物馆。

图8.16　北京湖广会馆
（图片来源：北京湖广会馆）

北京湖广会馆巧妙利用自身资源，以贴近老百姓生活的方式，形成了该馆旅游开发的独特思路：一是"食"，楚畹堂内设南国和北国两个餐厅，供游客饮茶、休闲、吃饭，推出旅游特色餐饮，号称"湖广会馆私房菜"；二是"游"，文昌阁内辟北京戏曲博物馆，以会馆史料、戏曲文物、文献以及音像资料，展示北京戏曲艺术为主的戏曲发展史；三是"娱"，充分利用湖广会馆戏楼，每晚由北京京剧院著名京剧演员演出，游客可在古老戏楼内欣赏原汁原味的戏曲精品剧目（见图8.17），体验会馆演出的独特文化氛围。

北京湖广会馆的成功经验主要有如下四个方面：第一，以戏台演出和湖北菜为特色，巧妙将餐饮、观戏与游览三者相结合，在丰富游客旅游内容的同时，延长其旅游停留时间。以戏曲作为会馆旅游主题，将静态布展和动态演出相结合，使文化旅游项目的特色性与参与性融为一体、完美呈现。第二，形成区域旅游网络。北京市政府与旅游主管部门的统一规划，使得湖北会馆与北京城内的其他著名景点互相依托，形成区域旅游资源网络，以区域整体实力带动湖广会馆的旅游知名度。第三，宣传得力，营销有效。充分利用互联网进行宣传，提高自身知名度；会馆内的休闲茶饮、餐点等，密切结合会馆特色，供游客自主选择。

图 8.17　北京湖广会馆戏台演出

（图片来源：北京湖广会馆）

三、特色住宿模式

1999年的《巴拉宪章》明确指出保护文化遗产的目的是保持某个地点的文

化意义。如何进行保护，怎样处理具体的地点与文化构件，取决于怎样做才能使得这个地点的文化意义得到最好的延续。①根据笔者实地调研统计数据，大运河（江浙地区）有12处会馆用作民居使用，占该区域会馆遗产总数的24%。其中扬州地区会馆作为民居使用的比例最高，该地53%的会馆遗产用作民居。大运河（江浙地区）会馆中，不少会馆原为民居，比如扬州京江会馆、苏州八旗奉直会馆等。当下，将会馆辟为民居，可以保存传统的居住习惯和风俗。

"住到文物建筑里去。"与其赋予建筑遗产全新的用途，不如让其重获最初用途，历史文化意义和强烈的场所精神会凸显其珍贵的价值。②借鉴意大利皮埃蒙特大区民居的保护与修复经验③，将会馆辟为居民，应根据会馆的建筑特征和具体构成，提出相应的干预和修复意见，内容细化到措施目标、所用材料、技术操作以及措施建议等。同时针对会馆内现代设施升级问题进行细节处理，包括卫生条件升级、新能源的利用、水电线路升级、建筑稳定性升级以及其他设施升级等，有效避免会馆民居化后的"发展性"破坏。以扬州会馆遗产为例，目前东关街道是扬州会馆遗产最集中分布的区域，且该区域会馆多为民居使用，散落在居民区内。这正是其以民居模式利用的优势所在。扬州会馆遗产分布在老城居民区内，原汁原味的当地居住文化保存较好。应以会馆为核心，划定区域，建立会馆住宿体验区，使该区域建筑群在时代性、地域风格层面达成一致，在保持会馆遗产的原真性和历史文化氛围的同时，让当地居民在参与遗产保护和利用的过程中真正受益。

扬州岭南会馆位于扬州市区新仓巷，始建于清同治八年（1869），由卢、梁、邓、蔡姓盐商集资修建，是清代粤籍盐商在扬州议事聚集、联络乡谊的场所，光绪九年（1883）增建。坐北朝南，占地面积4000平方米，建筑分东西两条轴线，现存大门、照厅、大厅、住宅楼。

目前岭南会馆已由设计师结合建筑特色与生活特点进行室内设计和可逆性改造，内设古建筑文化展览区、建筑图书馆和建筑设计展览馆（见图8.18）。毗邻的境庐精品酒店，由4座旧的教学楼改造而成，共有35间客房，与岭南会馆

---

① 李春霞：《遗产：源起与规则》，云南教育出版社，2008年，第150页。
② 陆地：《建筑遗产保护、修复与康复性再生导论》，武汉大学出版社，2019年。
③ 顾贤光、李汀珅：《意大利传统村落民居保护与修复的经验及启示——以皮埃蒙特大区为例》，《国际城市规划》2016年第4期。

形成游览和住宿的统一整体。宾客穿过古老建筑空间，便抵达休憩之地。会馆主打图书阅读和休闲游览，作为毗邻酒店住宿的配套服务。从会馆遗产保护与利用的角度而言，这不失为一种理想选择。

图 8.18　扬州岭南会馆

四、区域融合模式

作为空间消费行为的一种，旅游及其产业的地域关联性极强。多区域协作将通过资源共享和互补，在输送客源、改善旅游产品结构、创造品牌效应等方面形成巨大合力。

（一）将会馆遗产融入所在城市的区域范围

遗产旅游是一种可以实现保护与利用双赢的方式。具有市场开发价值的会馆遗产可以进一步融入地方旅游发展大格局，与周边旅游区结合，互相依托，形成区域旅游资源网络。以宁波庆安会馆和安澜会馆为例，两馆位于宁波城市核心区域，濒临天一商圈、老外滩、鼓楼步行街、月湖景区等发展成熟的旅游、商业区域（见图8.19），可以考虑以庆安会馆为中心打造河海文化公园，建成后与周边商圈融为一体，以商业消费带动文化消费。

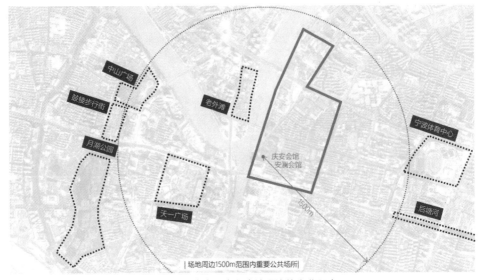

图 8.19　庆安、安澜会馆周边的商业配套

（图片来源：宁波庆安会馆）

（二）将会馆遗产融入运河沿线大区域范畴

大运河作为一项线性文化遗产资源，其遗产管理和遗产分布具有跨区域的特征，但各个区域又附属于大运河这一庞大的完整体系，整体价值大于个体价值之和，因此，针对运河遗产的旅游开发、文化动力的转化等，都需制定体系化的制度。①将运河作为整体文化旅游资源开发，应冲破地域和水域的局限性，建立区域合作协调机制，通过运河沿线城市的互助合作，共同开发运河旅游资源，打造运河旅游品牌。以2007年列入世界文化遗产名录的加拿大里多运河为例，加拿大联邦公园管理局为里多运河专门设计了运河遗产旅游线路，提供运河游艇休闲观光、沿途住宿购物等一条龙服务，以便将各级政府和业界资源整合成一体，以绿色旅游、环保旅游来增强当地居民的环保意识和对运河遗产价值的认识，从而带动运河沿岸地区整体绿色产业的发展。大运河（江浙地区）会馆遗产作为中国大运河文化遗产的一部分，其开发利用也应与大运河文化带建设紧密结合，以整体效应带动局部的发展。

广州八和会馆位于广州市荔枝湾恩宁路，始建于清光绪十五年（1889），由

---

① 吴欣主编：《中国大运河发展报告（2019）》，社会科学文献出版社，2019年，第22页。

粤剧艺人行会八大剧班——兆和堂、庆和堂、福和堂、新和堂、永和堂、德和堂、慎和堂、善和堂组建而成的梨园堂改建而成。2003 年 8 月，广州市荔湾区政府分三期修建为粤剧博物馆及粤剧广场，以八和会馆为中心，设置西关"粤剧一条街"。同时，将八和会馆纳入旅游规划，使其成为旅游区域的核心建筑，与周边旅游资源良性互动。

大运河（江浙地区）会馆遗产的利用刚刚起步。文化遗产保护与利用中尝试较多的综合商业开发模式，一般以营利为主要目标，开发相关联的休闲、娱乐、购物项目等。该开发模式一般对建筑面积有要求，并不适合建筑体量相对较小的会馆遗产。只有不断挖掘会馆遗产的文化内涵和价值功能，才能找到最适合的保护与利用模式。

第四节　宁波会馆遗产可持续发展的工作建议

不论是大运河（江浙地区）还是宁波地区，会馆遗产在城市化进程中，处于极度弱势地位，生存境况堪忧。文化遗产的保护需要全社会各层面力量的共同努力，下文将从四个方面展开分析。

一、法律层面

当前，我国文化遗产保护仍处于探索阶段，作为文化遗产中的"弱势群体"，会馆遗产更是亟须法律的保护。一方面，应建立更加完备的文化遗产法律体系。以澳大利亚文化遗产法律体系为例，其以联邦、州或领地以及世界遗产地三个层次形成纵轴，以不同类型的文化遗产形成横轴。在这一体系中，各层次均有相对应的法律法规或机构对遗产进行针对性保护。若我国文化遗产相关法律也能如此细致，会馆遗产等暂处于弱势和被忽略的遗产资源将能得到更有效、更有针对性的保护。其次，应增强文化遗产法律法规的可操作性，摒弃宽泛的法律条文，明确规定法律调控的内容、程度、行为条件及后果等。以法国《历史古迹法》为例，虽历经数次修改，但关于犯罪和刑罚的条款始终严格，1913 年版就将文化遗产的法律规定直接与刑法相结合。其后 1980 年的修改版中更是明文标注惩罚条款与措施，详细到具体行为应当关监禁的时间，以及需缴纳的罚款的金额。那么，在我国，如何实现文化遗产立法与刑法或国内其他法律法规的结合，从而制定合理有效的惩罚措施？这是文化遗产立法过程中需要思考的重要问题。

二、政府层面

《保护世界文化与自然遗产公约》指出："文化财产是过去不同的传统和精神成就的产物的见证，是全世界人类的基本组成部分。政府有责任像促进社会和经济的发展一样保证人类文化遗产的保存和保护。"作为城市的决策者，政府对于文化遗产的态度和行动直接影响该座城市文化遗产保护与利用的总体格局和成效。

第一，合理设置会馆遗产保护管理机构（见图8.20）。将会馆遗产的保护与管理纳入当地文广部门的例行工作，并将保护管理任务逐层分解。纵向上，在会馆内，设有专业文博工作人员，实时监测会馆遗产的文物安全与合理利用；在街道社区，设有文博志愿者，为会馆遗产的保护利用添砖加瓦。横向上，与规划、城管、土建、教育、宣传等部门建立常态化沟通对接，将会馆遗产的利用和发展纳入城市规划和文化建设的宏观体系中，将文化遗产的价值充分释放，转化为城市发展的软实力。

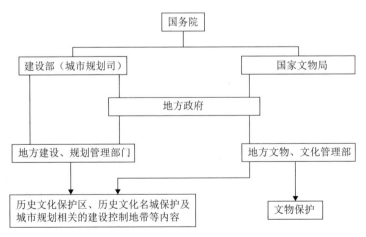

图8.20 中国历史文化遗产保护行政主管机构体系简图

资料来源：王景慧、阮仪三、王林：《历史文化名城保护理论与规划》，
同济大学出版社，1999年，第110页。

第二，妥善处理会馆遗产所有权与经营权问题。在当前实际操作中，各级地方政府掌握着文化遗产的实际所有权、管理权、经营权，政府部门全面负责遗产的保护与利用，有利于保护遗产本体和传承遗产价值。但因经营理念的保守，容易造成对遗产经济价值挖掘不足。学术界曾提出经营权转移论，也即将会馆遗产经营权交给企业。如王兴斌提出"四权分离与制衡"[①]，主张将遗产的经营权转移给企业，鼓励不同利益集团和民众团体参与到文化遗产的保护和管理中来，但所有权、管理监督权仍归属于政府或其遗产行政管理部门等。采用市场经济体制下的现代企业机制来运作会馆遗产的管理与利用，不失为一个良策。目前，将经营权委托给私营企业或由政府部门组建成立的国有控股企业进行经营，已成为我国文化遗产经营管理中采用较多的一种模式，如窑湾古镇的三处会馆由骆马湖旅游发展有限公司管理经营。但企业以营利为目的，在利润的驱动下容易忽略文化遗产的保护，导致遗产区管理转入以营利为首要目的的商业性旅游经营轨道。[②]因此，如何分配和协调文化遗产所有权与经营权，是政府在未来的遗产工作中需要妥善处理的重点和难点。

第三，确保会馆遗产的资金投入。《中华人民共和国文物保护法》第十条规定："国家发展文物保护事业。县级以上人民政府应当将文物保护事业纳入本级国民经济和社会发展规划，所需经费列入本级财政预算。国家用于文物保护的财政拨款随着财政收入增长而增加。国家鼓励通过捐赠等方式设立文物保护社会基金，专用于文物保护，任何单位或者个人不得侵占、挪用。"除稳固的财政拨款外，会馆还可拓展资金的筹集渠道，如建立会馆遗产保护专项基金、发行会馆遗产保护彩票或奖券等。资料显示，美国、意大利、日本等国早已通过发行"文物彩票"等筹集资金支持文化遗产保护工作，收效良好。会馆遗产的保护与利用离不开充足的经费，它为会馆深入挖掘文化内涵、引进较高级别的展陈提供了条件，也为会馆的维护提供了保障。

三、专业层面

第一，加强对会馆遗产本体的保护和修缮工作。应注重保存其在不同时期

---

① 王兴斌：《中国自然文化遗产管理模式的改革》，《旅游学刊》2002年第5期。
② 厉建梅：《文化遗产的价值属性与经营管理模式探讨》，《学术交流》2016年第11期。

的建筑类型、建筑风格、建筑功能、建筑材料、建筑结构与建筑技术等体现遗产价值的要素，注重保存和延续遗产本体的历史文化内涵与特征。以扬州钱业会馆为例（见图8.21、图8.22），因年久失修，建筑构件自然老化严重，墙体、木构架均出现沉降和变形，扬州市文物局于2017年启动钱业会馆文物保护工程，采用揭瓦不落架的手法，最大限度地保留原青砖墙体和木构件，维护会馆原貌。又如扬州湖北会馆，2018年扬州市文物局接手修缮前残存大厅及后楼，由专业从事古建修复的扬州名城建设公司负责实施。经过半年施工，恢复大门、门厅、过厅，复建花园和部分附属建筑，会馆建筑群"顿还旧观"，周边历史环境也得以修复。此外，增加门楼、西侧附房以及后花园部分，为后期综合利用留足空间。

图 8.21　扬州湖北会馆修缮前
（图片来源：扬州市文物局）

图 8.22　扬州湖北会馆修缮后
（图片来源：扬州市文物局）

第二，加强对会馆遗产周边环境的保护。以世界和中国的遗产保护原则分析会馆遗产保护，我们应当既保护会馆建筑本身，也保护会馆建筑所处的历史环境。王景慧认为，我国历史文化遗产的保护分为三个层次，即保护文物保护单位、保护历史文化街区、保护历史文化名城（见图8.23）。[1]在保护文物古迹和历史地段的基础上，保护和延续城市的传统格局与风貌特色。作为文化遗产体系中最基础的环节，不可移动文物对于整座城市文化遗产的保护和历史文脉的延续有着举足轻重的意义。而会馆遗产正是大运河（江浙地区）城市文脉的重要陈述者和传承者。文化遗产作为一种综合的整体工程，其底蕴来自文物与周边环境的完美结合，失去了历史街道或环境的遗产，也就失去了生存的基本环境和其原有的深刻内涵。

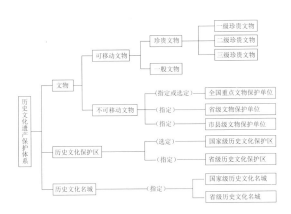

图8.23 中国历史文化遗产保护体系

（图片来源：王景慧、阮仪三、王林：《历史文化名城保护理论与规划》，
同济大学出版社，1999年，第70页）

第三，重视管理机构的设置和专业梯队的建设。专门化的管理机构和专业的人才队伍是文化遗产保护、利用和发展的关键，同时也是大运河（江浙地区）会馆遗产保护和传承的关键。会馆遗产应归属文化部门管辖，由专业的文博处室负责其日常管理、维护、监测和保护利用，尽量避免多重管理口径的混乱局面。多渠道、全方位构建专业人才队伍，拓展人才引进渠道，合理配置人才资源，建立完善的人才培养模式。加强与省内外科研院所的合作与交流，不断深

---

[1] 王景慧：《历史文化遗产保护中城市规划的作用》，《中国文物科学研究》2006年第1期。

入挖掘会馆遗产的文化内涵，并在项目或课题的推进中培养会馆遗产专业人才，逐步建立起满足会馆遗产发展需要的人才队伍。

四、社会层面

第一，鼓励建立适合社会公众参与会馆遗产保护的模式。公众参与文化遗产保护已是新时期我国文化遗产事业发展的趋势。文化遗产全民共有，其保护也是全体公众共同的事业，公众可以致力于文化遗产及其蕴含的信息、价值的发掘、保护和传播等工作。[①]首先，在全社会营造文化遗产全民共享的良好氛围。大运河（江浙地区）城市经济发展水平普遍较高，人们拥有良好的生活条件、较高的受教育水平，对物质文化的追求逐渐转变为对精神文化的追求。可以利用"文化遗产日"、传统节庆等，通过参与性活动、各类展陈的举办，让文化遗产成为人们现实生活中的必需品，在民众与文化遗产之间建立深度关联。其次，为公众广泛搭建会馆遗产知识学习的平台。大运河（江浙地区）会馆遗产融历史学、建筑学、社会学、经济学、文化遗产学诸多学科知识于一体，不论是从单一领域还是从全局把握，都要求完备的知识体系和专业的学科基础，因此会馆遗产知识的阐释和普及是让社会公众参与其保护和利用的必备基础。当前大运河（江浙地区）会馆中，宁波庆安会馆、苏州全晋会馆已建立专门网站和微信公众号，普及会馆遗产知识，发布工作动态，但仍亟须更直接、深刻的传播方式的引入。以日本明治大学专家工作营为例，其通过高校专家、教授进行实地调研，收集当地信息，进行民意调查，展开专业分析后，向公众汇报和宣传阐释；在专家与公众面对面的交流和互动中，帮助公众深刻认识街区的价值，激发城市的活力。[②]

第二，鼓励非政府组织参与会馆遗产的保护。非政府组织可以通过筹集资金对保护项目进行经济援助、发起遗产保护计划组织实施实务工程、组织不同专业背景的会员以活动形式投身遗产保护，或通过招募、培训志愿者，在文化遗产保护的实践活动中积极参与、贡献力量等。[③]

---

① 单霁翔：《从"文物保护"走向"文化遗产保护"》，天津大学出版社，2008年，第69页。
② 小林正美：《再造历史街区》，张光玮译，清华大学出版社，2015年。
③ 沈海虹：《"集体选择"视野下的城市遗产保护研究》，同济大学2006年博士学位论文，第117页。

会馆遗产作为我国文化遗产资源中的"弱势群体"，单靠政府的力量来保护和利用远远不够，这正是非政府组织发挥效用的机会。首先，鼓励组建针对性、专业性较强的保护协会。田野调查证明，目前大运河（江浙地区）会馆遗产约24%用作民居，住户多为经济实力有限的老年人群体，房屋产权多归属房管所，少数为居民自有，且以未列入保护名单者为多，在建筑遗产的保护上，能力确实有限。法国的非政府组织古宅邸协会，致力于为私人的列入保护名单或未列入名单的文物建筑提供服务。该协会提供技术帮助和培训，协助业主保护建筑的完好，并组织活动、创造机会，让感兴趣的公众近距离接触这些遗产。①其次，支持社区组织参与会馆遗产的保护工作。大运河（江浙地区）会馆遗产多位于运河边的核心城区，是其所在社区的重要文化阵地，比如宁波庆安会馆就与周边庆安社区关联密切，在社区精神文化建设中占据一席之地。社区组织力量的发挥，将给予会馆遗产的保护和利用较大支持。在美国地方历史保护中，社区组织的作用不容忽视，它们组织社区居民参与社区规划和社区内部事宜的商讨，建立起居民与社区内文化遗产的联系，同时还拥有自己的社区基金会，为社区内的建筑遗产保护提供资助。②最后，充分发挥已有非政府组织的功能。2008年，重庆湖广会馆等发起成立中国会馆保护与发展论坛和会馆联谊会，通过每年一次的会议交流和会馆考察，搭建起会馆之间相互交流的平台，并于2013年与中国文物学会下属的会馆专业会员会在组织上融为一体，支持和团结各地会馆单位及会馆研究的学者专家，研究会馆遗产历史脉络与价值探寻，摸索会馆在新时期的功能利用。该联谊会成为指导我国会馆遗产文化传承和长期发展的重要推动力量。

---

① 刘美：《非政府组织（NGO）参与下的建筑文化遗产保护模式研究》，重庆大学2017年硕士学位论文，第41页。
② 王红军：《美国建筑遗产保护历程研究》，同济大学2006年博士学位论文。

参考文献

蔡云辉：《会馆与陕南城镇社会》，《宝鸡文理学院学报（社会科学版）》2003年第5期。

曹树基、李玉尚：《太平天国战争对浙江人口的影响》，《复旦学报（社会科学版）》2000年第5期。

车文明：《中国现存会馆剧场调查》，《中华戏曲》2008年第1期。

陈东有：《明清时期东南商人的神灵崇拜》，《中国文化研究》2000年第2期。

陈国灿主编：《江南城镇通史（清前期卷）》，上海人民出版社，2017年。

陈会林：《地缘社会解纷机制研究——以中国明清两代为中心》，中国政法大学出版社，2009年。

陈剑锋：《长江三角洲区域经济发展史研究》，中国社会科学出版社，2008年。

陈丽华、罗彩云：《会馆慈善事业述论》，《株洲师范高等专科学校学报》2003年第1期。

陈佩杭、石坚韧、赵秀敏等：《以宁波庆安会馆维修工程为例探讨历史建筑保护技术与方法》，《高等建筑教育》2009年第5期。

陈清义、刘宜萍：《聊城山陕会馆》，华夏文化出版社，2003年。

陈茹：《宁波帮碑记遗存研究（会馆组织篇）》，金城出版社，2022年。

陈薇等：《走在运河线上：大运河沿线历史城市与建筑研究》，中国建筑工业出版社，2013年。

陈学文：《明清时期的杭州商业经济》，《浙江学刊》1988年第5期。

陈学文：《中国封建晚期的商品经济》，湖南人民出版社，1989年。

陈泳：《古代苏州城市形态演化研究》，《城市规划汇刊》2002年第5期。

程端学：《集斋集》，广陵书社，2006年。

程玲莉：《近代常州的会馆公所与商会》，《档案与建设》2003年第10期。

程圩：《文化遗产旅游价值认知的中西方差异研究》，南开大学出版社，2015年。

程钟：《淮雨丛谈》，文听阁图书有限公司，2010年。

崔新社、申玉玲：《关于襄樊会馆的社会功能与保护利用》，《中国文物科学研究》2009年第2期。

戴伦·J.蒂莫西:《文化遗产与旅游》,孙业红等译,中国旅游出版社,2014年。

丁洁雯:《大运河(宁波段)与海上丝绸之路的重要衔接——论庆安会馆的起源、价值与保护对策》,《宁波大学学报(人文科学版)》2016年第4期。

丁洁雯:《文化遗产的价值判定、功能梳理与当代利用——以世界文化遗产点庆安会馆为例》,《浙江工商职业技术学院学报》2022年第1期。

丁长清:《试析商人会馆、公所与商会的联系和区别》,《近代史研究》1996年第3期。

董德利:《以会馆经济促进扬州传统文化产业转型升级》,《江苏政协》2011年第8期。

董玉书原著,蒋孝达、陈文和校点:《芜城怀旧录》卷一,江苏古籍出版社,2002年。

窦季良:《同乡组织之研究》,正中书局,1946年。

段光清:《镜湖自撰年谱》,中华书局,1960年。

樊树志:《江南市镇:传统的变革》,复旦大学出版社,2005年。

范成大著,陆振岳点校:《吴郡志》,江苏古籍出版社,1999年。

范金民、胡阿祥主编:《江南地域文化的历史演进文集》,生活·读书·新知三联书店,

2013年。

范金民:《明清江南商业的发展》,南京大学出版社,1998年。

范金民:《清代江南会馆公所的功能性质》,《清史研究》1999年第2期。

方福祥、顾宪法:《试论明清慈善组织与会馆公所的关联》,《档案与史学》2003年第6期。

费正清:《剑桥中国晚清史:1800—1911年(上卷)》,中国社会科学出版社,1992年。

冯柯:《开封山陕甘会馆建筑(群)研究》,西安建筑科技大学2006年硕士学位论文。

冯梦龙编著,张明高校注:《醒世恒言》,中华书局,2014年。

傅崇兰:《中国运河城市发展史》,四川人民出版社,1985年。

葛剑雄:《亿兆斯民》,广东人民出版社,2014年。

葛剑雄:《中国移民史(第六卷):清 民国时期》,福建人民出版社,1997年。

宫宝利:《清代会馆、公所祭神内容考》,《天津师大学报(社会科学版)》1998年第3期。

龚书铎主编:《中国社会通史(清前期卷)》,山西教育出版社,1996年。

顾廷培:《上海最早的会馆——商船会馆》,《中国财政报》1981年5月16日。

顾贤光、李汀珅:《意大利传统村落民居保护与修复的经验及启示——以皮埃蒙特大区为

例》，《国际城市规划》2016年第4期。

顾炎武：《天下郡国利病书》，上海古籍出版社，2012年。

顾炎武撰，谭其骧、王文楚、朱惠荣等点校：《肇域志》第3册，上海古籍出版社，2004年。

归有光著，周本淳校点：《震川先生集》，上海古籍出版社，1981年。

郭广岚、宋良曦等：《西秦会馆》，重庆出版社，2006年。

郭绪印：《老上海的同乡团体》，文汇出版社，2003年。

韩顺发：《关帝神工：开封山陕甘会馆》，河南大学出版社，2003年。

何炳棣、巫仁恕：《扬州盐商：十八世纪中国商业资本主义研究》，《中国社会经济史研究》1999年第2期。

何炳棣：《1368—1953中国人口研究》，上海古籍出版社，1989年。

何炳棣：《中国会馆史论》，中华书局，2017年。

何智亚：《重庆湖广会馆：历史与修复研究》，重庆出版社，2006年。

贺海：《北京的工商业会馆》，《北京日报》1981年11月27日。

贺云翱：《文化遗产学初论》，《南京大学学报（哲学·人文科学·社会科学）》2007年第3期。

贺云翱：《文化遗产学论集》，江苏人民出版社，2017年。

洪焕椿：《论明清苏州地区会馆的性质及其作用：苏州工商业碑刻资料剖析之一》，《中国史研究》1980年第2期。

胡如雷：《中国封建社会形态研究》，生活·读书·新知三联书店，1982年。

黄彩霞：《从杭州商会的公益善举看社会的变迁——兼与在杭徽商会馆比较》，《安徽师范大学学报（人文社会科学版）》2012年第5期。

黄定福：《宁波会馆文化形成的原因及特色初探》，《宁波经济（三江论坛）》2012年第10期。

黄挺：《会馆祭祀活动与行业经营管理——以清代潮州的闽西商人为例》，《汕头大学学报（人文社会科学版）》2008年第2期。

黄浙苏、丁洁雯：《论庆安会馆的当代利用》，《中国名城》2011年第6期。

黄浙苏、钱路、林士民：《庆安会馆》，中国文联出版社，2002年。

黄宗羲著，段志强译注：《明夷待访录》，中华书局，2011年。

嵇发根：《"湖商"源流考——兼论"湖商"的地域特征与士商现象》，《湖州职业学院学报》2018年第3期。

冀春贤、王凤山：《明清地域商帮兴衰及借鉴研究——基于浙江三地商帮的比较》，郑州大学出版社，2015年。

江苏省博物馆：《江苏省明清以来碑刻资料选集》，生活·读书·新知三联书店，1959年，

江苏省地方志编纂委员会：《江苏省志》，江苏人民出版社，1999年。

焦怡雪：《英国历史文化遗产保护中的民间团体》，《规划师》2002年第5期。

金普森、孙善根主编：《宁波帮大辞典》，宁波出版社，2001年。

乐承耀：《宁波古代史纲》，宁波出版社，1995年。

乐承耀：《宁波经济史》，宁波出版社，2010年。

雷大受：《漫谈北京的会馆》，《学习与研究》1981年第5期。

李伯重、周春生主编：《江南的城市工业与地方文化（960—1850）》，清华大学出版社，2004年。

李春玲：《全国重点文物保护单位制度研究》，文物出版社，2018年。

李春霞：《遗产：源起与规则》，云南教育出版社，2008年。

李斗著，汪北平、涂雨公点校：《扬州画舫录》，中华书局，1964年。

李刚、宋伦：《论明清工商会馆在整合市场秩序中的作用——以山陕会馆为例》，《西北大学学报（哲学社会科学版）》2002年第4期。

李刚、赵宇贤：《明清工商会馆神灵崇拜多样化与世俗性透析——以山陕会馆为例》，《兰州商学院学报》2011年第1期。

李国钧等：《中国书院史》，湖南教育出版社，1998年。

李华：《明清以来北京的工商业行会》，《历史研究》1978年第4期。

李华：《明清以来北京工商会馆碑刻选编》，文物出版社，1980年。

李乐：《见闻杂记》，上海古籍出版社，1986年。

李伟纲：《陈列大变样　馆容添新装》，《盐业史研究》1986年第1辑。

李烨：《会馆文化的资源开发》，《上海城市管理职业技术学院学报》2002年第3期。

李治亭：《中国漕运史》，文津出版社，1997年。

厉建梅：《文化遗产的价值属性与经营管理模式探讨》，《学术交流》2016年第11期。

联合国教科文组织世界遗产中心、国际古迹遗址理事会、国际文物保护与修复研究中心、中国国家文物局主编：《国际文化遗产保护文件选编》，文物出版社，2007年。

梁仁志、李琳契：《徽商研究再出发——从徽商会馆公所类征信录谈起》，《安徽师范大学学报（人文社会科学版）》2017年第3期。

梁漱溟：《中国文化要义》，学林出版社，1987年。

林浩、黄浙苏、林士民：《宁波会馆研究》，浙江大学出版社，2019年。

林雨流：《早期宁波商业船帮南北号》，中国文史出版社，1996年。

刘美：《非政府组织（NGO）参与下的建筑文化遗产保护模式研究》，重庆大学2017年硕士学位论文，第41页。

刘士林：《中国大运河保护与可持续发展战略》，《中国名城》2015年第1期。

刘文峰：《会馆戏楼考略》，《戏曲研究》1995年第2期。

刘献廷：《广阳杂记》卷四，商务印书馆，1957年。

刘徐州：《趣谈中国戏楼》，百花文艺出版社，2004年。

刘玉芝：《试论徐州山西会馆的建筑文物价值》，《江苏建筑》2008年第4期。

刘致平：《中国建筑类型及结构》，建筑工程出版社，1957年。

楼庆西：《雕梁画栋》，清华大学出版社，2011年。

卢娜：《浅析洛带古镇会馆资源的旅游开发》，《重庆科技学院学报（社会科学版）》2010年第13期。

陆地：《建筑遗产保护、修复与康复性再生导论》，武汉大学出版社，2019年。

洛阳市文物管理局、洛阳民俗博物馆编：《潞泽会馆与洛阳民俗文化》，中州古籍出版社，2005年。

吕作燮：《明清时期的会馆并非工商业行会》，《中国史研究》1982年第2期。

吕作燮：《明清时期苏州的会馆和公所》，《中国社会经济史研究》1984年第2期。

马斌、陈晓明：《明清苏州会馆的兴起——明清苏州会馆研究之一》，《学海》1997年第3期。

马骁：《河南晋商会馆建筑研究》，河南大学2006年硕士学位论文。

毛祥麟：《墨余录》，上海古籍出版社，1985年，第18页。

南京博物院编：《大运河碑刻集（江苏）》，译林出版社，2019年。

南京大学历史系明清史研究室编：《中国资本主义萌芽问题论文集》，江苏人民出版社，1983年。

倪玉平：《清代漕粮海运与社会变迁》，上海书店出版社，2005年。

宁波市地方志编纂委员会：《宁波市志》，中华书局，1995年。

宁波市文化遗产管理研究院：《城·纪千年——港城宁波发展图鉴》，宁波出版社，2021年。

彭南生：《行会制度的近代命运》，人民出版社，2003年。

彭泽益：《中国工商行会史料集》，中华书局，1995年。

彭泽益：《中国近代手工业史资料》第2卷，中华书局，1962年。

彭泽益主编：《中国工商行会史料集（上、下）》，中华书局，1995年。

切萨雷·布兰迪：《修复理论》，陆地译，同济大学出版社，2016年。

秦红岭：《乡愁：建筑遗产独特的情感价值》，《北京联合大学学报（人文社会科学版）》2015年第4期。

邱浚：《大学衍义补》，京华出版社，1999年。

邱志荣、陈鹏儿：《浙东运河史》，中国文史出版社，2014年。

全祖望：《全祖望集汇校集注（上册）》，上海古籍出版社2000年。

阮仪三：《历史环境保护的理论与实践》，上海科学技术出版社，2000年。

单霁翔：《城市文化遗产保护与文化城市建设》，《城市规划》2007年第5期。

单霁翔：《从"文物保护"走向"文化遗产保护"》，天津大学出版社，2008年。

上海博物馆图书资料室编：《上海碑刻资料选辑》，上海人民出版社，1980年。

上海三山会馆管理处编：《上海三山会馆》，上海人民出版社，2011年。

沈海虹：《"集体选择"视野下的城市遗产保护研究》，同济大学2006年博士学位论文。

沈旸、王卫清：《大运河兴衰与清代淮安的会馆建设》，《南方建筑》2006年第9期。

沈旸：《明清大运河城市与会馆研究》，东南大学2004年硕士学位论文。

沈寓：《冶苏》，《皇朝经世文编》，文海出版社，1972年。

宋伦、董戈：《论明清工商会馆的经济管理功能》，《西安工程科技学院院报》2007年第3期。

苏佑修，杨循吉纂：《崇祯吴县志》，江苏省地方志编纂委员会办公室：《江苏历代方志全书苏州府部》第27册，凤凰出版社，2016年。

苏州地方志编纂委员会：《苏州市志（全三册）》，江苏人民出版社，1995年。

苏州历史博物馆等编：《明清苏州工商业碑刻集》，江苏人民出版社，1981年。

孙嘉淦：《南游记》，《唐经世文编》，中华书局，1992年。

谭徐明、王英华、李云鹏等：《中国大运河遗产构成及价值评估》，中国水利水电出版社，2012年。

汤锦程：《北京的会馆》，中国轻工业出版社，1994年。

唐纳德·L.哈迪斯蒂：《生态人类学》，郭凡、邹和译，文物出版社，2002年。

唐湘雨、姚顺东：《略论广州会馆保护与开发》，《广西地方志》2006年第5期。

陶澍：《陶澍全集》，岳麓书社，2017年。

汪中：《从政录》，《江都汪氏丛书》卷二，中华书局，1925年。

王晨、王媛：《文化遗产导论》，清华大学出版社，2016年。

王光伯原辑，程景韩增订，荀德麟等点校：《淮安河下志》，方志出版社，2006年。

王贵祥：《老会馆》，人民美术出版社，2003年。

王国平、唐力行编：《明清以来苏州社会史碑刻集》，苏州大学出版社，1998年。

王红军：《美国建筑遗产保护历程研究》，同济大学2006年博士学位论文。

王景慧：《历史文化遗产保护中城市规划的作用》，《中国文物科学研究》2006年第1期。

王民：《北京闽中会馆的职能及其特点》，《北京社会科学》1992年第1期。

王日根、陈国灿：《江南城镇通史（清前期卷）》，上海人民出版社，2017年。

王日根、薛鹏志编纂：《中国会馆志资料集成》，厦门大学出版社，2013年。

王日根：《会馆史话》，社会科学文献出版社，2015年。

王日根：《论明清会馆神灵文化》，《社会科学辑刊》1994年第4期。

王日根：《明清会馆与社会整合》，《社会学研究》1994年第4期。

王日根：《明清商人会馆的广告功能》，《河北学刊》2009年第4期。

王日根：《晚清民国会馆的信息汇聚与传播》，《史学月刊》2013年第8期。

王日根：《乡土之链——明清会馆与社会变迁》，天津人民出版社，1996年。

王日根：《中国会馆史》，东方出版中心，2007年。

王珊：《法国和意大利文化遗产保护的经验与启示》，《华北电力大学学报（社会科学版）》2015年第2期。

王十朋：《王十朋全集》卷十六，上海古籍出版社，1998年。

王士性：《广志绎》，中华书局，1981年。

王韬著，方行、汤志钧整理：《王韬日记》，中华书局，1987年。

王卫平：《明清时期江南城市史研究：以苏州为中心》，人民出版社，1999年。

王卫平：《清代苏州的慈善事业》，《中国史研究》1997年第3期。

王熹、杨帆：《会馆》，北京出版社，2006年。

王晓鹏：《文化学概要》，福建人民出版社，2017年。

王兴斌：《中国自然文化遗产管理模式的改革》，《旅游学刊》2002年第5期。

王毅、林巍：《英国国家博物馆和国家图书馆文化创意产品开发现状及启示》，《国家图书馆学刊》2019年第2期。

王有光：《吴下谚联》，中华书局，1997年。

王育民：《中国历史地理概论（下册）》，人民教育出版社，1988年。

王云霞主编：《文化遗产法教程》，商务印书馆，2012年。

王运良：《中国"文化遗产学"研究文献综述》，《东南文化》2011年第5期。

王志远：《长江文明之旅——长江流域的商帮会馆》，长江出版社，2015年。

无锡市政协学习文史委员会编：《运河名城——无锡》，古吴轩出版社，2008年。

吴晨：《京杭大运河沿线城市》，电子工业出版社，2014年。

吴承明：《论清代前期我国国内市场》，《历史研究》1983年第1期。

吴承明：《中国资本主义与国内市场》，中国社会科学出版社，1985年。

吴鼎新、张杭：《明清运河淮安段的社会经济效益评价研究》，《淮阴工学院学报》2009年第4期。

吴廷璆等编：《郑天挺纪念论文集》，中华书局，1990年。

吴欣主编：《中国大运河发展报告（2019）》，社会科学文献出版社，2019年。

夏燮：《明通鉴》，中华书局，1959年。

小林正美：《再造历史街区》，张光玮译，清华大学出版社，2015年。

肖永亮、李飒：《文化创意理念下的会馆产业发展战略》，《中国名城》2011年第1期。

行龙：《人口问题与近代社会》，人民出版社，1992年。

徐光启：《农政全书》，岳麓书社，2002年。

徐珂：《清稗类钞》，中华书局，1984年。

徐一士：《近代笔记过眼录》，中华书局，2008年。

荀德麟、刘志平、李想等：《京杭大运河非物质文化遗产》，电子工业出版社，2014年。

烟台市博物馆编：《烟台福建会馆》，山东省地图出版社，2007年。

杨古城、陆顺法、陈盖洪：《宁波朱金漆木雕》，浙江摄影出版社，2008年。

杨家栋：《谈会馆经济的属性及发展路径》，《商业经济研究》2012年第31期。

杨建华：《明清扬州城市发展和空间形态研究》，华南理工大学2015年博士学位论文。

杨平：《明清晋商会馆戏楼建筑形制初探》，《山西建筑》2017年第34期。

曾纯净、罗佳明：《构建技术规范世界遗产的监测难题》，《中国文化遗产》2008年第2期。

张德安：《论明清会馆文化在现代的传承与发展》，《中国名城》2010年第5期。

张海林：《苏州早期城市现代化研究》，南京大学出版社，1999年。

张翰：《松窗梦语》，上海古籍出版社，1985年。

张鹏翮：《治河全书》，天津古籍出版社，2007年。

张强：《江苏运河文化遗存调查与研究》，江苏人民出版社，2016年。

张尚元纂，蔡日劲修：《康熙宿迁县志》，《上海图书馆藏稀见方志丛刊》第41册，国家图书馆出版社，2011年。

张笑楠：《河南地区明清会馆建筑及其室内环境研究——兼论可持续的古建筑保护》，南京林业大学2007年博士学位论文。

张兆栋、孙云修，何绍基、丁晏等纂：《同治重修山阳县志》，《中国地方志集成·江苏府县志辑》第55册，凤凰出版社，2008年。

章国庆、裘燕萍：《甬城现存历代碑碣志》，宁波出版社，2009年。

章国庆：《天一阁明州碑林集录》，上海古籍出版社，2008年。

赵尔巽等：《清史稿》，中华书局，1977年。

郑鸿笙：《中国工商业公会及会馆、公所制度概论》，《国闻周报》1925年第19期。

郑绍昌主编：《宁波港史》，人民交通出版社，1989年。

中国第一历史档案馆整理：《康熙起居注》，中华书局，1984年。

中国会馆志编纂委员会编：《中国会馆志》，方志出版社，2002年。

中国建筑艺术全集编辑委员会编：《中国建筑艺术全集》第11册，中国建筑工业出版社，

2003年。

仲富兰:《图说中国百年社会生活变迁（1840—1949）：市井·行旅·商贸》，学林出版社，
2001年。

周庆云:《南浔志》，《中国地方志集成·乡镇专志辑》，上海书店，1992年。

朱怀干修:《嘉靖惟扬志》卷二十七，《天一阁藏明代方志选刊》第12册，上海古籍书店，
1963年。

朱建君、修斌主编:《中国海洋文化史长编：魏晋南北朝隋唐卷》，中国海洋大学出版社，
2013年。

朱英:《辛亥革命时期新式商人社团研究》，中国人民大学出版社，1991年。

左巧媛:《明清时期的苏州会馆研究》，东北师范大学2011年硕士学位论文。